东南学派·亦史亦论亦东南丛书
东南大学建筑历史与理论研究所 编写
陈 薇 主编

遇见南京

陈 薇 主编
沈 旸 孙晓倩 副主编

东南大学出版社
南京

总序一

写在东南大学建筑学院 95 周年院庆之际

张彤

大约 7 年前《世界建筑》杂志编撰“东南建筑学人”专刊，东南大学建筑学院组织了同名的学术活动，系统性地梳理了 1977 年之后学院培养的代表性学者、建筑师和他们的成就。陈薇老师在这期专刊上写了一篇题为“东南四学”的文章，第一次以“做，融合，批判性，传承创新”10 个字，勾勒出“东南学派”的样貌。7 年后，陈老师带领建筑历史与理论研究所同仁集体编著系列著作，第一本《遇见南京》即将付梓，汇集了 20 篇关于古都南京的研究文章。她嘱我以“东南学派”为题写一篇序，值此东南建筑即将走过 95 年发展历程之际，促使我再次对这个学术群体的内在特质和外在贡献做出一点思考。

一个交融包蓄的时空

诚然，一门学问、一种学派离不开它所在的地方。中世纪以后的中国，南京是政治经济中心迁移不能逾越的时空聚焦，也是学术和文化传承的重要节点。历史上三次“衣冠南渡”，南京都是接纳和传续的前站。在这里，中原文化得以存续转化，并在江南及更广阔的区域蔓延，滋生出丰富而绚烂的中华文明。

立基于南京的东南大学建筑学科，从学科创立伊始，就一直为这种包蓄的文化时空和敏锐的交汇视域所滋养，在宏观的格局和批判的审视间培育出独具一格的学术气质。

杨廷宝先生以南京工学院建筑系主任的身份任职中国建筑学会理事长，并代表中国连任两届国际建筑师协会副主席。他是建国十周年“首都十大建筑”之一北京站的主持建筑师，也是人民大会堂设计的重要参与者，晚年还组织指导了毛主席纪念堂和国家图书馆的集体创作；刘敦桢先生和童寯先生以世界性的比较视野长期深耕江南古典园林研究，学术影响历久而弥新；刘敦桢先生并开创了系统研究中国民居的先河。从南京工学院到东南大学，这里一直是全国高等学校建筑学学科专业指导委员会历届主任挂靠院系，长期引领和服务于中国建筑教育的整体发展；东南学人开枝散叶，为全国多个建筑院系的建立和发展起到中坚作用，这里自然成为中国建筑教育脉络生发和思想交流的汇聚之地。

不仅如此，身处南京的东南建筑学科也一直保持着与世界建筑教育的敏锐接触。中央大学建筑系从一开始就具有一流的国际性，开创者群体大多受业于当时国际建筑教育的代表性院校，在相当长的时期里保持着与国际建筑界主流圈层的平视姿态。1980 年代南京工学院建筑系开始了与瑞士苏黎世联邦理工学院（ETHZ）的学术交流，为刚刚改革开放的中国建筑界打开一扇持续开启的视窗，即便在国际环境最为困难的时候也未曾关闭。这一近 40 年的结构性交流为东南大学培育了 30 多名骨干师资，生发于南京的教学改革波澜激荡，在思想和实践层面部分构成了当代中国建筑教育的光谱基色。近 20 年来东南建筑持续扩大与国际一流建筑院校的合作，与超过 20 所院校保持常态化交流，目前正作为教育部与科技部联合推进的唯一一所建筑国际化示范学院，进行高校国际化办学模式的探索与实验。

一派固守本体的学统

1927 年蔡元培先生等有感于当时中国建筑现状之落后，力主国立第四中山大学（次年更名为国立中央大学）创设建筑系，这是中国现代建筑教育史上第一个具备完整学科建制的建筑系。中央大学传承中华学术之正统、承担创立民族文化之使命，其“诚、朴、雄、伟”的学风奠定了东南建筑与生俱来的学科气质。其时所聘师资多留学于美、日、法、英，但教学思想均统一于建筑学科之本体。首任系主任刘福泰在记述中写道：“本系将来计划，拟在可能范围内，分为建筑工程及建筑设计二门……将来国内建筑设计，不再仰求外人。”以设计为核心的办学理念，从 1933 年中央大学建筑工程系课程表中突出建筑设计和工程技术可见一斑。

在东南建筑近 95 年的发展历程中，学术着重和教育理念从未偏离过设计与建造。杨廷宝先生在 1958 年提出的“建筑办学十条”中开宗明义地指出“建筑学专业宜以设计为重点”，并逐条阐述了建筑设计教学中的各种问题。1960 年代前期，南工建筑系总结教学特色为“严、实、活、透、硬”，其中最为强调设计基本功过硬。

东南建筑初始于布扎教育体系，但“空间”未曾离开过学理之关切，至 1980 年代后更为凸显。以空间为核心关联功能、场地和建构，辅以历史理论和技术科学，架构起延续至今的专业教育体系，影响深远。在 2019 年组织的国际学科评估中，这一体系被认为“展现了非凡的学术抱负，在国际范围内具有重要意义”。

空间与建造作为建筑学无以替代的本体，成为几代东南学人的共同认识和固守核心；而设计作为人类创造性解决问题的知识和方法的总和，因为建筑类学科最为广泛的综合性，在大学学术体系中尤其彰显出首要之贡献。

一种审视自省的实践

除了受到所在地方的影响，一个学术群体的治学之风自然会被其中的卓越代表所冠引。作为中国 20 世纪最杰出的建筑师，杨廷宝先生在这个群体中言传身教达 42 年之久，其立基实践、通达务实、平易谦逊的学风和品格对“南工体系”“东南学派”的形塑静水流深。刘敦桢先生以田野调查为根基，倾注毕生所学于中华大地上的建筑瑰宝与营造智慧。童寯先生作品清流、学贯中西，其深邃内省的目光一直审视着这个群体的前行步履。

在他们的影响下，几代东南学人在实践中求学问，于躬省中获真知。我刚来建筑研究所求学时，齐康老师一句“不下工地的建筑师就不是好建筑师”不知影响了多少学子。近一个世纪来，这个学术群体为国家培养了最大量、最优秀的建筑师，也产生了最多、最具影响力的优秀作品。在首批列入中国 20 世纪建筑遗产名录的优秀近现代建筑中，有超过三分之一出自这个群体和她培养的杰出实践者。陈薇老师归纳“东南学派”的 10 个字中，第一个就是“做”，在做中学，知行合一。以此为基，“融合，批判性，传承创新”均是对这种群体性实践的定义，这是一种不拒涓流、汇川成海的实践，这是一种批判内省、审慎前行的实践，这更是一种传承有序、革故鼎新的实践。

2022 年，东南建筑即将走过其发展历程的第 95 个年头。我们身处的世界充满着令人不安的变局，而学科的内核和外延不再静态，正在面临新使命和新技术的挑战。回顾走过的历程，让我们更清楚地辨识身份和能力，思考这种包容交汇的视域能否让我们突破学科的传统藩篱，再次于异质的边界寻求蓬勃的生机；思考这种固守本体的定力能否让我们立足于当今学术的丛林，以设计的综合性和创造力再度引领更为复杂的工程与艺术；思考这种反思性实践能否定义东南学派之价值始终，使其为这个终将美好的世界做出东南贡献。

2021 年 12 月 10 日于东南大学中大院

总序二

陈薇

《东南学派·亦史亦论亦东南》丛书是"东南学派"之建筑历史与理论学科维度的学术表达。东南大学建筑历史与理论研究所率先编写该丛书，责无旁贷，因为建筑历史与理论学科在某种程度上高度集中了"东南学派"的血脉，主要体现在如下方面：

第一　超前探索的传承

建筑历史与理论学科在中国近代的形成，可溯源到 1929 年 11 月成立的中国营造学社，而东南大学建筑历史与理论学科创始人之一刘敦桢先生在学社担任文献部主任，自 1930 年到 1945 年，他与学社法式部主任梁思成先生一起，并肩担纲重要的学术研究工作，并在社长朱启钤先生领导下，共同开创了建筑历史与理论学科。其间，杨廷宝先生于 1934 年加入中国营造学社，不仅开展古建筑调查研究，还从事北京系列重要古建筑修缮，是我国建筑遗产保护的先驱。而童寯先生则在 1931 年开始、1937 年完成手稿《江南园林志》并交予刘敦桢先生拟由"中国营造学社"刊行，开启了中国古典园林研究的先河。可以看到，东南大学建筑学院的先贤在 90 余年前所做的工作都具有开创性，而且架构了建筑历史与理论及遗产保护的平台。1950 年代初，刘敦桢先生全面主持开展中国传统民居和苏州古典园林研究，并开始撰写《中国古代建筑史》，这几项重要工作在 1970 年代末开花结果，在 1980 年代中国建筑界探索"民居作为建筑创作的源泉"进程中，也发挥了重要作用。而 1950 年代刘敦桢先生倡导开展包括印度在内的亚洲研究的构想，在 1980 年代也有了后续。童寯先生则在建筑理论方面厚积薄发出版若干重要著作，包括《近百年西方建筑史》《新建筑与流派》《造园史纲》等。杨廷宝先生始终全面融通诸多学科精髓而成就建筑学，1970 年代下半叶及其以后，对于城市规划、各类建筑设计、景区建设、古建筑保护、乡村建设等方面，他均有高屋建瓴及预见性的学术观点和理论论述。这种超前探索的传统一直在继续，第二代东南大学前辈潘谷西先生在 1980 年代率先启动《中国古代建筑史》多卷集研究项目，并与刘叙杰先生各担任主编出版 2 卷本，潘谷西先生还拓展了园林研究的范畴，出版专著《江南理景艺术》等；郭湖生先生在东亚建筑研究方面接续传承、推进深入，出版《中华古都》等；刘先觉先生在中国近代建筑史研究和西方现代建筑理论方面著书立说，成就卓著。第三代学者朱光亚先生长期深耕细作开展中国建筑遗产保护，著有《建筑遗产保护学》。目前这些在历史上具有前瞻性和开拓性的研究领域在第四代和第五代研究中不断传承，形成建筑历史、建筑理论、遗产保护、亚洲研究四个方向。

第二　历史大局的保持

目前四个方向的架构实质上是东南大学建筑历史与理论学科在以建筑历史研究为平台的基础上开展的，其工作目标、工作方式、工作特点、工作范畴体现出一种大局观。如对建筑历史的真实性求索，便是“东南学派”的主张之一，坚持一手资料、现场调研、打通古今、挖掘智慧；如强调论由史出，理论基于史实，便是“东南学派”的主张之二；如始终将中国的建筑历史研究和建筑遗产保护作为一体两面的内容进行坚守；如将中国建筑作为亚洲和世界建筑的一部分，在世界史的格局下研究亚洲的建筑历史与理论，并不断从古代、近代延续到当代。“东南学派”不是居于一隅的学派，而是一种长期保持的于历史大局而穿梭、建树、求存、展望的学术追求。第四代学者陈薇教授强调的“历史作为一种思维方式”和长期开展的跨越学科分野的建筑历史研究，以及第四代学者张十庆教授重视的地域建筑的交流与传播、东亚各国建筑之间的相互影响研究等，都是大局观的体现，从而使得建筑历史与理论的丰富性以及在时间和空间维度上的拓展性，不断加强。近年以葛明和李华教授为主策划的东南大学与上海华东建筑设计研究院有限公司和英国建筑联盟合作探讨当代建筑理论、与美国弗吉尼亚大学合作成立亚洲研究中心致力于亚洲城市与建筑研究、与中国美术学院和美国宾夕法尼亚大学合作开展景观理论研讨等，均充分体现出本学科持续在跨领域、跨专业、跨国界方面的研究思路和工作走向。

第三　理论实践的一体

东南大学建筑学院前身自 1923 年苏州工专成立建筑科起，至 1927 年成立第四中山大学建筑科、1928 年改名为中央大学而延续的建筑系，均开设“营造法”和“建筑史”。如果说“建筑史”作为衔接当时国际上建筑学教育的必修理论课；那么“营造法”则体现出对于中国本土传统建筑营造的技术重视和传承。这种双重性奠定了理论实践一体的基调。一方面，1951 年“中国建筑史”与“西方建筑史”双重并置，加强了历史理论；另一方面，1953 年刘敦桢先生领衔在南京工学院成立“中国建筑研究室”，则主要与华东工业部建筑设计公司（现华东建筑设计研究院有限公司）合作，立足探索在建筑设计中如何传承和创新，其后 12 年成绩斐然：1957 年出版《中国住宅概说》，1953 年编辑《中国建筑史参考图集》，1959 年出版《营造法原》，1960 年完成《苏州古典园林》基本工作，1960—1966 年刘敦桢先生主持整修南京瞻园等，都是理论和实践并重。20 世纪 50 年代及 80 年代以后，刘先觉先生致力于中国近代建筑史研究，而第四代学者周琦教授则紧随其后大力推进南京近代建筑保护、修缮和利用的实践工作。本世纪伊始，本学科还特别加强平台共享和合作研究，诸如通过“城市与遗产保护教育部重点实验室”（东南大学）和“传统木构建筑营造技艺研究国家文物局重点科研基地”（东南大学）建设、参与程泰宁院士主持的中国工程院咨询项目“中国当代建筑设计现状与发展研究”等，持续保持对中国古代、近代、现当代建筑理论和实践探求的一贯性求索和社会担当。

如果说，2015 年曾用 10 个字概括“东南学派”特色——“做、融合、批判性、传承创新”尚属准确，那么，“超前探索的传承、历史大局的保持、理论实践的一体”，则是建筑历史与理论学科之于“东南学派”下的具体体现。丛书将持续从历史、理论、遗产、亚洲四个方面展现相关研究成果和学术主张，在传承和创新中扬鞭自奋蹄，此乃《东南学派・亦史亦论亦东南》的由来。

2021 年 5 月 4 日于金陵紫金山麓

目录

绪言
PREFACE

遇见南京

陈薇

遇见南京是一种幸运。

南京是一个时空尺度很大的城市。在历史上，她不仅在东吴、东晋、南朝（宋、齐、梁、陈）、南唐、明朝、太平天国、民国时期均作为都城存在过，被称为“十朝都会”，而且在六朝时期（东吴、东晋、宋、齐、梁、陈），成为南北文化的交汇点。其后，许多艺术和文化以及城市建设、景观与建筑创造等，在中国大地上转型、发轫、生根、开花、结果，都离不开南京这座山水城市的发酵与温润，犹似钟山之稳定和秦淮之不绝，又如春季无声的霏霏细雨，绵柔和强劲。能容纳这深厚文化滋养的最盛大的空间当属明代的南京，明代也是南京作为都城唯一一次统治全国的时期，这亦是“南京”正式名称的由来。其前与其后的南京实际或名义上掌握的均为半壁江山。明朝南京有四重城—宫城、皇城、京城、郭城，是目前我国保存四重城制的唯一都城城址所在。流年辗转，斗转星移，十朝都会的城市中心和重心在这方土地上也是变化和迁移的，这就形成了南京文化、方言、风貌、格局形态等的多样性。遇见南京，便是遇见一种神奇：拼图般的整体，断续性的传承。

南京是一个回响声音不绝的城市。尤其突出反映在明初系列制度下的建置和建设的创造—城市、宫殿、陵墓、学府、宅第、庙宇等，既贯彻明太祖“治隆唐宋”的政治主张，努力恢复汉民族文化特色以及传承宋代“营造法式”的制式，又结合南方自然条件和气候条件，在中国古代城市与建筑的发展过程中，起到承上启下的作用。如南京明孝陵，承继了唐宋的石像生及神道序列、陵园与陵寝功能，又开曲折自然式神道之先河、创宝城宝顶之规制、列陵园陵寝于中轴，形成中国古代陵寝制度的重要转折，影响了北京十三陵及清代陵寝的发展。这种回响是多方面的，接续了文化的断裂，又开创了新风，并以南京为中心，波澜扩散，通过制度传播以及技艺流传，影响深远，甚至抵达边缘和边远地区，或在深山，或在边陲。遇见南京，便是遇见一个神话：有官式之风，还有乡音之随。

南京是一个意识特别超前的城市。古代南京有一种地图叫“历代互见图”，即将各时期保留下来的建筑标识出来，以使后朝建设时避让前朝的留存。这是何等超前的保护意识！朱元璋定都南京后为稳定政权，亟需建立新宫殿，但当时由六朝至南唐发展下来的南京中心区已积淀很深，人口稠密，建筑密集，这样几经周折后，在当时南京僻静的东部填燕雀湖建南京宫殿和城市新轴线，

这样既建设方便又省去大量的拆迁费用，也稳定了人心。又如1928年沿着国都南京中山大道进行法国梧桐长线栽植，不仅绿荫给人以庇护和舒心，还从生态和艺术方面赋予南京久远的意义。包括对于山水的理念，民国时期的思考和构想与现代花园城市有许多相通之处。在现代的改革开放之初，南京也率先建设当时全国最高的高层建筑金陵饭店，其在管理上是第一家由中国人自己经营管理的大型国际酒店，自1979年获准建设到1983年建成开业，自开业10年后还清4500万美元的基金贷款到20年后进军地产业以及30年后跨地区建设生态园和养老工程，一直具有非凡的超前意识和决断。这种雄心和大志，是这个历史城市的文化积淀，也是一种创造生活的坚持理念。遇见南京，便是遇见一种神力：无论是古代还是近代和当代，有不绝的创意，有大局的判断。

这些时空、回响、意识，在东南大学建筑学院尤其是以建筑历史与理论研究所为代表的研究中，逐步成型，慢慢拓展，于是有了这本集子，谨代表“东南学派”在历史研究方面的一个侧面。不难看出，她既有历史的脉络，又有理论的探索，还有对于南京建设和文化遗产特别的敬畏以及由衷的保护之情。

遇见南京更是一种责任，阐释她的智慧，流传她的血脉，保护她的价值，愿她历久弥新。

山水形胜下的新旧交融南京城
图片来源：孙晓倩 拍摄

第一篇　时空

PART ONE: TIME AND SPACE

南京建筑文化源流简析

朱光亚

20 世纪 70 年代我来南京，这以前只是从父亲的乡音和文学作品的描写中去体会那杏花春雨般的江南文化，对南京谈不上具体的了解，但“不识庐山真面目，只缘身在此山中”是有些道理的，因而或许我这位辗转大半个中国之后停下来看南京的游子说不定体会更深一点，说不定胡诌几句也能别开生面。

比如喝茶，我在北方原是不沾的，到南京短短几个月便染上这“早上皮包水”的嗜好，从此便不能自拔。学者早已指出，喝茶绝非为了止渴，而是一文化行为，又如饮酒，来宁之后逐渐厌弃白酒而钟爱封缸。凡此种种使我感觉到南京这一环境氛围中存在着一种巨大的指向明确的力，从水土到人文，一言以蔽之，存在着一种文化的定势。于是我也以这样一种眼光去搜寻南京建筑的文化品格，转眼十年有半。

但要写成文字又感力不从心，“南京建筑文化源流”这题目中的四个词每个概念都是模糊的。比如文化，据说定义有一百多种。我个人则倾向于文化人类学中关于文化是指“一个民族的生活方式所依据的共同观念体系，即该民族的观念性设计，或共同的意义体系”[1]的阐述。但应该说这只是对一个民族的文化的描述，在民族或国家的大系统下还有子系统，还存在着亚文化和地区文化。说到建筑，它首先是一种物质产品，近年来建筑界才逐渐接受了建筑是文化的一种形态的提法，我此处探讨的建筑文化是这一物质性产品所载负的观念信息及体现出的内外关系，或取李泽厚先生的积淀说，探讨那有意味的形式中的意味。

作为大系统下的一个子系统，南京建筑文化自然逃脱不出中国建筑文化的共同规律，如封闭性、等级性、群体性、屋顶艺术等。本文不再为此而啰唆，仅仅着力于对它的特殊性的探讨。然而，建筑文化同其他形态一样，始终离不开文化行为的主体——社会的人。因而，它不但是空间的函数，同时也是一个时间的函数，故我们就从追溯它的源头开始。

一、史前和早期的南京建筑文化

根据考古学成果，5000 年前南京最早的先民属于不同于北

1 [美]基辛. 当代文化人类学概要[M]. 北晨，译. 杭州：浙江人民出版社，1986：53.

方龙山文化的长江下游太湖流域的新石器晚期的良渚文化，它的更早的源头发现于浙江的马家浜文化。这些文化的乳汁经过长途辗转曾经同样喂养了中国文明的摇篮——黄河流域的史前和早期文化。它的意义自不待说。但是我注意到，良渚文化的最早典型及最早期的遗址都在南京以东，南京的良渚文化遗址时间较晚。如果从建筑上看，南京鼓楼北阴阳营的村落遗址是落地的，将地面用火烧过的做法倒是同北方诸多文化中的原始村落异曲同工（图1）。因而是否可以说，史前时期的南京先民，在接受并使用由东而来的良渚文化的时候，至少有一种建筑技术——落地居住的方式——的发明权非良渚文化所独有，甚至来自另外一个文化源头。

图 1　良渚文化神徽
图片来源：徐刚.良渚文化：发现的历程[N].光明日报，2020-06-26（5）

南京登上有文字记载的历史舞台已经到了周代，春秋战国时期，这里不是吴、越、楚三国的腹地，却是它们拉锯争夺的地带，及至后代，众多关于秦淮河的开凿、关于埋金之说、关于虎踞龙蟠的出处之说等虽为史家所不取，但作为文化现象，却从一个侧面反映了南京地理位置之重要（图2），反映了它总是同当政者的命运连在一起，这必然影响到南京建筑文化的命运——它的功利性、它的兼容性和大起大落。可惜的是，三国以前的建筑我们已经无迹可寻了。

图 2　南京山水格局（部分）
图片来源：陈薇　拍摄

二、六朝时期的南京建筑文化

汉建安十七年（212），孙权在今南京筑石头城，但今日石头城除了天然巨石外，恐怕很难找到当年的建筑构件了。这种从实际出发、依地形而筑城的做法除了说明南京的军事地位之外还显示了南京的建筑文化很早就具有了顺应自然、利用自然的灵活手法。

六朝时期的另一处建筑遗址是位于南京城东栖霞区及句容等地（南朝时皆属丹阳郡）的南朝陵墓石刻群，它是我国这一时期数量最大、最为集中的陵墓建筑艺术遗存（图3）。将之与现存于洛阳石刻艺术博物馆的汉代石狮、石辟邪相比，总的风格一致，而南朝梁以后更为粗壮、威武。若将萧景等墓墓表与现存于北京正觉寺内的东汉墓表相比较，其形制及比例等也几乎一致，这同后来南北建筑风格分道扬镳大不相同。但坟丘形象则不一，南京的南朝陵墓地貌已大变，颇难辨认，在句容一带尚依稀可见。我的学生颜斌在读书时以亲身调查结果写过一篇文章论及南朝陵墓，述及其时不仅聚皇族而葬而且起坟是圆顶[2]。相比之下在北方宋代和宋以前陵寝封土悉为覆斗形，称方上，北京明十三陵沿用六朝江南遗制。可见，风靡北方近600年之久的陵寝制度的一部分发源于江南，而传播的转运站就是南京。

图3-1 南朝石刻——萧融墓辟邪
图片来源：陈薇 拍摄

图3-2 南朝石刻——萧景墓表
图片来源：陈薇 拍摄

黄河流域一直被看作华夏文明的正统发源地和继承地，六朝以前，北方高于南方，及至晋室南迁，格局变化。史书记载了北魏孝文帝为执行彻底汉化的路线派蒋少游赴南朝建康考察太极殿和东西堂制度以建宫城的史实，100年以后，隋文帝欲在大兴城（今西安）复古制建明堂，北方战乱使得无例可循，承担这一工作的

2 颜斌．丹阳齐梁皇陵初探[J]．华中建筑，1989(1)：48-50.

博学善思的宇文恺也同样曾赴建康考察南朝宫室明堂残迹并据此修改了原有设计。

可见，在六朝时期作为第一次南北和东西文化大交流发达起来的大都市，南京的建筑制度和规模既保存了中原建筑文化的主要形制，继承了汉代的风格，同时也至少在陵寝制度上显示了江南的文化传统：前者使北朝以至隋唐的建筑文化得以维持传统，后者又在 800 年后极大地影响了中国陵寝制度的基本特征。

如果循着今日名噪天下的江南私家园林的设计思绪上溯源头，我们几乎都可以走到以建康为代表之一的南朝园林的门口(图 4)。如无锡寄畅园，“寄畅”一语及园中建筑“清响”“郁盘”等名称皆出自兰亭诗，是追慕反映在兰亭序和诗中的南北朝玄学思想的明证，而这种思想在园林中的物化，正是在建康和会稽最为壮观。据曹汛先生研究，正是在六朝时期，私家园林第一次出现了摆脱模仿皇家园林而另辟蹊径、表达新的思想感情的愿望。他们称自己的园林为“中园”，继而称“小园”，力图移天缩地，小中见大，纳山水意境于一园[3]。其代表王、谢大族在建康俱建有园，即使写过《小园赋》的北朝庾信，也原本仕南朝梁，其思想根源仍不出南国的文化氛围。《哀江南赋》可为明证。

作为佛教建筑的南朝四百八十寺早已片瓦无存，但据郭湖生先生考证，那时的塔是不上人的木塔，这种形制沿着海路传入日本，产生了留存至今的日本佛塔[4]。

可见此时的南京，得力于它那阴阳文化交汇的天然位置，不但熔南北建筑文化于一炉，再次显示了它的兼容性，而且在继承正统华夏文化的基础上作了新开拓，影响海内外，显示了它还具有主流性和开创性，这为以后在中国建筑史上一领风骚的江南建筑文化作出了基础性的贡献。

三、明代的南京建筑文化

主流性包含着正统性，上升到政治范畴就成了“王气”，自隋灭陈到宋，战争和“铲王气”的国策，使当时南京的建筑一片凋零，加之后来的兴废，现在能看到的只有栖霞山舍利石塔、南唐二陵的地宫等几处了。它们气局不大，但正如李璟、李煜的词

图 4　六朝风采

图片来源：南京六朝博物馆藏，陈薇 拍摄

3 曹汛．略论我国古代园林叠山艺术的发展演变[M]// 中国建筑学会建筑历史学术委员会．建筑历史与理论(第一辑)．南京：江苏人民出版社，1981：12.

4 郭湖生．郭安兴与永宁寺塔[M]// 建筑师 5．北京：中国建筑工业出版社，1981.

一样，虽属婉约，亦是时代潮流的一大支。这些建筑所残存的信息已足以证明它们构成了宋代官式建筑的一部分，它们所体现的技术和工艺水平足以担负更为艰巨恢宏的重任。

明王朝定都南京终于提供了这一机会，朱元璋学习他的前任，为“铲王气”，拆除了元大都的宫殿定名北平，掀翻了汴京城的繁塔改称开封，同时却大规模地营建南京的宫室和城池，为各地工匠大显身手提供了用武之地（图5），也使南京已有的技艺再次勃兴和壮大。

图5 南京明故宫遗址西安门基座雕刻
图片来源：陈薇 拍摄

图6 南京明代聚宝门（今中华门）
图片来源：陈薇 拍摄

中国始终以木结构为建筑体系的主流，砖石技术虽然在汉代已相当发达，但如拱券、穹窿技术，除了北方塔上的窗户之外，都用于修建坟墓。宋《清明上河图》上的汴京城城门也是使用了木过梁，而正是在明代，砖券技术被大量使用在城门的营建中，开此风气之先的就是明南京城。我们不得不钦佩明南京城诸城门的设计者和建造者，也许他们是受北方石拱建筑、窑洞建筑的启发，也许他们就是大胆地直接使用曾在南唐二陵中已用过的南京自己的拱券技术，跨度之大、施工之精是前代地下建筑中未曾有的，现存的中华门（明代聚宝门）（图6）可以为证。

砖拱券技术运用于建筑的另一个成就是无梁殿。中国现存的无梁殿都是明代建造的，而最早的一座便是南京灵谷寺无梁殿（图7、图8）。虽然，已故的刘敦桢先生认为它不是洪武年间所造[5]，但从其屋面坡度、曲线、比例以至砌筑方法来看，它也绝

图7 南京灵谷寺明代无梁殿外景
图片来源：陈薇 拍摄

5 刘敦桢．南京灵谷寺无梁殿的建造年代和式样来源——关于中国建筑史问题的一封信[M]//中国建筑学会建筑历史学术委员会．建筑历史与理论（第一辑）．南京：江苏人民出版社，1981：3.

不是明中期和那以后的遗物。龚恺老师曾据史料证明，曾经在明中叶大量营造无梁殿的妙峰法师正是从灵谷寺中获得启发的。很可能，此殿正是将在南京诸城门上初次使用并证明是成功的大跨度砖拱技术运用于殿宇上的结果。

由于拱券技术的推动，中国历史上第一次大规模地将砖材运用于墙体砌筑，首先是城墙。中国20世纪前期尚存的城墙95%以上是在明代新建和重建的，其中相当大一部分是砖包土的城墙，而南京城墙就是它们中最大、最坚固且除中部之外最早的一座。

由于战争，明故宫已经从地上消失了，但现南京明故宫遗址上还堆放着若干硕大无比的柱础(图9)——建筑上称此柱础为“鼓镜”。它可能是在宋元时期北方一些非官式柱础的基础上，或者是在南方及中原地区源于宋官式柱础的一部分的碩状柱础的基础上发展、演变、综合而成的，它与南北各地的宋代覆盆柱础、江浙一带明代的鼓磴柱础形象大异。这种新的柱础在南京一经形成，随着永乐迁都而被带到北京，成为此后中国600年中官式建筑柱础的模式，其比例、曲线竟没有发生变化。

与此类似的是屋脊上的兽吻。明报恩寺塔遗址出土的琉璃龙吻（图10）与江南流行的鳌鱼吻不同，与苏州、绍兴等处可以找到的明代柔曲颀长的龙吻也不相同，相反，它与现代可以大量看到的北京清官式龙吻几无二致，可见官式龙吻源出南京[6]。

从明孝陵前残存的四方城角梁来看，当时南京官式建筑的屋角作法同江南多数地区此时已经出现并在后来继续发展定型的嫩戗发戗作法（外观上看屋角翘得很高的作法）完全不同，它更接近记录在《营造法式》中的宋代屋角作法——它的仔角梁不像苏州等地那样斜插而是接近平行地贴在大角梁上。根据我多年的调查，证明它的安装技术也不同于后来的清官式作法——但外观与起翘值方面与之相近。从历史资料分析，应是当年参加过南京宫室城池建设的大批南方工匠被明成祖征召到北京建新都后将此法带去并逐渐地与北方的另一种屋角作法(我称之为镇国寺式作法)相结合，形成了明代北京的官式作法，后来又略加变化而成为今日人们熟知的清官式作法[7]。

明代南京建筑对后来官式建筑影响最大的当属形制。前已述

图8 南京灵谷寺明代无梁殿拱券
图片来源：陈薇 拍摄

图9 南京明故宫遗址西华门柱础
图片来源：陈薇 拍摄

图10 报恩寺遗址工地考古发掘的明石雕龙头
图片来源：陈薇 拍摄

6 史载报恩寺塔有两套琉璃构件，故即使后来更换也仍为明代原制。此塔于清咸丰年间毁于战火。

7 关于清官式建筑作法，参见拙作《清官式建筑中的屋角起翘值》一文，载《南京工学院学报（建筑学专集）》1987年第5期。关于镇国寺作法，笔者未刊稿《宋代另一种翼角作法》已专门作了分析。

及，宋以前北方陵寝封土皆作复斗形，圆的馒头状的封土是南方作法并经由孝陵及北京十三陵带到北方。陵寝平面布局亦如此。唐宋陵寝颇不同，唐多因山为陵，神道近直线；宋崇尚“五音姓利”的风水流派，又作昭穆之法，帝后同陵而不同墓分左右使轴线转折。而从明孝陵开始格局渐定，前有碑亭、大红门中有祾恩殿，后作宝城明楼；选地遵风水形法，前选案山，后有大帐。宫阙制度也是南京建筑奠定。三朝五门制度古已有之，但并不明确，如元大都时的丽正门仅是一道牌坊。明初设三朝，为“奉天殿”“华盖殿”“谨身殿”，五门为“洪武门”“承天门”“端门”“午门”“奉天门”。成祖营建北京宫阙“悉遵洪武旧制，而弘敞过之”[8]。除洪武门及大明门之外，其余建筑名称一字不改。以建筑史家的眼光考察北京故宫，应该说清代故宫的单体建筑除名称改了之外还有别的变化，甚至开间数也有所不同，但它们仍在原来的位置上，平面格局一如明初。

明代南京的建筑还继承了六朝时期顺应自然、利用地形的传统，除了长达 34 千米的因山就势、蜿蜒曲折的都城城墙之外，最明显的实例是明故宫宫城的选址。按照反映了古人建都理想模式的《考工记》要求，宫城当建于都城中心，但明太祖和刘基放弃了利用原在城中心地带的南唐宫殿旧址，毅然移宫城于东部，填燕雀湖以造田筑屋，其主要原因是城中建宫拆迁量大，难得拓展且会阻碍东西交通，而东移除避开难题之外还可北借钟山之势。另一实例是明孝陵神道未作直线而是绕过梅花山。朱元璋让葬于梅花山的孙权为他看门的传说应是一种夸大了的托词，主要原因恐怕还是土方量太大，且按风水观念孝陵以梅花山为朝山亦属合理之举。这种利用弯曲神道建立良好的环境形势以符合风水观念及视觉艺术规律的手法后来又被北京明十三陵所用。

同前代相比，明南京建筑的一个新特点是气度恢宏。这当然是与它那一统天下的帝京地位和明初统治者的抱负有关。比较一下灵谷寺与宋代寺庙，灵谷寺不仅规模大，气势尤大。南京的城池也有这样的特点，是中国历史上仅次于唐长安的大城，它的城砖厚度达 10 厘米，是普通宋砖的两倍。这些砖多不是南京造的，但规格尺寸却是南京定的，因而它反映了明初统治者的一种追求和愿望，这种追求和愿望可以用后来清康熙皇帝在明孝陵留下的“隆盛唐宋”四个字来概括。灵谷寺中残存的一块明碑碑首也可以说明这一点。碑首高 2.4 米，按比例推算，碑身总高当在 11 米以上，相当于三层多楼房高，比现存河南登封嵩阳书院的一块高达 9 米的巨大唐碑还要高。至于那几块超越了财力和技术能力未能完工的阳山碑材，既是明成祖野心勃勃追求雄伟建筑气度的记

8 朱光亚．天安门的设计者 [J]. 文史知识，1985(5)：112-115.

录，也是他想超越南京建筑文化传统而终于失败的见证。

文化是有涵摄性的，建筑也是如此，包括苏州香山帮工匠在内的南方匠师参加过明南京和北京的建设，带来了种种地方技法，但是建筑文化的地域性却反过头来对他们施加了影响。如屋角作法，包含着正统观念的南京和北京的地方文化特色显然扼制了自由柔美的嫩戗发戗。这种选择性正是地方文化的指向。因此，虽然我们对明代南京建筑的了解远远不够，我们仍然可以根据本段所列事实推断，至少在明官式建筑中，作为文化形态，南京建筑具有较前代更为强烈的主流性、有机性、兼容性、创造性，它柔而不屈、刚而不强。近年来人们多从广义的角度探讨龙文化现象，如果狭义地按宗法制的观念、真龙天子嫡传的观念，那么钟山之麓的明代南京建筑文化作为龙文化中的中转站滋养了其后近600年的皇家建筑。

四、清代的南京建筑文化

自永乐迁都后，南京政治中心的地位已不复存在，同时随着生产力的发展、资本主义萌芽的出现，明中期以后各地建筑风格以至建造技术都发生了变化，民间建筑在南京的影响不断扩大。我们对明代南京的民间建筑了解研究得还不充分，从王世贞《游金陵诸园记》等史料中可发现，园林在中期以后已十分发达，一直延续到清代，乾隆二次南巡时还驾临瞻园并题额，北归后还仿瞻园建如园于西郊长春园中。清人曹雪芹《红楼梦》中对大观园的描写亦得力于南京园林的启发。现存为数甚少的几处明末住宅与清初作法甚接近，而从清末重建的两江总督衙署、朝天宫及句容宝华山大雄宝殿等建筑来看，地方风格已侵入宗教和行政建筑。可以说，自明中期以后，原来那种以稽古为由、直追唐宋的恢宏气势逐渐被削弱。主流性削弱，而兼容性大大发展。以梁架体系而言，抬梁与穿斗并用或介乎二者之间；以梁架类型而言，既有苏州通行的月梁，也有安徽一带通行的带斜项的直梁。太平天国历史博物馆、西花园、朝天宫等处的作法与当涂采石矶太白楼作法甚近，体现了更多的安徽特色，这大约与太平天国自皖入苏，清湘淮水军亦沿此路线攻陷南京的历史过程有关。这种建筑现象适与南京话在语言特征上与安徽相近是一致的。

如果我们借用对古代地域文化探讨的术语，来描述继承了古代地域文化的一部分特点并在明清两代终于完成的地方建筑文化，那么对于明中叶以后直到清末的南京建筑文化不妨用八个字来说明：吴头楚尾，南北辉映。它较明初的正襟危坐多了几分妩媚，较苏州的建筑少了点脂粉，较当涂一带添了几许姿色。

五、近现代南京建筑文化

自鸦片战争以后，中国沦为半殖民地半封建社会，南京成为对外口岸，一种新的外来文化冲入了中国也冲入了南京。早在清末，金陵机器制造局、江南水师学堂、矿路学堂等一批建筑作三角桁架、砖拱外廊，或多或少地引进了西方建筑技术与艺术，显示了南京的一种新的兼容性。

孙中山在南京就任临时大总统时，做的第一件事就是谒孝陵，这自然是再次明确他进行国民革命的目的，但客观上也表达了新的一轮文化的脉络。他去世之后长眠在钟山之麓、孝陵之东，也是他生前就定下的。中山陵的设计是中国近代建筑史上光辉的一页，受过西方文化熏陶的中国建筑师吕彦直在中外众多建筑师参加的设计竞赛中一举夺标，其设计成功的关键是思想的兼容性和创造性。虽然，在常人眼中，或许也在他自己眼中，中山陵是民族形式的典范，但实际上正如孝陵之于宋陵，它是在崇古的外衣下作了最大的革新。该设计顺应自然，也顺应了社会发展，摒弃了层层院落串联封闭的格局，敞开了胸怀，一展身姿，轴线前部碑亭等隔而不断，而这正是革命先行者与资产阶级革命家孙中山先生与封建帝王在国策、精神、心怀上的差异。祭堂的平面和功能也是帝王陵寝中没有的，吕彦直成功地摘取了传统的建筑符号，将中西文化的“体”与“用”连同陵园环境有机地糅在了一起，这也正是历史上南京建筑文化最可贵的品性。

自 1927 年至 1949 年南京作为国民党政府的首都和日伪政权的行政中心，受过大规模的摧残，也在 1930 年代和抗战后进行过有限的建设。建筑的器用性使这些建设的功能目的十分明确。而其作为文化的反映则既有那个时期的烙印也仍然体现着地区文化的影响。比较一下南京与十里洋场、租界林立的上海的建筑，即可以看到南京建筑在这一时期仍然有着传统的血脉。

新中国成立后的南京建设成就有目共睹，其存在的问题也正在实事求是地得到总结。南京的城市绿化、横跨天堑的大桥、金陵饭店、侵华日军南京大屠杀遇难同胞纪念馆、夫子庙市场等都在中国现代建筑史中占有光辉的一页，也再次显示了它的气度、它的兼容性、它的浩然正气与丰厚的文化根基。

六、结语

在两千余年的历史上，古城南京的建筑虽几经起落，不断发展变化，却仍然可以从中看到一条可贵的历史文脉，它的兼容性、有机性、主流文化的继承与开拓性和深厚的文化根基。是它自信的表现，是我们足以引以为傲的。

按照唯物论的反映论，上层建筑是经济基础的反映，精神意识是社会存在的反映，这社会存在既包含了社会的因素，也包含了自然的因素。随着信息时代的到来，社会已经发生了巨大的变化，空间距离也在缩小，国与国、地区与地区间的建筑的趋同现象日益明显。但是，在可以预见的将来，其中的差别依然存在并受到各个民族的珍视，何况地理环境、气候等因素并未发生巨大变化。因而地方建筑文化必将依然存在并成为该地区的一笔财富。站在这样一个角度展望南京城的未来建设是可以从历史中得到不少收益的，特别是历史文化名城的确定，为我们提供了选择的契机。自觉地思考未来的建筑文化特色是有现实意义的。

那么，哪些问题应该注意呢？我根据本文的分析，权且提出以下几点，以作引玉之砖。

第一，南京不仅应该成为南北建筑文化也应该成为东西方文化荟萃之地，新的兼容性应有更大的胸怀，城市面貌的改变要注意和谐的共生，规划勿搞清一色，也不要搞成万国展览会和大杂烩。

第二，建筑设计要强调有机的创造，顺自然、合地理、重文脉，为此要鼓励有根基者多创新，加强人才培训与交流，保持南京建筑工作者的智力优势不再下降。

第三，创造不是无源之水、无本之木，传统是无形的力量，建筑文化遗产是城市的财富而不是包袱，要保护与挖掘。为此，首先要看到传统不是僵化的，而是一个变化的历史过程，不仅应当让传统在已有文化遗产中完好地保存下历史的信息，也要在新的城市建筑中传达这些信息。同时，不要任意改变文物建筑的面貌，复原文物建筑务必慎重，加强研究，挖掘传统的精髓，反对急功近利的皮毛之学，限制新建筑中千篇一律的简单仿古。

第四，建筑是以物质、技术为基础的，发展经济、开拓技术是建筑文化的先导条件，在基础条件有限的时候，务必量力而行，不要重犯明成祖在阳山碑材问题上劳民伤财的错误。

生活在六朝山水间

陈薇

如果说秦汉将山水作为一种臆想和观念，那么六朝则将山水作为一种环境和审美。生活其间，风生水起，风华流连，风情万种，风轻云淡。“山水”不仅是秀美的物质形态，更是美好生活的所在、自由性情的道场、理想精神的寄托，由此诞生的中国山水文化和山水园林，绵延流长。不只形态和结构，更是姿势和态度，此转折的朝代是六朝。在六朝 300 余年间，人们津津乐道的通常是“竹林七贤”和“兰亭禊会”，其实，从北方山阳到南方会稽，以至于在六朝形成对山水的认知、思想、表达的系统，重要的时空跨越和转折是六朝金陵的生活。

一、风生水起金陵地

在中国园林关于山水的讨论中，很少有人特别关注金陵这个地域在历史过程中的转折和决定性作用，其实，它非常重要，用一个词概括十分贴切，曰：风生水起。

金陵是个烟水城市，城市兴衰和水密切相关。这个位于长江南岸的重要城市金陵（明朝曰南京）是南京最早的名字，《金陵图经》上说“昔楚威王见此有王气，埋金以镇之，故曰金陵”[1]。不过金陵在秦始皇统一中国时，被改名为秣陵县。传说秦始皇南巡时，忧心忡忡的事就是金陵的王气，因此开秦淮河以泄，而秦淮河后来又成为南京的母亲河。其实南京还有更大的水作为天然屏障以生王气，这就是长江。孙权称帝前，于建安十六年（211）即移治秣陵的次年，在金陵邑基础上修筑著名的石头城，就建在江边。石头城倚山为城，以江为池，控江临淮，形势险要。公元 229 年孙权在秣陵建业称帝，称建业（图 1）；六朝时发展为都城，曰建康，选址东移，位于覆舟山、鸡笼山之南，“东环平冈以为安，西城石头以为重，后带玄武以为险，前拥秦淮以为阻”[2]。出城正南门，有一条长 5 里的御道直达秦淮河边，而六朝宫城之北便是浩渺的玄武湖，面积应该是现在玄武湖的 4 倍，大约 2 000 公顷。可以想见当时的金陵地，东边钟山紫气东来，南边秦淮蜿蜒宽广，西边向北长江奔腾不息，北边玄武湖水波澜。后来南唐、明代、民国均在这个地方建都，无不与这通江连河、山水雍容的特殊地

1 [宋]乐史《太平寰宇记》卷九十引《金陵图经》，见：全国高等院校古籍整理研究工作委员会. 日本宫内厅书陵部藏宋元版汉籍选刊 58[M]，上海：上海古籍出版社，2013：375.

2 [宋]陈亮. 戊申再上孝宗皇帝书[M]//[明]陈沂. 金陵古今图考. 南京：南京出版社，2006：74.

图 1 六朝金陵山水格局依存（中：孙吴都建业图）
图片来源：陈沂 . 洪武京城图志 · 金陵古今图考 [M]. 南京：南京出版社，2017：73；照片由陈薇拍摄

域有关：防卫坚固又交通便捷，气候温润又气韵灵动，是山水绝佳的宝地。

另外，六朝金陵地作为都城之前，对自然山水的关注尤其是对水的赞颂，在社会上层已渐成风气，东汉建安时期大量写景文学作品的出现应是表征，这和秦汉时期将山水作为比德、作为消遣、作为仙境不同，而是将自然作为一种独立的审美对象的自觉开始。建安十二年（207）曹操的《步出夏门行 · 观沧海》便具有山水诗的完整审美表达："东临碣石，以观沧海。水何澹澹，山岛竦峙。树木丛生，百草丰茂。秋风萧瑟，洪波涌起。日月之行，若出其中。星汉灿烂，若出其里。幸甚至哉，歌以咏志。"景色描述有层次、有远近，意境表达有雄浑、有情怀。六朝时期对于金陵的认识，谢朓的永明体《入朝曲》最为著名："江南佳丽地，金陵帝王州。逶迤带绿水，迢递起朱楼。飞甍夹驰道，垂杨荫御沟。凝笳翼高盖，叠鼓送华辀。献纳云台表，功名良可收。"其中，"绿水""御沟"和"华辀"表达出金陵是地的烟水特征，而"朱楼""飞甍"和"云台"则为帝都应运江南佳丽地的创造，可看出水体对于金陵地的特别意义（图2）。

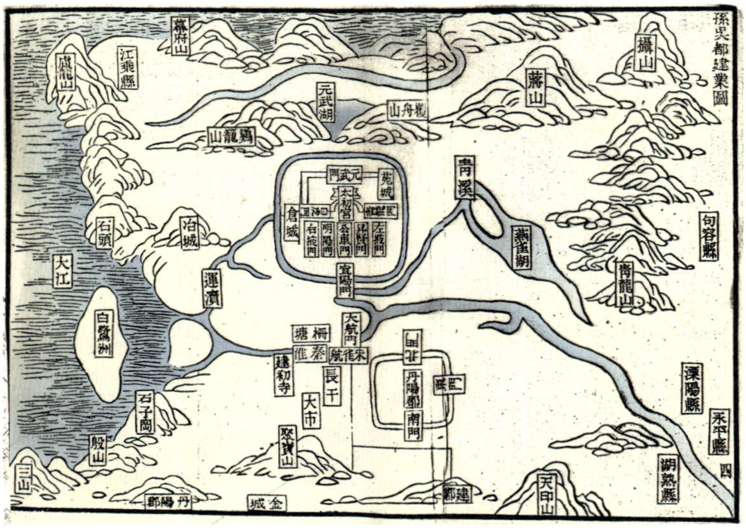

图 2　六朝金陵水系图示（底图：孙吴都建业图；陈薇图示）
图片来源：陈沂．洪武京城图志·金陵古今图考 [M]. 南京：南京出版社，2017：73.

二、风华流连贵族群

在山水文化兴起时，贵族群体的出现犹如发动机和酵素，催化了风华流连。其渊源之一是魏文帝曹丕在位，确立了魏晋时期选拔人才的方式即九品中正制——后演化为高门氏族的门阀政治。这种社会基础是士与宗族的结合，便产生了中国历史上著名的士族。东汉的情形是：不是士族跟着大姓走，而是大姓跟着士族走，士族的地位很高。但到了东汉中叶以后，逐渐显示出政权在本质上与士大夫阶层的重重矛盾，最终借着士族大姓的辅助而建立起来的政权，还是因为与士大夫阶层失去协调而归于灭亡。而士大夫经过“王莽篡位”时的浩然裂冠毁冕而遁迹于山林[3]。东汉中晚期对应“主荒政谬”的第二次隐逸之后，士大夫阶层找到了一种合适的生活方式，走向雅逸。晋武帝司马炎在位，灭吴，统一全国，风格宽简，爱慕名士，是魏晋风度的推动者；晋成帝司马衍在位以来，清谈之风日益浓厚，是魏晋思想形成时期；到晋穆帝永和年间，东晋政权趋于稳定，名士生活更为悠闲。如此，士大夫集学、事、爵为一身，在社会上具相当地位，他们的思想、意趣和追求，成就了一代艺术新风，如此的魏晋风度——由慷慨悲凉转向率性不羁，渐呈浩荡之势。

3 ［南朝宋］范晔．后汉书．卷八十三．逸民列传 [M]. 北京：中华书局，2000：2756.

而在金陵这块地方，既有北方晋室南渡大族，又有江东父老南土士族，还有东汉以降佛教盛行，从而贵族、士族和寺院地主势力强大。一方面，经商成风，“浮船长江，贾作上下”[4]。金陵地水路交通方便，除了粮、布（麻布）、绢、鱼、盐、铁器外，纸张、瓷器以及席、蜡、蜜、漆、竹等已成大宗交易，尤其是茶叶成为继纸、瓷之后的一种新兴商品登市，以长江边、秦淮河及其道路节点分布的集市为突出现象，寺院经济也成为突出的现象；而士族的庄园经济发达，摆脱了对君主的人身依附关系。另一方面，“过江诸人每至美日，辄相邀新亭，藉卉饮宴”[5]，“清风朗月，辄思玄度”[6]，东晋的清谈成为一种风尚和贵族的风华。清谈时，或在林下，或在室内，或在园内，身着宽大长袍，手执白玉拂尘。当时都城建康有三大清谈中心[7]（图3）——王导、王濛、司马昱，往来的宾客及陪客都是重要人物，一般内容以“三玄”（《老子》《庄子》《周易》）为基底，引发对人生和宇宙的思索。在王导家，有著名的东晋初期清谈盛会，宾客为从武昌东下的长史殷浩，作陪的有桓温、王濛、王述、谢尚；东晋中期由王濛主持清谈，参与的名士有支遁、许询、谢安，某次谢安被推举为主持人，清谈内容是王濛展卷的《庄子》的其中一篇《渔父》，谢安言谈“才峰秀逸”“萧然自得”[8]，众咸称善；东晋晚期在司马昱宅第的清谈最为激烈，来者有殷浩、孙盛、王濛、谢安四大名士，开始主要是拥护正统玄学的殷浩与儒教维护者孙盛之间的较量，在殷浩等即将败北时，又请来才华横溢的刘惔，从饭前到夜宴激战，是阵容最强的一次。

不管怎样，这种由于贵族经济发展更由于名士雅集金陵的情形，至少带来几方面的改变：出现一些新增的聚落场所，往往在交通便捷的水路附近，环境清新，或者山地使用增强，出现田园地产，庄园经济扩展；在意识形态上，通过清谈重新审视个人的人生方向并自我觉醒，孙绰的《秋日》便反映了对玄理的体悟：“萧瑟仲秋月，飂戾风云高。山居感时变，远客兴长谣。疏林积凉风，虚岫结凝霄。湛露洒庭林，密叶辞荣条。抚菌悲先落，攀松羡后凋。垂纶在林野，交情远市朝。淡然古怀心，濠上岂伊遥。”

---

4 [西晋]陈寿.三国志.卷四十八.吴志·孙休传[M].北京：中华书局，2011：1158.

5 [南朝宋]刘义庆.世说新语（上）.卷上之上[M].上海：上海古籍出版社，1982：22.

6 [南朝宋]刘义庆.世说新语（上）.卷上之上[M].上海：上海古籍出版社，1982：32.

7 [南朝宋]刘义庆.世说新语（上）.卷上之下[M].上海：上海古籍出版社，1982.“文学”中关于清谈有60余条，据此总结。

8 [南朝宋]刘义庆.世说新语（上）.卷上之下[M].上海：上海古籍出版社，1982：19.

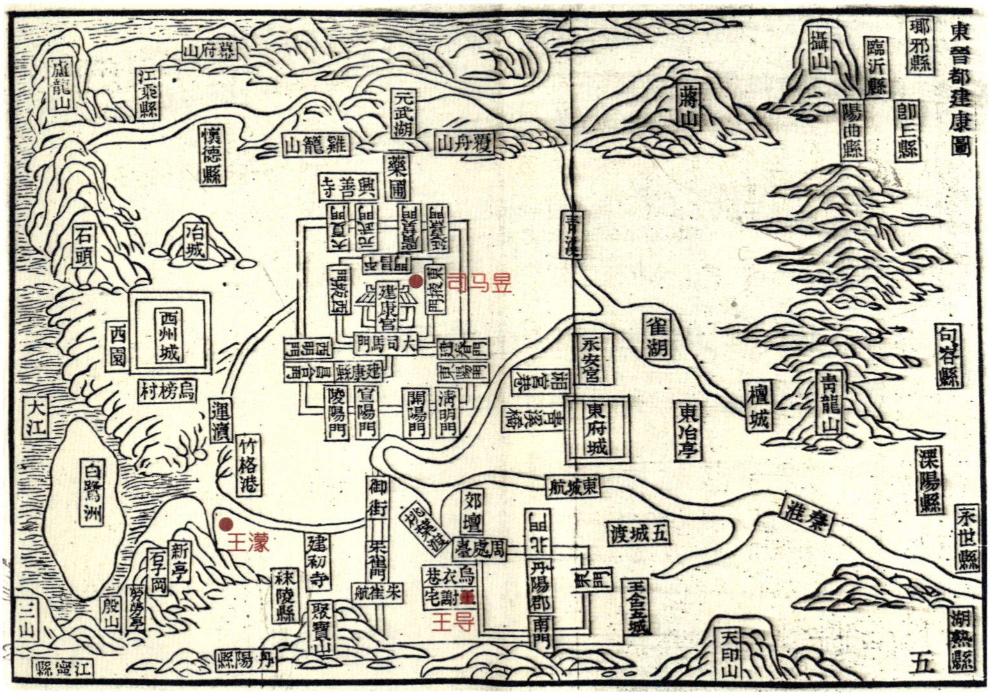

图 3　六朝建康玄学清谈中心（底图：东晋都健康城；陈薇图示，参见《世说新语》上卷下“文学”篇描述）
图片来源：陈沂．洪武京城图志·金陵古今图考 [M]. 南京：南京出版社，2017：75.

三、风情万种生活态

在如此背景下，接续的南朝金陵士族经营庄园、谈天说地、饮酒吟诗、行书抚琴、鉴赏观物、登山泛舟，乃成为常态，审美的园林应运而生。其中包含对东汉以降的上层社会之山水审美认知的承接、对金陵山水因地制宜的应用、对别具一格人生理想追求的崇尚、对生活情调和趣味的重视，是风情万种的，非生活态而不能够描绘。

在皇家园林方面，以华林园为例，从孙吴作为吴宫苑始，到东晋简文帝司马昱经常与群臣在华林园赏“翳然林水”，觉“鸟兽虫鱼”[9]，再到刘宋时期大规模扩建，山有景阳山、武壮山、景阳东岭；水有天渊池、花萼池；台有芳香台、日观台、一柱台；楼殿建筑有景阳楼、连玉堂、灵曜殿、光华殿、射棚、凤光殿、礼泉堂、层楼观、兴光殿等[10]，具有多种功能的活动可能。从南朝宋何尚之《华林清暑殿赋》的描述中可以想见园景和夏天活动：“逞

9 “简文入华林园，顾谓左右曰，会心处不必在远，翳然林水，便自有濠、濮间想也。觉鸟兽禽鱼，自来亲人。”［南朝宋］刘义庆．世说新语（上）．卷上之上 [M]. 上海：上海古籍出版社，1982：29.

10 ［唐］许嵩．建康实录．卷十二 [M]. 北京：中华书局，1986：444.

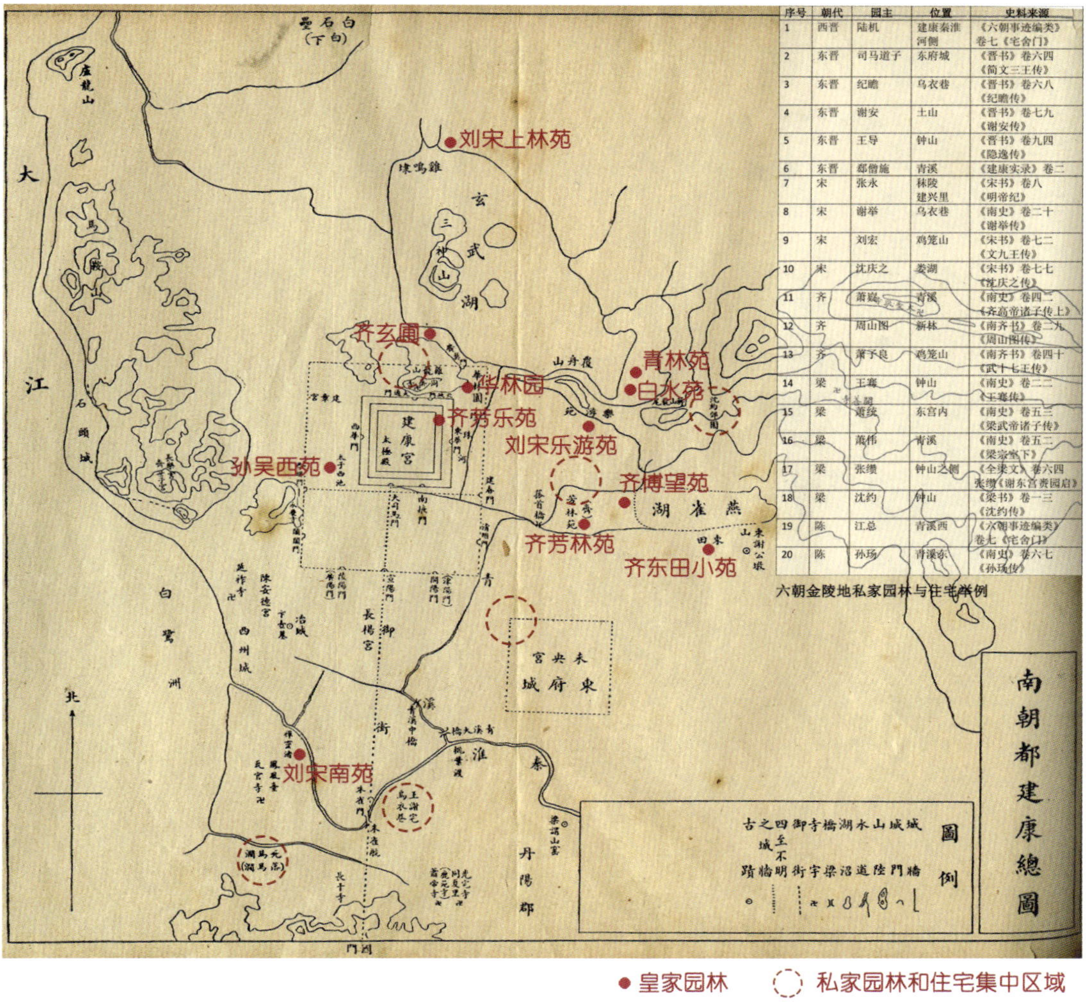

序号	朝代	园主	位置	史料来源
1	西晋	陆机	建康秦淮河侧	《六朝事迹编类》卷七《宅舍门》
2	东晋	司马道子	东府城	《晋书》卷六四《简文三王传》
3	东晋	纪瞻	乌衣巷	《晋书》卷六八《纪瞻传》
4	东晋	谢安	土山	《晋书》卷七九《谢安传》
5	东晋	王导	钟山	《晋书》卷九四《隐逸传》
6	东晋	郗僧施	青溪	《建康实录》卷二
7	宋	张永	秣陵建兴里	《宋书》卷八《明帝纪》
8	宋	谢举	乌衣巷	《南史》卷二十《谢举传》
9	宋	刘宏	鸡笼山	《宋书》卷七二《文九王传》
10	宋	沈庆之	娄湖	《宋书》卷七七《沈庆之传》
11	齐	萧嶷	青溪	《南史》卷四二《齐高帝诸子传上》
12	齐	周山图	新林	《南齐书》卷二九《周山图传》
13	齐	萧子良	鸡笼山	《南齐书》卷四十《武十七王传》
14	梁	王骞	钟山	《南史》卷二二《王骞传》
15	梁	萧统	东宫内	《南史》卷五三《梁武帝诸子传》
16	梁	萧伟	青溪	《南史》卷五二《梁宗室下》
17	梁	张缵	钟山之侧	《全梁文》卷六四张缵《谢东宫赉园启》
18	梁	沈约	钟山	《梁书》卷一三《沈约传》
19	陈	江总	青溪西	《六朝事迹编类》卷七《宅舍门》
20	陈	孙玚	青溪东	《南史》卷六七《孙玚传》

图 4　六朝金陵主要皇家园林和私家园林分布示意图（底图：南朝都建康总图；陈薇编制，私家园林和住宅集中区域参照图中所列“六朝金陵地私家园林与住宅举例”一表）
图片来源：朱偰 . 金陵古迹图考 [M]. 北京：商务印书馆，1936.

绵亘之虹梁，列雕刻之华榱，网户翠钱，青轩丹墀，若乃奥室曲房，深沉冥密，始如易修，终然难悉，动微物而风生，践椒涂而芳质，觞遇成宴，暂游累日，却倚危石，前临浚谷，始终萧森，激清引浊，涌泉灌于基扈，远风生于楹曲，暑虽殷而不炎，气方清而含育，哀鹄唳暮，悲猿啼晓，灵芝被崖，仙华覆沼。”[11] 萧齐时期，六朝皇家园林大兴，在齐武帝时，社会安定，经济持续发展，仓廪丰实，修造了娄湖苑、新林苑、芳林苑等，其中芳林苑原为齐高帝萧道成旧宅，齐武帝将其改造成重要的皇家园林。禊宴朝臣是重要活动，

11 ［南朝宋］何尚之 . 华林清暑殿赋 [M]// 艺文类聚 . 卷六十二 . 上海：上海古籍出版社，1999：1125.

王融留有《三月三日曲水诗序》，而临水行祭以祓除不详，谓之“修禊”始于三国，但此时禊宴内涵远远超过原义而升腾为雅致的文化行为，“禊饮之日在兹，风舞之情咸荡。去肃表乎时训，行庆动于天嘱。载怀平圃，乃眷芳林”[12]。六朝金陵地，除上述皇家园林，还建有西苑、乐游苑、上林苑、玄圃、东田小苑、桂林苑、宫苑、新林苑、博望苑、青林苑、江潭苑、方山苑、白水苑、灵邱苑、建兴苑等20余处。择址主要在玄武湖、清溪等水体附近和钟山、覆舟山、清凉山等山体周围（图4），将山水之美和园林的花树之美、动物之灵连为一体，观日出、避暑热、流水宴、赏自然，是山水园林滥觞和审美的重要转折。

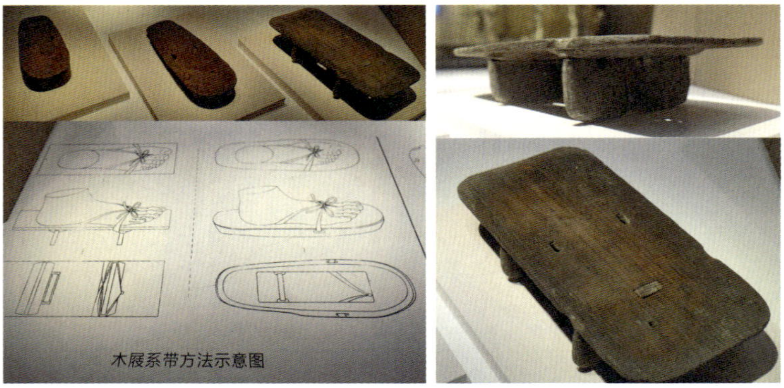

图5 六朝木屐（南京集庆路颜料坊出土）
图片来源：南京六朝博物馆藏，陈薇 拍摄

私家园林方面，自永嘉南渡到东晋建国，北方大部分名士迁移江南，以金陵为中心的江南秀丽风光成为审美对象，以及对于清谈的推崇，使得私家园林在金陵形成建造高峰。多选择郊野风景佳地建园，典型如谢安，不仅在会稽、东山寓居，在秦淮河边及土山（今江苏江宁）也营建别墅楼馆，“于土山营墅，楼馆林竹甚盛，每携中外子侄往来游集，肴馔亦屡费百金，世颇以此讥焉，而安殊不以屑意”[13]。在行为方式上，多以登山涉水为常态，所谓“谢公屐”为一种适合游山玩水的鞋子，十分普及（图5）。不过在心态上，东晋名士潇洒高傲，玄风飘逸，而南朝时期隐士文化地位提高，备受朝廷重视，《南史》中隐士比儒林人物多，是为明证[14]，例如梁武帝萧衍对隐士陶弘景极为重视，咨询朝廷大事要到陶氏隐居之所，这也促成至南朝时私家园林勃兴。南朝

12 ［南朝齐］王融．三月三日曲水诗序［M］// 艺文类聚．卷四．上海：上海古籍出版社，1999：72．

13 ［唐］房玄龄，等．晋书．谢安传［M］．北京：中华书局，1974：2075．

14 ［唐］李延寿．南史［M］．北京：中华书局，1975．卷七十五和卷七十六载“隐逸”人物31人，卷七十一载“儒林”人物19人。

时期，建康一带私家园林有案可稽的30余处，可考的园址主要在秦淮河侧、东府城、乌衣巷、土山、钟山、清溪、秣陵、南涧寺、鸡笼山、娄湖、新林、南冈、东田、东篱门等地——都城外围及山水附近。在建园风格上，东晋时期大量种植果树的情形，到南朝也变为注重经营了。如东晋王导建于钟山的西园，“园中果木成林，又有鸟兽麋鹿”[15]；而南朝常用“修理”“穿筑”“修营”，如《南齐书·豫章文献王传》“北宅旧有园田之美，乃盛修理之”，《陈书·孙瑒传》“庭院穿筑，极林泉之致”，《宋书·谢灵运传》“遂移籍会稽，修营别业，傍山带江，尽幽居之美”[16]。杜牧《润州二首》之一的“大抵南朝皆旷达，可怜东晋最风流”，也似乎是由东晋至南朝的私家园林风格变化的写照。

图6　六朝胜迹栖霞寺景
图片来源：陈薇　拍摄

图7　南朝开凿的栖霞石窟群
图片来源：陈薇　拍摄

寺庙园林方面，最兴盛的是萧梁时期。晚唐杜牧描述“南朝四百八十寺，多少楼台烟雨中”，应是十分形象的金陵是时的寺庙与山水融为一体的情形。寺庙园林或曰山水环境中的寺庙，是金陵六朝寺庙的突出形态，也可以说是景观建筑出现的集中代表。其形成有几方面的原因：一是皇家园林和私家园舍都有被改造和利用而作为寺庙的风气。如齐梁古刹栖霞寺，为南朝齐永明七年（489）为隐士明僧绍舍宅为寺，当时名“栖霞精舍”，该处层峦拱翠，万壑堆云，自成风景，而自永明二年（484）至梁天监十年（511）开窟造像，规模初具，更添神采（图6、图7）；光宅寺始建于南朝梁天监七年（508），原为梁武帝萧衍的故宅，

15 ［唐］房玄龄，等．晋书．隐逸传[M]．北京：中华书局，1974：2440.
16 ［南朝梁］萧子显．南齐书．卷二十二．豫章文献王传[M]．北京：中华书局，1996：414；［唐］姚思廉．陈书．卷二十五．孙瑒传[M]．北京：中华书局，1972：321;[南朝梁］沈约．宋书．卷六十七．谢灵运传[M．北京：中华书局，1974：1754.

图 8 同泰寺遗址上的烟雨楼台鸡鸣寺（明以后名鸡鸣寺）
图片来源：王建国 拍摄

图 9 同泰寺遗址上的鸡鸣寺近依台城
图片来源：王建国 拍摄

该地前为赤石矶，后为白鹭洲，风景绝佳；又如鸡鸣寺［明洪武二十年（1387）重建并是名］最初的建造，是西晋年间利用三国东吴的后苑而为，到梁武帝大通元年（527）就此创建了著名的同泰寺，距离台城极近，方便武帝修行活动（图 8、图 9）。所以这种寺庙园林仅改变了建筑性质，风景依旧。二是寺庙临近六朝金陵地人群相对集中的聚落而建，而生活聚落当时多选择在江河通达、风景宜人之地（图 10）。如瓦官寺附近，东吴时期便是

图 10　小九华山（覆舟山）周围风光旖旎，六朝时建有乐游苑和寺庙
图片来源：陈薇　拍摄

吴国重臣张昭、陆机等人的住宅；东晋时丞相王导在该处置官，主管陶器作坊；晋哀帝兴宁二年（364）将陶地赐给僧人慧力建寺。此地本为岗地，至南朝时树木繁盛，翔集孔雀形祥鸟而名凤台山，梁武帝时在凤台山上建瓦官阁而成名胜。李白的《凤凰台》脍炙人口："凤凰台上凤凰游，凤去台空江自流。吴宫花草埋幽径，晋代衣冠成古丘。三山半落青天外，二水中分白鹭洲。总为浮云能蔽日，长安不见使人愁。"依稀可见周边的环境与建筑的关系。三是在思想体系上，六朝时期玄学、佛教及道教有相通之处，在人生探求上相互补足，在生活方式上并不抵牾，尤其在山水审美上高度一致，从而六朝金陵的寺庙园林甚至提升和发展了皇家园林和私家园林在人工结合自然方面的水平与成就。

从时间上讲，在六朝 300 多年间的金陵，皇家园林在东晋时已十分丰富，而私家园林在由晋到南朝的过程中逐步发展，寺庙园林则在南朝晚期迅速发达。

四、风轻云淡山水情

论及六朝山水与审美、玄学与人物、园林与生活，通常评价与关注度最高的是"竹林七贤"和"兰亭禊会"（图 11、图 12），它们几乎代表着魏晋风度的高峰。前者，"山水有清音，

图 11-1 模印砖画“竹林七贤与荣启期”
图片来源：南京六朝博物馆藏，陈薇 拍摄

图 11-2 “竹林七贤与荣启期”砖画拓本

图 12 “兰亭图”（明朝文徵明绘）
图片来源：辽宁博物馆藏

何必丝与竹”[17]。七贤是当时玄学的代表人物，放任不羁，以自然山水而怡情，但政治遭遇多惨烈。后者，王羲之《兰亭集序》有明确表述：“此地有崇山峻岭，茂林修竹，又有清流急湍，映带左右，引以为曲水流觞，列坐其次。虽无丝竹管弦之盛，一觞一

17 [西晋]左思．昭明文选．卷二十二．招隐诗．郑州：中州古籍出版社，1990：297.

图 13　兰亭历史环境：崇山峻岭，茂林修竹，清流急湍，映带左右
图片来源：陈薇 拍摄

图 14　兰亭曲水流觞遗迹
图片来源：陈薇 拍摄

咏，亦足以畅叙幽情。”（图 13、图 14）一派优雅，一地清流。两者间隔 100 年左右，地点均在远离城市的自然佳境，一为金陵的北方，另一为金陵的南方。似乎从未有人特别关注过：从“竹林七贤”到“兰亭禊会”，金陵发挥了什么作用？如果说这两者的生活方式和择址模式代表着一种独特的文人选择，它们的影响和金陵有何干系？

从小的时空上讲，金陵作为六朝政治和经济、文化的中心，将园林的中心进行了转换，分为两个时间段：第一段便是从“竹林七贤”（三国魏正始年间，240—249）到“兰亭禊会”（东晋永和九年，353），这 100 多年间，金陵对于自然秉持了特殊意义的审美态度之继承和发扬，并作为清谈中心成为玄学的汇聚地，即本文前两部分论及的对自然的认知和思想体系的形成，这是山水园林的核心，关乎理想的品格、理想的抱负、理想的生活、理想的情感；第二段是从兰亭文人盛会到南朝结束又 200 年左右，山水意识和山水园林经金陵为中心的发酵，在江南曼然生长，除了本文第三部分表达的金陵园林系统外，广陵（今扬州）、吴兴（今湖州）、京口（今镇江）、吴郡（今苏州）等地均有园林建设和不俗表现。江南山水园林便是在六朝经过内涵的深刻转变、园林类型的极大丰富以及人工结合自然的普及化过程，形成一种独特的文化体系和基本形态（图 15），从而奠定了江南园林在晚期发达的重要基础。

从大的时空来看，从汉代到隋唐，政治中心从北方长安和洛阳经由江南金陵复归北方长安，六朝建康是不能逾越的时间与空间的聚焦点，中原传统精华在新的地理空间、政治空间及文化空

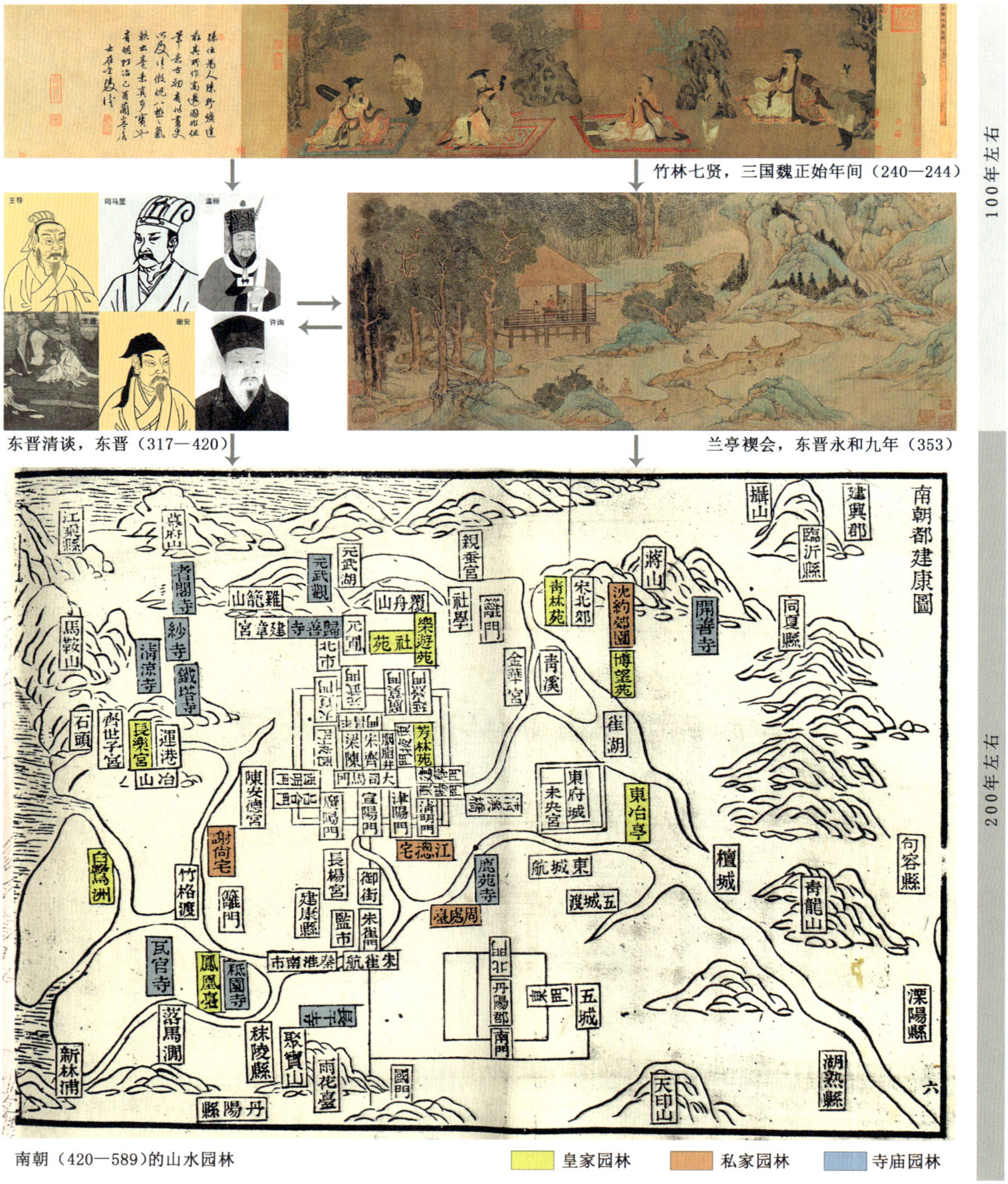

图 15　作为中心的金陵地与江南山水园林形成的时空关系图（陈薇 编制；上：孙位“高逸图”竹林七贤图残卷；中右：为文徵明“兰亭修禊图”）

图片来源：上：上海博物馆藏；中右：北京故宫博物院藏；下：陈沂．金陵古今图考 [M]. 南京：南京出版社，2006：77.

图 16　金陵跨越时代对山水园林影响的时空关系图（陈薇图示）
图片来源：谭其骧 . 中国历史地图集 第 4 册 东晋十六国 · 南北朝时期 [M]. 北京：中国地图出版社，1982：5-6.

间下得以延续和发展，其中很重要的一项，便是六朝文化中的“风轻云淡山水情”流传了下来。仅曲水流觞而言，从最早的流杯记载“魏明帝时（226—239）于天渊池南设流杯沟，燕群臣”[18]，到东晋第三代皇帝成帝咸和四年（329）春正月，台城（宫殿）被攻，太极东堂秘阁被火烧尽，二月以建平园为宫，五年（330）秋建新宫，于钟川（钟山流下的水）立流杯曲水，宴请众官，再到晋永和九年（353）三月三日王羲之集文人于会稽山阴兰亭曲水流觞，蔚然成风，随后至隋大业“十二年（616）春正月又敕毗陵郡通守路道德，集郡兵近数百人，郡东南置宫苑，周十二里，其中有离宫十六所，其流觞曲水别有凉殿四所，环以清流”[19]，其时空之重要转换节点便是六朝金陵。汉魏的山水文化种子，因缘历史的风云际会，在这里生根发芽、移花接木、茁壮成长。接续六朝的

18 ［南朝梁］沈约 . 宋书 . 卷十五 [M]. 北京：中华书局，1974：386.
19 ［唐］韦述 . 杜宝 . 大业杂记辑校 [M]. 辛德勇，辑校 . 西安：三秦出版社，2006：49.

图 17 金陵十里堤风景依旧
图片来源：陈薇 拍摄

隋唐文人园、宫苑、私园和风景园，都绕不开金陵（图 16）。除此之外，南朝的绝唱看似戛然而止，而唐代诗人对金陵山水及其园林的追寻和回味、欣赏和感怀，无不反证出六朝曾经的绚烂、内涵的风劲、绵延的魅力、独特的审美、园景的气质。韦庄的《台城》"江雨霏霏江草齐，六朝如梦鸟空啼。无情最是台城柳，依旧烟笼十里堤"，说的不仅是景致，更是一种意境与神游（图 17）。

"生活在六朝山水间"，是六朝园林的本源，是山水园林的诠释，是形态发轫的根本，是金陵的独特贡献，是中国山水文化中永远的画面。

参考文献：

[1] 刘义庆. 世说新语 [M]. 刘孝，标注. 上海：上海古籍出版社，1982.

[2] 陈沂 . 金陵古今图考 [M]. 南京：南京出版社，2006.

[3] 上海古籍出版社，上海书店 . 二十五史 4：南史 · 北史 [M]. 上海：上海古籍出版社，1986.

[4] 上海古籍出版社 . 汉魏六朝笔记小说大观 [M]. 王根林，等校点 . 上海：上海古籍出版社，1999.

开门见山

—— 金陵四十景

陈薇

一、山景与金陵四十景

“开门见山”源自宋人严羽（约生于1192—1197、卒于1241—1245）《沧浪诗话》[1]对于李白诗作的评价：“观太白诗者，要识真太白处。太白天才豪逸，语多卒然而成者。学者于每篇中，要识其安身立命处可也。太白发句，谓之开门见山。”[2]而他认为“对句好可得，结句好难得，发句好尤难得”[3]；同时他认为“论诗以李、杜为准，挟天子以令诸侯也”[4]。所以我们今天理解的用“开门见山”比喻说话或行文直截了当，在古人的诗评中是极高的评价。

无独有偶，明人朱之蕃（1548—1624）收集的金陵四十景，其中三十景直接与山有关，另十景与水相涉，而隔水所及还是山。“开门见山”即美景，或许是自六朝滥觞而至唐宋及明代文人的一种特别审美，也代表着中国传统文人的价值取向。

朱之蕃何许人也？金陵四十景的价值有多高？朱之蕃其人自幼聪颖出众，廷试为状元，后为翰林院学士，进南京礼部右侍郎，能书画能作文，所以他是个大文人兼高官；同时游历广泛，曾奉命出使朝鲜，不辱使命；他著述颇丰，品味高雅。金陵四十景是他将明代南京自然与人工结合的景点以图咏的方式记录下来的集景表达。

在他之前，金陵（明代南京之前的概称）自秦汉至六朝经历高度发展，已产生了金陵八景、十景乃至十六景，到朱之蕃时他发展为金陵四十景，为以后的四十八景奠定了基础。朱之蕃编、陆寿柏绘的《金陵图咏》[5]（图1），出版于明天启三年（1623），

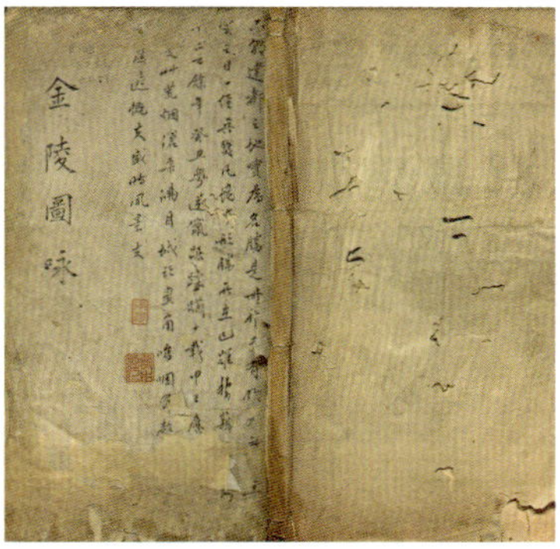

图1 明天启版《金陵图咏》（1623）
说明：本文所举四十景图版，如无特殊说明，均出自《金陵图咏》（1623）；除标注外均为作者组织绘制

1 《严沧浪先生吟卷》（或名《沧浪吟卷》），为李南叔所编辑的严羽著作集，首次将严羽的论诗言论列于一卷。参见：[南宋]严羽．沧浪诗话[M]．普慧，孙尚勇，杨遇青，评注．北京：中华书局，2014：1-2．

2 [南宋]严羽．沧浪诗话[M]．普慧，孙尚勇，杨遇青，评注．北京：中华书局，2014：120．

3 [南宋]严羽．沧浪诗话[M]．普慧，孙尚勇，杨遇青，评注．北京：中华书局，2014：83．

4 [南宋]严羽．沧浪诗话[M]．普慧，孙尚勇，杨遇青，评注．北京：中华书局，2014：119．

5 本文所用图版为天启癸亥（1623）版《金陵图咏》。

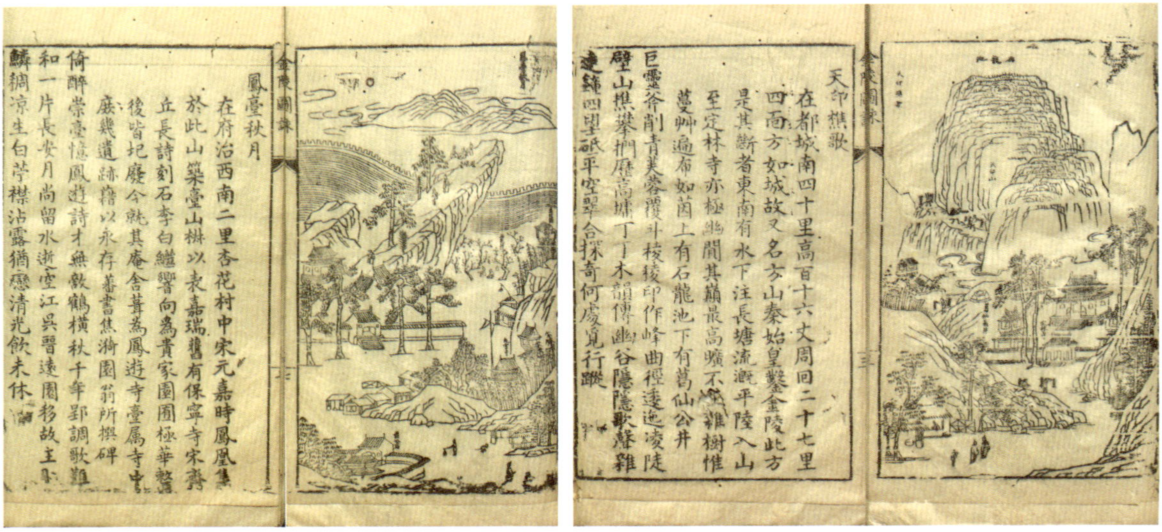

图 2 明版金陵四十景图咏举例“天印樵歌”“凤台秋月”

在万历版《金陵四十景图像诗咏》[6]中朱之蕃对成书过程有记载:“搜讨记载，共得四十景，属陆生寿柏策蹇浮舫，躬历其境，图写逼真，撮举其概，各为小引，系以俚句”[7]，“每景先述其胜，既而以诗系之”[8]（图 2）。

明本之后，清版有两种：康熙七年（1668）刊行的高岑编绘的《金陵四十景图》，以图为主，文注于图，图的价值大于文字。清末宣统二年（1910）出版的徐上添编绘的《金陵四十八景》，依旧图文合璧，而改四十景为四十八景。不过，这并非徐氏创造，乃近承清末“长干里客”[9]绘制的《金陵四十八景图》，而“长干里客”代表的是当时文人群体，众手成画，画风不一，徐版进行了统一。民国九年（1920）上海书局出版的徐寿卿编、韵生绘的《金陵四十八景全图》，系清代徐版演变而来，但图文分开，说明详细，不过图文关系远不如明版的文图互动紧密，甚至和清代图文合璧版相比也逊色不少。以南京玄武湖为例（图 3），明天启版题为“平堤湖水”，不仅将六朝建设的堤坝和唐诗追忆的烟柳作为前

6 《金陵四十景图像诗咏》即《金陵图咏》，系万历年间出版所用名。

7 [明]朱之蕃，编；陆寿柏，绘．金陵四十景图像诗咏[M]．南京：南京出版社，2012：3.

8 [明]朱之蕃．金陵图咏[Z]，天启癸亥（1623）：1.

9 “长干里客，又名蒲华馆主、长干客。他于庚戌年（1910）编绘《金陵四十八景》，其中每一幅图上题写的景点说明文字结尾都有作者落款和印章，从画作落款上来看，有徐虎、长干客、苕上徐虎、瘦生、絜若、洁若、苕溪瘦生、竹趣轩主、涴红生等，显系众手成画，不仅画风不一，而且画上题写的景点说明文字书风也各不相同。”引自[清]徐上添，编绘．金陵四十八景[M]．南京：南京出版社，2012：4（导言）.

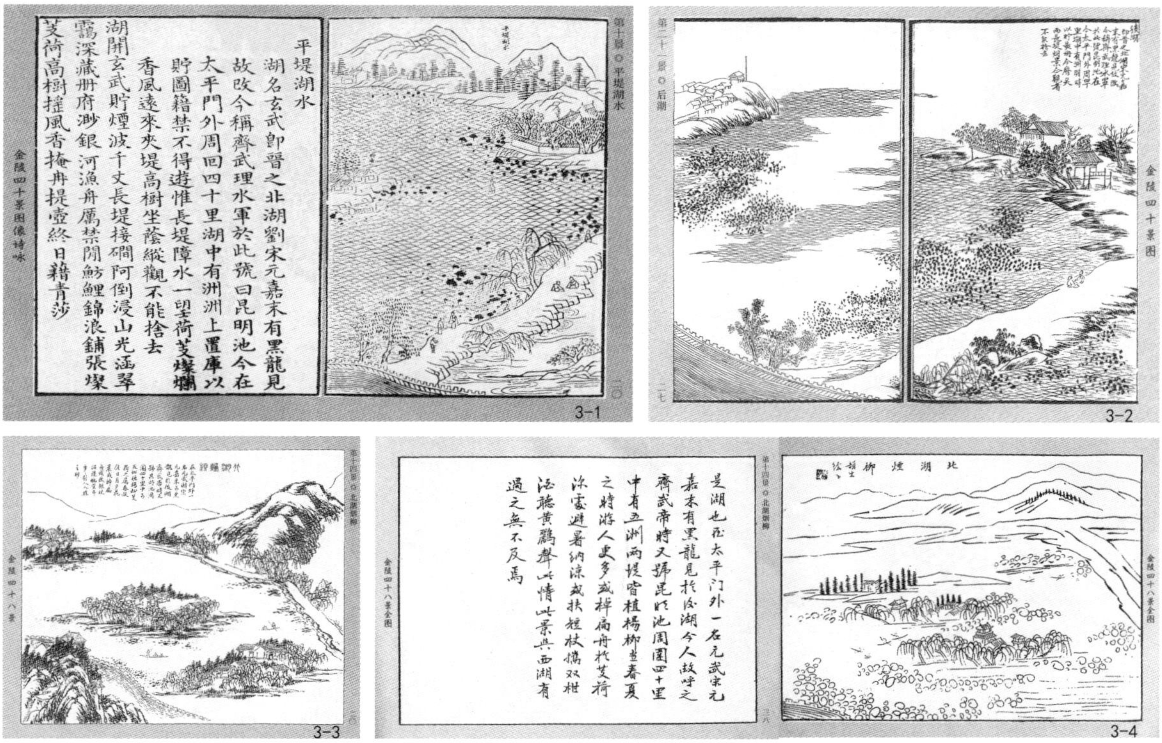

图 3　玄武湖景致：3-1“平堤湖水”；3-2“后湖”；3-3“北湖烟柳”；3-4“北湖烟柳”

图片来源：（3-1）朱之蕃．金陵四十景图像诗咏 [M]. 南京：南京出版社，2012：20；（3-2）高岑．金陵四十景图 [M]. 南京：南京出版社，2012：27；（3-3）徐上添．金陵四十八景 [M]. 南京：南京出版社，2012：20；（3-4）徐寿卿．金陵四十八景全图 [M]. 南京：南京出版社，2012：11-12.

景重点表达，更将中景湖中岛上的明库（档案馆）进行示意，最压画面的是远处完整呈现的大山，加上图咏“倒浸山光涵碧霭”，于是又有历史又见浩瀚的湖水气势毕现（图 3-1）；而康熙版题名只有地点“后湖”，画面中心不突出，更少了意趣和远景大山（图 3-2）；清末版名为“北湖烟柳”，表达的主要是湖中景物，对于山体只表达山脚（图 3-3）；民国的“北湖烟柳”画面松散，图文似乎只关乎柳树和湖中岛屿（图 3-4），意境殆尽。

所以明本金陵四十景价值很高，前图后文，包括文字描述和绘图景致，地点特征准确，又文趣盎然，诗意毕呈，将金陵胜景——尤其是人工结合山水的创造特点和意图——栩栩如生地表达出来。

无论是明人朱之蕃、清众画者，抑或是唐宋诗人，还是具有系统性和理论性的南宋诗话评论家，均为中国古代传统意义上的文人。这使得我们能够以金陵四十景为媒介——以最有价值的明版《金陵图咏》为文本和存留的实景为参照，来讨论古代城市山水尤其是山的景观认知问题。

二、见山之道与金陵四十景排序

书之内容排序是发现知识体系的重要方面，古书亦然。如类书从唐代《艺文类聚》到明代《永乐大典》，都依中国古代事物重要性或曰等级而排序，不似近代依照学科进行分类，在某种程度上反映出古人看待世间万物的价值观和知识观。

《金陵图咏》，从景点的空间分布看，大多为南京城墙沿线、山水佳境地带以及南京外郭内外（图 4）。而从排序考察，既不是按东南西北方位枚举，也不是完全依照景物产生的时间纵述，更没有参照山、水、建筑、城关等分类体系，却有同于中国古代类书编排的相似认知：以山势大小及对于金陵的重要性，由大尺度到中尺度再到人工尺度，从前往后图咏四十景。

我经过研究其排序，大致分为如下几个圈层（图 5）：

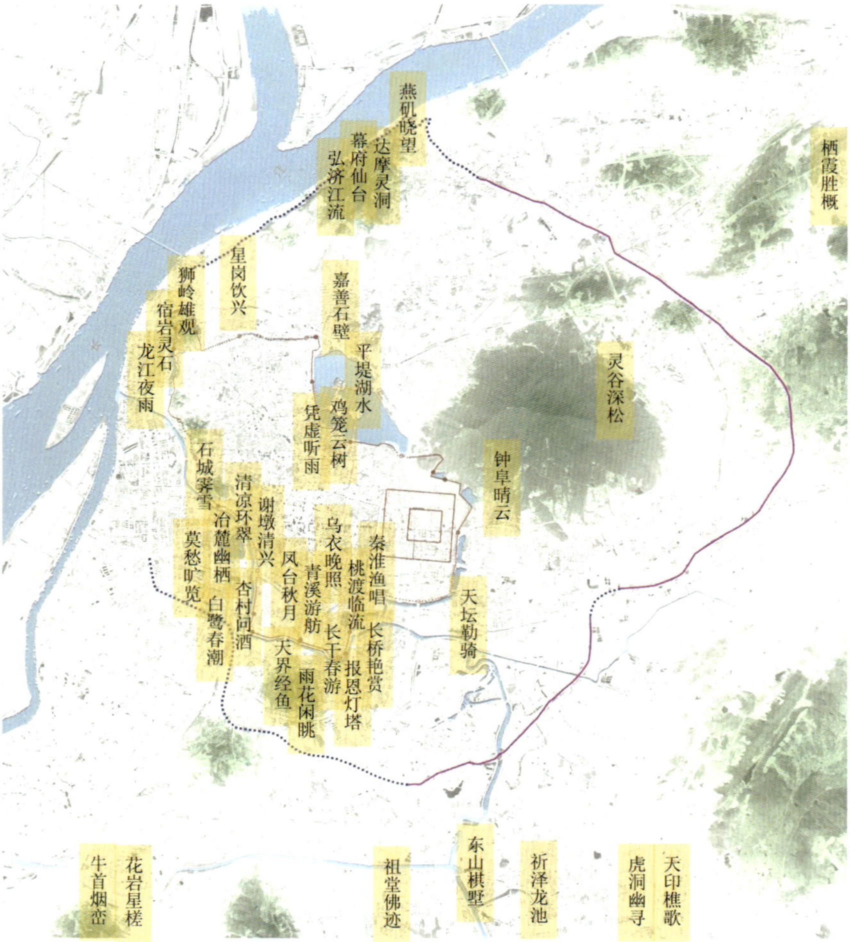

图 4　金陵四十景区位图
图片来源：陈薇组织绘制

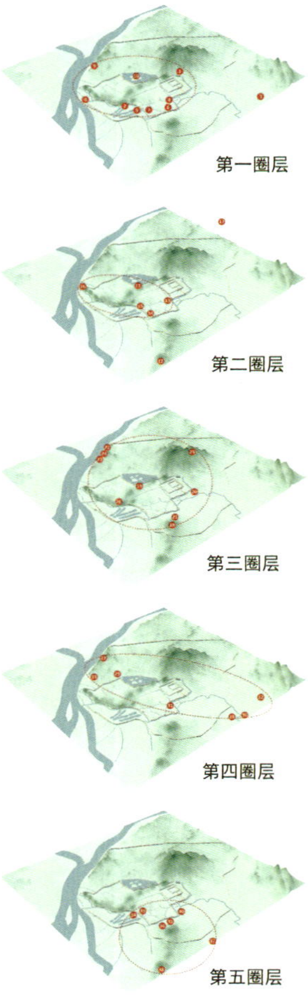

图 5　金陵四十景排序与五个圈层
图片来源：陈薇组织绘制

第一圈层：前十景，以东、西、南、北四向而序。具体为：①钟阜晴云（东）；②石城霁雪（西）；③天印樵歌（南）；④秦淮渔唱（南）；⑤白鹭春潮（南）；⑥乌衣晚照（南）；⑦凤台秋月（南）；⑧龙江夜语（北）；⑨弘济江流（北）；⑩平堤湖水（北）。主要在城市外围，尤其是以六朝旧城格局为参照——山高水远。

第二圈层：又七景，以北、南、西、东再四向而序。依次为：⑪鸡笼云树（北）；⑫牛首烟峦（南）；⑬桃渡临流（南）；⑭杏村问酒（南）；⑮谢墩清兴（西）；⑯狮岭雄观（西）；⑰栖霞胜概（东）。主要在城市门户地带，除牛首山和栖霞山为天然门户，其余为城墙边界地带——依山傍水。

第三圈层：再九景，南—北—南—北—东—西，相对成景。排序为：⑱雨花闲眺（南）；⑲凭虚听雨（北）；⑳天坛勒骑（南）；㉑长干春游（南）；㉒燕矶晓望（北）；㉓幕府仙台（北）；㉔达摩灵洞（北）；㉕灵谷深松（东）；㉖清凉环翠（西）。山的尺度变小，相对城市距离更近——形胜可及可望。

第四圈层：续七景，相对于明城中心，西北、东南层叠而景。分别为：㉗宿崖灵石（西北）；㉘东山碁（棋）墅（东南）；㉙嘉善石壁（西北）；㉚祈泽龙池（东南）；㉛青溪游舫（东南）；㉜虎洞幽寻（东南）；㉝星岗饮兴（西北）。是更小尺度的景点，主要以天然石景、石洞以及生活化的场景尺度为对象。

第五圈层：末七景，集中在城市南向范围。包括：㉞莫愁旷览；㉟报恩灯塔；㊱天界经鱼；㊲祖堂佛迹；㊳花岩星槎；㊴冶麓幽栖；㊵长桥艳赏。以人工建造和建筑为突出内容。

这几个层圈，并不以明代城圈范围为平面基准，自然的气势景象和立面呈现十分重要，从而，视野的由大而小、山势的高远到中远到平远、自然高于人工的取向，成为《金陵图咏》的排序原则，也是中国文人的审美价值和知识观念的体现。同时，我们可以发现，四十景排序，还体现出作者的观察角度，如第四圈层在西北和东南之间不断切换，似乎强调城市景观之间的对望关系；又如第五圈层，都是在城南，相对集中在人工建造景观上。朱之蕃载“金陵四十景拥雄图沿六代，天留王气镇千秋。迎将东旭朝光丽，映带明霞暮霭浮。定鼎卜年绵帝祚，葱茏秀色绕皇州”[10]，其作诗行文过程，与呈现的景物之序如出一辙。故而，见山之道就是文人之道。

10 ［明］朱之蕃，编；陆寿柏，绘．金陵四十景图像诗咏[M]．南京：南京出版社，2012：51.

三、开门之法与金陵四十景设计

既然自然在先、人工在后，那么人工结合自然，必然形成“开门之法”的设计方法。以金陵四十景之山景为例，略举如下。

首例为第一圈层第一景“钟阜晴云”（图6），位于东郊，朱之蕃凭图咏唱：“蟠龙天矫溯江流，毓秀凝祥灿未收。地拥雄图沿六代，天留王气镇千秋。迎将东旭朝光丽，映带明霞暮霭浮。定鼎卜年绵帝祚，葱茏秀色绕皇州。”[11] 不仅描绘了南京第一山钟山——“山岭其形如龙，故孔明称为钟山龙蟠”的雄伟景象，而且将之与千秋王气相联系，奠定了第一景的牢固地位。从图中可以看到：出南京城东门朝阳门，跨越卫桥，路乃不见踪迹，夸张的祥云之后为前山，可想见山之弥高，前山之后才是孝陵，而孝陵背倚钟山，将王气和山势之大融为一体。比照孝陵的平面图，可以看到曲折的神道蜿蜒于山间，前山即孝陵案山，而由于建筑序列的建筑人工化由弱到强，渐入从小到大、由舒缓到厚重的山脉中，孝陵的制高点宝城宝顶也由于建筑序列的导向、距离产生的层次感，既有了深远的感觉，也增加了一分山的雄浑之力。但总体来说，序列不是生硬强势的，而是顺应山形走势，建筑所谓“势全形顺”。

第二例选择第二圈层的“鸡笼云树”（图7），在明南京北侧山峦地带，“东连覆舟山，其状如鸡笼，故名”[12]。其山为钟山余脉，绵延平缓，六朝时前有宫城、后有后湖（玄武湖）、山有庙园，明朝时背阴城墙、面阳有国子监，所以朱之蕃将它的魅力描述为：“孤峰高枕帝城隅，南望纷纶列九衢。联合流云三五片，凄迷远树万千株。白摇雉堞明湖曲，青割虚亭敞奥区。遗址萧梁何用问，禅关分榻供尹蒲。”[12] 从画面上可以看到右下角国子监、山后盘绕的明城墙和云烟下的六朝宫墙遗迹，寺庙设计的最大特点为依地形、存遗迹、折曲向、盘山行、树掩映、云霄上，将建筑的形态与走向变化的山形进行组合，加强了山体的嵯峨和峻拔，尤其是山顶的寺塔，成就和丰满了山势，这就是著名的鸡鸣寺。1980年代后东南大学杜顺宝教授复原的鸡鸣寺，成功地表达了原有特色——用积形造势的手法使得“形全势就”。

第三以“燕矶晓望”为例（图8），从地理空间而言，该景为城市最外围，甚至在外郭再外临长江处，之所以它被排为第22景——我分析的第三圈层，乃因其山势不够高大，但却是极佳眺

---

11 ［明］朱之蕃，编；陆寿柏，绘．金陵四十景图像诗咏［M］．南京：南京出版社，2012：11.

12 ［明］朱之蕃，编；陆寿柏，绘．金陵四十景图像诗咏［M］．南京：南京出版社，2012：21.

图 6　“钟阜晴云”与明孝陵序列和钟山之势的进深关系（右下：南京明孝陵平面图）
图片来源：右下：潘谷西．中国建筑史 [M]. 北京：中国建筑工业出版社，2015：148.

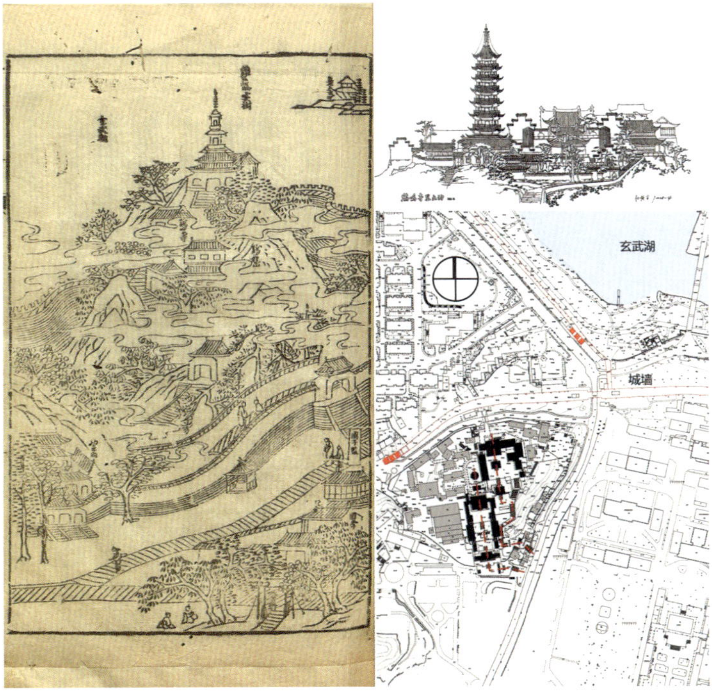

图 7　“鸡笼云树”与杜顺宝教授设计方案及复原的鸡鸣寺分析

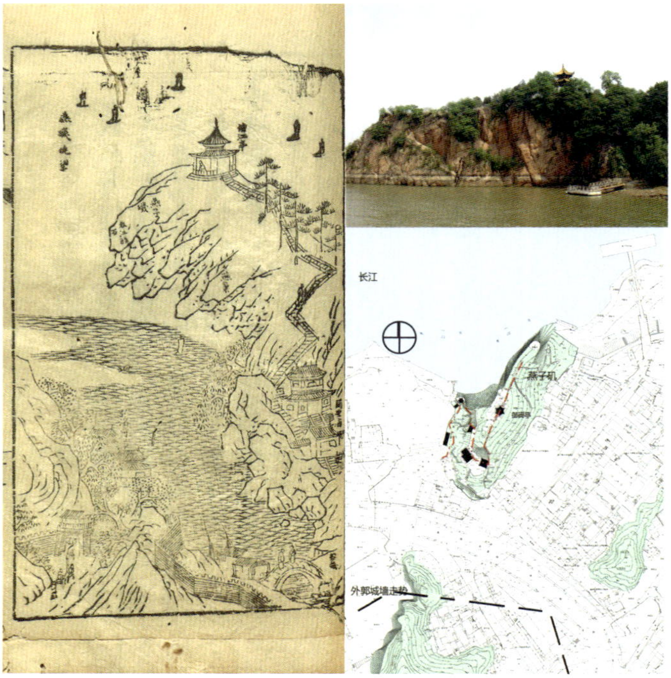

图 8 “燕矶晓望”与山顶俯江亭及登山序列分析

望处，同时“石色苍润，形势崄岈，直探江中，波涛冲击，三面尽见”[13]，所以从画上可见：关圣祠建在山腰转折处，然后磴道盘折而上，山巅的俯江亭小巧凌空，不破坏山石自身的叱咤风云。设计的手法为下实上虚：实处，关圣寺和另一景“弘济江流”——第一圈层的幕府山腰的弘济寺形成对景；虚处，亭小不压山石却有把酒临风、胸怀天下之感受。“奇峰横亘插空江，三面惊涛阻客艘。想是大鹏云翼欹，何称小燕垒巢双。烟笼瓜埠千林树，日拥沧溟百宝幢。中夜潮声幽梦破，起看天堑壮南邦。”[13] 至今小燕独秀，“巧形展势”。

将山石作为开门之景的有著名的静海寺内的“宿岩灵石”，本为江涛冲击嵌空玲珑，因宋破金军从采石回时系泊于石边，故名“三宿岩”。“江流虽徙隔于洲外，而嶙峋特立，自是奇观”[14]，此石重在意义，不重形胜，主要建筑建在其外部，虽为自然山石，实为园之主景（图 9）。而人工建造的报恩寺，虽然在明代南京蔚为壮观（图 10），为皇家敕建，但在文人眼中依旧敌不过山水之美。其实报恩寺背东朝西，入山门依然可见琉璃塔高耸于塔山，

13 ［明］朱之蕃，编；陆寿柏，绘 . 金陵四十景图像诗咏 [M]. 南京：南京出版社，2012：32.

14 ［明］朱之蕃，编；陆寿柏，绘 . 金陵四十景图像诗咏 [M]. 南京：南京出版社，2012：37.

图 9　“宿岩灵石”

图 10　“报恩灯塔”

而塔背后则丘陵起伏，拾级而上，山景渐入佳境。此两例，是第四、第五圈层的重要代表，却是文人视人工劣于自然的佐证。

概括以上为代表的几类金陵之景，在人工结合自然方面，方法多样，原则大致有三：重大势、求深远、有顾盼。大势，可以是浑然天成的，也可以是人工补足的，甚至是建筑成就的；深远，可以是山峦间的关系，更可以通过设计的人工序列、步道、由低到高的建筑等拉大进深感，还可以是树花云烟之间的缠绵；顾盼，是靠山与案山的关系、山下与山腰及山顶的关系、建筑与建筑之间的关系、建筑与山石树木的关系等。

四、山水之理与金陵门户

朱之蕃在《金陵图咏序》和《金陵四十景诗纪》中，反复用到一个词——“卧游”，即根据画面或者诗意或者记忆，进行山水神游。此词出自南朝宗炳（375—443）“老疾俱至，名山恐难遍睹，唯当澄怀观道，卧以游之”[15]，也是山水情怀深铭于心

15　（宗炳）“好山水，爱远游，……有疾还江陵，叹曰：‘老疾俱至，名山恐难遍睹，唯当澄怀观道，卧以游之。’凡所游履，皆图之于室，谓人曰：‘抚琴动操，欲令众山皆响。’”见《宋书》卷九十三“隐逸·宗炳传”，载：宋书（第八册）[M]. 北京：中华书局，1974：2279.

的一种状态——非不能自拔而使然。

推此及彼，无论是严羽论诗，还是宗炳论画[16]，也无论是朱之蕃图咏景致，还是工官筑城建设，中国古代十分看重山水的“仁智之乐”“昆仑之大”“千仞之高”“百里之迴”“自然之势”“神超理得”“融其神思”[17]。这是有着深刻的历史文化背景的，除却六朝以降普遍形成对山水审美的共识之外，还因为中国古人的生产生活方式对于山水之依赖，生活环境的安全和舒适对于山水之仰仗。因此，于山水充满敬意。观山，是一种生活方式、一种价值理想、一种审美意趣。南朝人宗炳的《画山水序》还形成了作画的理论：遵循“应目会心”原理——不是写实而是记忆——与“卧游”延伸的“丘壑内营”[18]同理；然后解决透视问题——“竖划三寸，当千仞之高，横墨数尺，体百里之迴”[19]；最后达至“神超理得”[20]。

对于山，“见”是核心，或能见，或想见，或神游之见。这和西方在建筑或景观中如何用山地、用地形、用材料的认知是不同的。“见”有相当大的心理空间。

当我们将金陵四十景放在更大的城市范围来考察，便会发现山水也是城市的门户与屏障，四十景基本在城市边缘地带，而山既是景观，更是防御，还是汇水的主要源泉。山的显现是保障了人身安全，而隐现却是保障了水流——交通和交流在古代通过水路开展。因此，如果我们考察中国古代城市的地图（图 11、12、

16 [南朝]宗炳《画山水序》：“圣人含道映物，贤者澄怀味像。至于山水，质有而趣灵是以轩辕、尧、孔、广成、大隗、许由、孤竹之流，必有崆峒、具茨、藐姑、箕、首、大蒙之游焉。又称仁智之乐焉。夫圣人以神法道，而贤者通；山水以形媚道，而仁者乐。不亦几乎？
余眷恋庐、衡，契阔荆、巫，不知老之将至。愧不能凝气怡身，伤跕石门之流，于是画象布色，构兹云岭。
夫理绝于中古之上者，可意求于千载之下。旨微于言象之外者，可心取于书策之内。况乎身所盘桓，目所绸缪。以形写形，以色貌色也。
且夫昆仑山之大，瞳子之小，迫目以寸，则其形莫睹，迥以数里，则可围于寸眸。诚由去之稍阔，则其见弥小。今张绢素以远映，则昆、阆之形，可围于方寸之内。竖划三寸，当千仞之高；横墨数尺，体百里之迴。是以观画图者，徒患类之不巧，不以制小而累其似，此自然之势。如是，则嵩、华之秀，玄牝之灵，皆可得之于一图矣。
夫以应目会心为理者，类之成巧，则目亦同应，心亦俱会。应会感神，神超理得。虽复虚求幽岩，何以加焉？又，神本亡端，栖形感类，理入影迹。诚能妙写，亦诚尽矣。
于是闲居理气，拂觞鸣琴，披图幽对，坐究四荒，不违天励之藂，独应无人之野。峰岫峣嶷，云林森眇。
圣贤映于绝代，万趣融其神思。余复何为哉，畅神而已。神之所畅，孰有先焉。”（引自：陈传席.六朝画论研究[M].北京：中国青年出版社，2014：113-114.）

17 见注释 16。

18 语出[明]董其昌《画禅室随笔》：“画家六法，一曰气韵生动。气韵不可学，此生而知之。自然天授。然亦有学得处，读万卷书，行万里路。胸中脱去尘浊，自然丘壑内营。成立郛郭，随手写出，皆为山水传神。”见：沈子丞.历代论画名著汇编[M].北京：文物出版社，1982：249.

19 见注释 16。

20 见注释 16。

图 11　“静江府城图局部”（西北部分）
图片来源：曹婉如，郑锡煌，黄盛璋，等. 中国古代地图集（战国 — 元）[M]. 北京：文物出版社，1990：85.

图 12　“广州府分县图 – 广州府城”[道光元年(1821) 至宣统三年（1911）绘制]
图片来源：北京大学图书馆. 皇舆遐览：北京大学图书馆藏清代彩绘地图 [M]. 北京：中国人民大学出版社，2008：105.

13）——无一不是充分表达城市外围的大尺度的山水环境、道里和高下的，而城圈范围内主要也表现的是干道和重要建筑——就可以理解中国古代的城市规划十分重视大格局和前瞻性、有存量和重控制，其中也包含想象和预见、节制和精明之审美与心机。而在山水环境中，建筑与景观往往是顺势而为或审时度势的作为。

“势”最为关键，也是“见”的山之高尚与否的标准。金陵四十景的排序以及设计，均充分证明这一点。四十景中还有若干

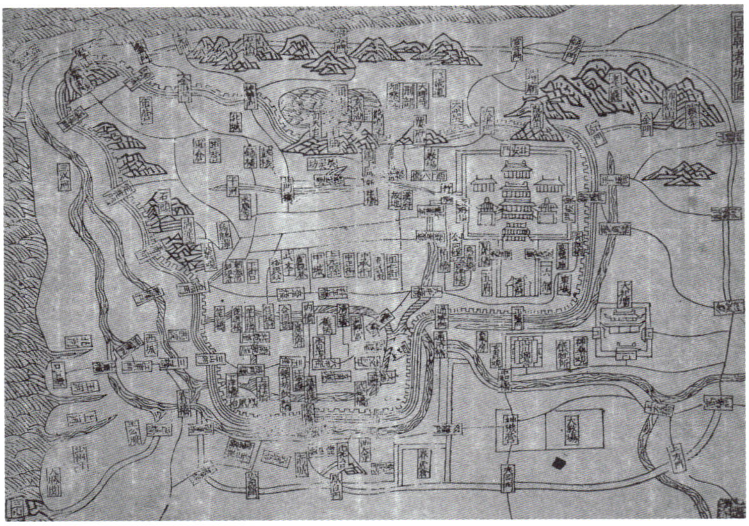

图 13 “国朝都城图”（原图出自《金陵古今图考》）
图片来源：曹婉如，郑锡煌，黄盛璋，等. 中国古代地图集（明代）[M]. 北京：文物出版社，1995：186.

图 14 “石城霁雪”

图 15 “狮岭雄观”

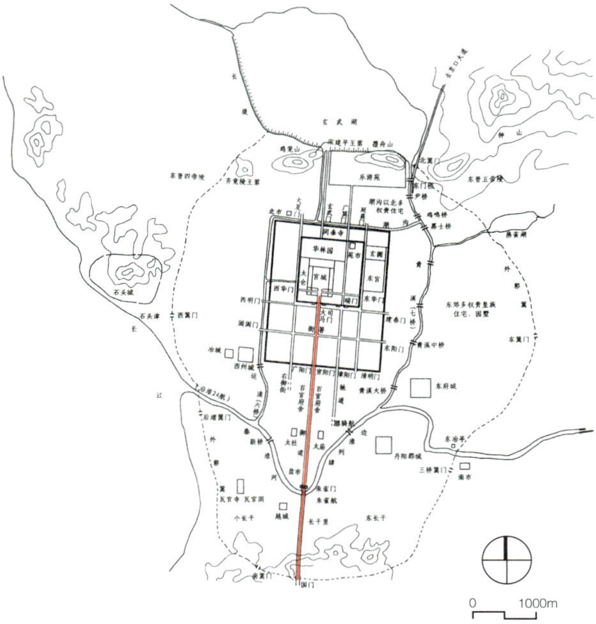

图 16　“牛山烟峦”与六朝建康天然门阙（右图为南朝建康平面推想图）
图片来源：右：潘谷西．中国建筑史 [M]. 北京：中国建筑工业出版社，2015：64.

表达金陵门户的景和山势有关，如“石城霁雪”是城西门户（图 14）；“狮岭雄观”是西北门户（图 15）；“牛山烟峦”是城南门户（图 16）——两座山成为城市的天然门阙，不仅加大了城市的空间尺度和格局，也使“开门见山”成为诗和画在城市层面的实践。哪里是城市？哪里是景观？哪里是建筑？朱之蕃的“牛山烟峦”图咏可以作为回答：“天南双阙势崔嵬，遥送清芬扑面来。百折千盘纡磴道，峰腰崖顶叠楼台。微云欲起轻阴转，片月初升积翠开。对岭启窗看变态，依稀蜃气接蓬莱。”[19]

金陵四十景，开门见的是山，也能见得山之道、门之法、人之情怀。

19 [明] 朱之蕃，编；陆寿柏，绘．金陵四十景图像诗咏 [M]. 南京：南京出版社，2012：22.

这墙和那墙　这城和那城
—— 南京城墙和罗马城墙比较

陈薇

南京即今江苏省南京市主体的前身，是封建社会南方统治全国建立的唯一都城。元至正十六年（1356）朱元璋攻入集庆路城（元代南京名称），改称应天府，以示正统，但只在城西北沿长江一带设置军卫等军事性建设和改建国子学；元至正二十四年（1364）初，朱元璋在应天府登吴王位，二十六年（1366）开始改筑应天城，建造城墙、太庙、天地坛、社稷坛，并择址城东钟山之阳建造新宫；洪武八年（1375）正式定应天府为京师南京，并兴起大规模建设高潮。由于先前建设仓促简朴，洪武八年（1375）及其后20余年，每年都有大的建设活动，包括新建、改建、治理等，诸如修筑城墙、疏浚河道、改造皇宫、新辟街衢、建造寺观庙宇和营房民舍等。至明太祖去世（1398）前，南京达到全盛阶段，人口达100多万，城市格局完成。

能够守护这座当时特大人口规模和城市安全的莫过于南京城墙。南京城墙包括宫城、皇城、京城、外郭四重城制，是目前国内唯一留存的代表都城形制的城墙系统，再加上每重墙外还有护城河或是山体依傍，是巧用自然又和人工建造融为一体的伟大杰作。目前宫城和皇城仅有局部城门和护城河留存，而南京城的明城墙总长35.267千米，目前保存较完好，留有25.091千米，遗迹（离地面有4~5米高度）、以下遗址（地面无城墙）共10.176千米。外郭总长60千米，目前走势尚存43千米（图1）。南京明城墙实为依托明代以前历代城墙而建——包括诸如孙吴石头城、六朝台城、南唐南城等，又拓展东北和东南重新建置而成，开创了中国古代城墙史的新篇章（图2至图6）。南京明城墙又因地制宜利用山形走势和官方管理组织监造，是大型工程建设典范（图7）。南京城墙和历史环境的整体性、特别创造和遗产价值，不仅是理解中国古代伟大工程的重要载体，也是可以和世界上其他文明体系下的城市和城墙进行比较以及建立关于人类创造智慧的典型范例。

长时间以来，我们比较敏感和注重研究东西方文化的差异，往往在这种寻觅中，发现各自的独特魅力，并力图进行心理上的认可和行为上的发扬，尤其在文化冲突、社会变迁、探寻途径的过程中，这种比较研究的现象和心态尤为突出。但是从文明发展的角度而言，人类在认识事物的本质、理解自然的规律、探求技术的进步、提高认知的心性、追求社会的美好上，其实是相通和一致的。也

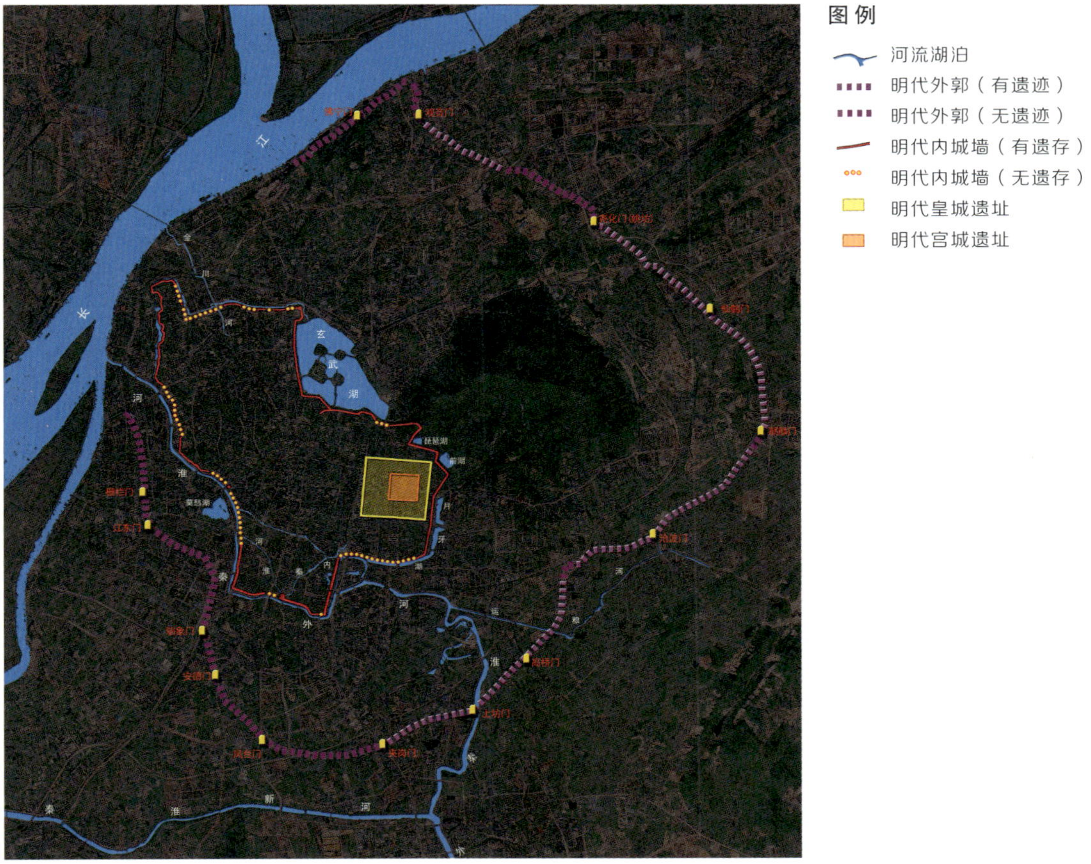

图 1　南京明城墙范围、规模和保留状况图
说明：本文中图片，均出自陈薇、[意]路易吉·戈佐拉．南京城墙与罗马城墙比较[M]．南京：东南大学出版社，2013.

就是说，文化的果实各滋各味，但在孕育和浇灌形成果实的过程中，其内驱力是基本相同的。从这样的视角来考察中西方文化，既可以观赏到它们的千姿百态，也可以领略到它们拥有的境界。

南京城墙和罗马城墙的比较提供了这样一种可能，即不从结果图解和剖析它们的不同，而是和城市关联性地揭示发展走向。目前两座城市的城墙遗址形态不一，但从方法论上会发现，不同文化体系下的建设成就、发展思考、技术运用等，是有着共同追

图 2　孙吴时期石头城遗址

图 3　六朝时期台城遗址

图 4　南唐伏龟楼遗址于城墙中

图 5　明代加筑的北城墙

图 6　明城墙与前代城墙的关系

图 7　城墙铭文体现的管理制度

求的：乃对先人智慧的尊重，对文化遗产的珍重，对城市生活的关注，对城市文脉的理解。因为当城墙界定了城市范围时，也界定了一种文化；当城墙投射出城市变化时，也投射出历史进程。

南京城墙作为明代都城的见证和罗马城墙作为大帝国的表征，极富文化特色和历史厚度。其同质异构，有如其下：

同质一，城墙作为城市的一个界面，形成相对稳定的范围：南京明城墙串联历史遗留城墙并扩展成总长 35.267 千米，围合城市面积 41.07 平方千米，外郭总长 60 千米，形成 230 平方千米的都城（图 8）；罗马全盛时期奥勒良城墙总长 18.837 千米，

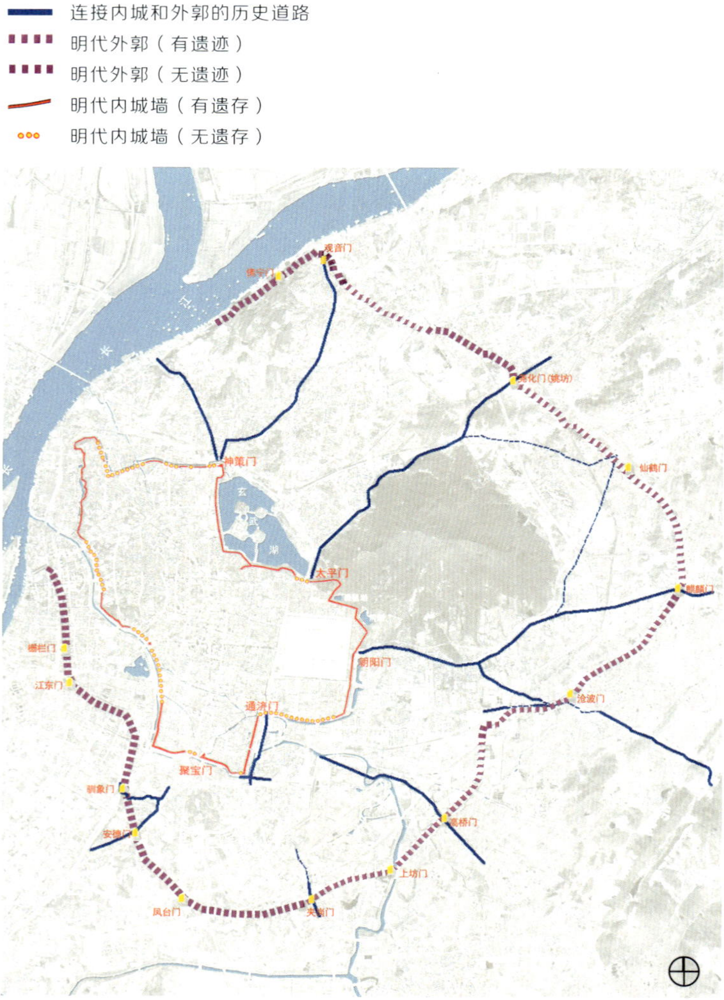

图 8　南京明城墙

围合面积约 13.7 平方千米（图 9），作为罗马帝国的城市，已十分庞大。

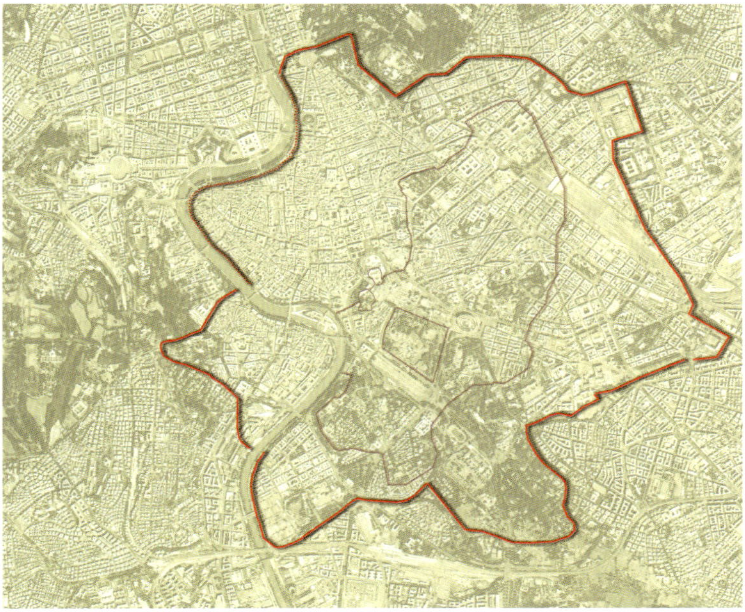

图 9　奥勒良城墙

异构一，城墙作为城市的一部分，建立起的秩序是不一样的：上述城墙围合的面积差异，也在一个方面表现出同为城市，但是体系不一样。明南京墙体除城墙外，内还有皇城和宫城（图 10），外建有郭城，这样的四套城制实质为严密加强防御，最中心的部分是皇权所在。在南京的历史上，从孙吴建城到六朝建康，从南唐加强南部城墙，到明代扩展东、西部和北部城墙，都是为皇帝及子民建立一个坚实的堡垒，并保证足够的用地备战储粮。而罗马古城其实是整个罗马帝国的权力象征，其野心和扩张，表征在以此为发动机，由条条渡槽、栈道和铺路，将帝国的痕迹通往欧洲的各个地方并建立不同的城镇实体，而心脏本身（圣城）并不广袤，以保证合理和可控的管辖。这样的不同秩序从根本上来自文明建立的核心理念：中国传统“筑城以卫君，造郭以守民”，其防御心理本质上出于山川环抱的地理环境适于农耕和稳定；而罗马沿用古希腊“卫城—城邦”体系，每个城市面积不太大以保证民主自治，卫城是圣城。明城墙围合起的南京，代表了中国古代城市内向的、对外设防的城市基本性质和思路；而奥勒良城墙围合起的罗马，则体现了自希腊传统延续的、以圣城为主体向外扩展的组织架构和层级秩序。

同质二，城墙建造沿用旧有遗构，变化扩展因地制宜：南京

图 10-1　皇城西安门

图 10-2　宫城东华门

图 11-1　包山墙石头城附近

图 11-2　包山墙狮子山段

和罗马城墙都是巧用历史上历代城址进行联系，或加筑加宽，同时根据当时需要善用地形进行建造的。整个城市城墙呈现不规则状态，顺水、架山或联系历代城址，都是善用自然和人工智慧的体现（图 11 至图 13）。

异构二，城墙的建造内容和功能不尽相同：南京城墙毫无疑问是为了防御，即使是占地面积很大的瓮城，里面有可居的足够面积，也是为了屯兵，曰“藏兵洞”（图 14）；城楼和箭楼除了彰显城市外，更主要的是为了登高望远、观察敌情和组织御敌。而罗马城墙除御敌外，通常有些具体的功能，如居住，或者在建造时便考虑将已有的塔楼、营房、金字塔甚至是墓地整合进去，形成可以日常使用的具有混杂性质的城墙（图 15）。因此，在废弃城墙原有军事功能进行转换时，我们可以看到，南京城墙显得比较单一，主要用于登高观览，而罗马城墙的使用则丰富多彩，也和现代城市生活（如转换为博物馆、花园）有更密切的关联。

图 12　架山墙玄武湖段

图 13　石头砌筑东水关临水段

图 14　中华门藏兵洞

图 15　罗马城墙连接切斯提乌斯金字塔（Pyramid of Cestius）

同质三，城墙建造的尺寸和材料基本相似：南京城墙除架山墙、包山墙使得墙体和山体融为一体外，在平地上建造的城墙高度大约 10 米，宽度 10~20 米；罗马城墙据记载高有 6 米、10 米等几种。反映出出于军事目的，城墙的基本高度和人体尺度、御敌方式有关，差异不大。在材料上，罗马城墙和南京城墙均用砖石进行建造，起坚固作用。

异构三，修缮的观念和技术路线存有差异：尤其是南京城墙的“修旧如旧”和“原材料原工艺”原则（图 16），与罗马城墙修复注重“易识别性”（如用区别古砖的红砖或黄砖）和采用“新材料新工艺”（如涂料和微型绑定技术）（图 17），有迥异差别。

图 16　维修中的神策门

图 17　罗马城墙的修复

从技术路线看，这样的不同有着传统做法的根源，而从本质上看，是对待文物或遗产的观念不同。20 世纪上半叶，文物建筑保护意大利派吸取总结历史上的合理理论和做法，于 1933 年制定的《雅典宪章》和 1964 年制定的《威尼斯宪章》，均强调反映文物建筑的历史真实性，着眼于保留文物建筑所携带的全部历史信息，并且“必须利用……一切科学技术来保护和修复文物建筑”（《威尼斯宪章》），这代表了西方文物建筑保护的基本准则和意义，也是欧洲工业革命社会条件下的必然结果。我国在1961年制定《文物保护管理暂行条例》，其中第 11 条指出：文物建筑“在进行修缮、保养的时候，必须严格遵守恢复原状或者保存现状的原则”。这在相当长时期内对我国的文物建筑修缮起到指导性的作用。从审美而言，西方注重的求真实和中国的重美善，也从文化心理上加速不同的修复观念和技术的分野。尽管当今这两大派别有交流、有渗透，但在具体实践中，长期形成的传统做法和价值取向还是在操作与对策中产生不同的应对，如南京城墙保护十分注重收集旧砖，而罗马城墙保护对于不断更新的技术使用始终走在前列。

同质四，城墙系统在应对城市发展时，均是动态变化的：如开墙修路，如开放城墙两侧的绿地和水系，如结合当代都市发展如何进行应有的城墙系统价值实现等，南京和罗马城墙均有不俗的追求和实践探索。

异构四，新旧城市形态带来的冲突是不同的：由于历史原因，南京城墙围合的范围是比较封闭的，城墙围合的城市相对平坦，适于生活甚至是种植；当时的水路是沟通内外交通的重要方式，而陆路则比较注重在四套城内部的道路关系和连接。相比较而言，罗马城墙从一开始就是一处圣地，其文化基石是古伊特鲁里亚文化，建在高岗上，由它向外延伸到“殖民”城镇或“纳贡”城镇，道路注重对外联系。这使得两个城市形态很不一样。当今天面临都市发展时，从某种程度上而言，罗马古城和外围的新城更容易建立文脉上的联系，四通八达的发散道路体系是最好的衔接。比较而言，南京城墙面临的城墙的“围”和道路的“穿”的矛盾则格外突出，近年不断引发的破墙开洞问题层出不穷。但是，当我们从历史的角度冷静而审慎地关照城市发展时，欣慰地发现地铁正以它独特的方式，修正和弥补发展带来的遗憾。无疑，南京主导的线性地铁线和罗马主打的地铁环道，都是科学合理的。如此，传统交通线和当代交通线共同形成网络，满足新旧城市联系的发展需求。

无论是同质还是异构，我们在开展南京和罗马城墙比较后，更加自信：城墙作为一种遗产，不仅是独特文化的重要表征和传承，还是城市发展建立步骤和策略的重要基准，以及不断探索科学保护的重要载体。有了先进的科学手段，城墙可以永久保存，城墙内外的人们也将生活得更加美好。

从个人的角度，偏爱这两个历史城市的城墙、发现彼此的相关又流连差异的追寻，源于许多年前在欧洲的建筑考察。当我独自登上意大利罗马台伯河侧的贾尼科洛山（Gianicolo）时，鸟瞰罗马城墙，其曲折变化、顺山依水、沧桑巨变，令我一时梦回南京，宛若在紫金山看到“龙脖子”（城墙蜿蜒曲折的形象俗称）（图18），在九华山视及“台城”（六朝宫墙的北段）（图19），游子之心怦然心动。但只是瞬间，意大利语、德语不绝于耳，幡然梦醒，此乃西方文明之地，非金陵故乡。这样的兴趣和记忆一直萦绕于心。

图18　从紫金山看龙脖子段明城墙

图 19　玄武湖南侧的明城墙

图 20　《南京城墙与罗马城墙比较》封面

2007 年我和我的工作团队受南京市政府委托，承担全国重点文物保护单位南京城墙的总体保护规划工作，开始全面认识南京城墙——历史的和现在的、保护的和发展的、本体的和环境的等等，2008 年我们完成这项艰巨而重要的工作。恰逢机缘，通过东南大学和罗马大学的学术交流平台，也因为阅读过意大利罗马大学 Gazzola 教授的《凤凰之城》，我得以了解西方学者视野下的城墙，以及以 Gazzola 教授为领衔及其同事长期在罗马城墙研究方面的学术积累和操作经验。于是经过磋商，在南京东南大学召开“南京城墙和罗马城墙比较研究”国际研讨会，并在此基础上完成了中英文的《南京城墙与罗马城墙比较》(*Comparative Study on the City Walls of Nanjing and Rome*）并进行了出版（图 20）。如今，南京城墙在我们开展工作的基础上，已进行了立法保护——1995 年 11 月南京市人大常委会制定《南京城墙保护管理办法》；2014 年 12 月，南京市人大常委会制定《南京市城墙保护条例》并于 2015 年 1 月取得江苏省人大常委会批准；作为全国重点文物保护单位的南京城墙保护规划编制，2009 年经国家文物局批复，正式作为文物保护行业性专业规划被纳入南京市城市总体规划；2014 年完成南京城墙沿线城市设计；2017 年完成南京城墙保护总体规划修编并由江苏省政府公布；2022 年出版英文重译版 Comparative Study on the City Walls of Nanjing and Rome（图 21），持续产生国际影响。

图21　Chen Wei and Luigi Gazzola, Comparative Study on the City Walls of Nanjing and Rome, Royal Collins Publishing Group Inc. 2022

“他山之石，可以攻玉。”如果说进行南京城墙和罗马城墙比较研究有什么体会的话，是否可以改为“他山之石，可以润玉”，“他山之石，可以固玉”呢？横批：玉石一体。

城中之城
—— 清江宁府城中的满洲驻防

诸葛净

一、引言

公元1644年，清帝福临在睿亲王多尔衮之辅佐下进入北京城，是年为顺治元年，次年帝即命豫亲王多铎挥师江南征讨南明政权，同时清兵亦在北方继续追击李自成之农民军。至顺治末年，清朝的势力几乎已经覆盖了整个原明王朝的版图，但是清政府统治的最终稳定却要到康熙年间打败郑成功和吴三桂的叛乱之后。在这个征服的过程中，八旗军队逐渐在全国范围内驻扎下来。

八旗驻防分布到全国，是有一个过程的，从空间上来讲，有四个区域；从时间上来讲，则可分为三个阶段：顺治初年、康熙二十年（1681）左右（三藩之乱平定前后）及乾隆中期。大抵东北地区（包含盛京、吉林乌拉、齐齐哈尔和科布多4个将军级驻防，共56个驻防地点）白山黑水为清根据地，驻防设置时间也最早，一部分在清兵入关之前便已有驻防，另一部分则设于康熙二十年（1681）左右，大约是三藩乱起时为巩固满洲根本而设，这部分驻防的性质也与中原地区之监视汉人的目的不同；其次为京畿地区（指北京及其附近地区，如天津、保定等），自顺治初到雍正年间陆续均有设置，因为是都城重地，因此驻防密度也较大，在这片范围中分布有30个驻防点；中原地区（含福建、广东、陕甘、河南、湖广、江南、宁夏、山东、山西、四川和浙江等11个行省的18个城市，其中有10个为将军级驻防）的驻防设置则随清在中原地区势力的消长而变动，大抵到乾隆初年整个格局才稳定下来；西北边疆地区（大致相当于今天的新疆维吾尔自治区，即史籍所称之回疆）的驻防设置则是在平定回疆之后，因而集中于乾隆时期。

在这当中，江南省的江宁府满洲驻防设置时间最早，历时也最长，在中原地区的满洲驻防中颇有代表性，因此本文试图通过对江宁满洲驻防近300年的历史过程的论述，揭示一般直省满洲驻防的布局组成及与汉城的关系等各方面的特点。

二、江宁满洲驻防始末

顺治二年（1645）五月南京城不战而降[1]，当年闰六月，在

1 赵尔巽，等撰．清史稿·本纪[M]．北京：中华书局，1976：95。"顺治二年五月丙申，多铎师至南京，故明福王朱由崧及大学士马士英遁走太平，忻城伯赵之龙、大学士王铎、礼部尚书钱谦益等三十一人以城迎降。兴平伯高杰子元照、广昌伯刘良佐等二十三人率马步兵二十三万余人先后来降。"

松山一战后降清的洪承畴被派至南京着手改（南）京为（江南）省（范围包括江宁、安庆、宁国、池州、太平、苏州、松江、镇江、庐州、凤阳、扬州十二府及滁和二州[2]），并负责招抚江南，总理兵马钱粮等事。同年，满洲军队也进入了杭州城[3]，此时清朝军队与南明的军队正处于拉锯状态之中，江宁和杭州成为清朝势力在长江以南最初也是最重要的两个据点，在其后清兵征服长江以南地区的过程中，以江宁府和杭州府为省会的江南、浙江两省无论在军队调动上还是在后勤钱粮的供给上，都起了不容忽视的作用。

江宁的满洲驻防起自顺治二年（1645），它也是直省最早设立驻防的城市之一。这一年首先进入江宁城的是随豫亲王多铎出征的满洲大兵，然后才有梅勒章京、巴山带领左翼满蒙四旗兵二千开始镇守江宁（同时，右翼满蒙四旗兵则被派到了西安）。第二年，巴山以总管身份正式统领驻防江宁的满洲兵[4]，此时的总管相当于后来的将军。

出征兵与驻防兵之间有着本质上的区别。出征的将士只身远赴战场，而将妻子儿女留在驻防地。驻防兵则必须携家带口，全部住在指定的驻防地区，以之为居住生活和操练出征的基地，其实相当于一种变相的小规模移民。

江宁满洲驻防的规模顺治初为2000名，至顺治十六年（1659）郑成功兵退后，及康熙十三年（1674）三藩乱起时各有增兵，是时为6000名，乾隆二十八年（1763）拨蒙古兵1592名充京口额[5]，遂为4500名左右，此后一直到咸丰年间太平天国军占领江宁前基本没有什么变化。

4000多名旗兵，按照平均每名兵丁对应5口人来计算的话[6]，就意味着有22 000人左右移入了江宁城中，这并非一个可以忽略不计的小数目，他们所驻扎的区域——驻防城或是满城——无论是从城市布局还是从城市生活上来讲，都成为城市中不可忽视的一个组成部分。

2 “江南招抚洪承畴题本”。见：国立中央研究院历史语言研究所．明清史料丙编：第二本[M]，1936：125.

3 “……多铎遣贝勒博洛及拜尹图、阿山率师趣杭州，故明潞王出降，……”见：清史稿[M]．北京：中华书局，1976：96.
“……自顺治二年初设杭州梅勒章京，是为杭州驻防之始……”见：《杭州八旗驻防营志略》。

4 《清史稿》卷二百四十三“列传三十·巴山传”：“（顺治）二年，授梅勒额真，镇守江宁。三年，命总管江宁驻防满洲兵，特置总督粮储兼理钱法，驻江宁，以协领鄂屯兼任，加户部侍郎，以重其事。”

5 《皇朝文献通考》卷一百八十五“兵考七直省兵·江南八旗驻防”。

6 据李长傅《江苏省地志》，清末江宁驻防户1816、口8807之比例而计算。

1. 江宁满城的位置与组成

南京城经过历朝的发展，城市中心主要集中在城南秦淮河一带，城北相对而言人口较为稀疏，而东城又是明废皇城所在，居民也不如南城稠密，因而清兵初入城时便占据了南京的东北二城："……民让己屋以居兵，则东北二城尽徙租他所矣；……"[7]因而对城市中心区的骚扰较少。在东北二城所驻的应当既包括了出征兵，也包括了驻防兵，至于驻防营地的确立则是顺治六年（1649）以后的事情[8]。

驻防城的具体所在，大抵在青溪之东，而具体范围各记载前后之间略有出入：

康熙《江宁府志》：

（顺治十七年）二月重造满城，起太平门东至通济门东止，长九百三十丈，连女墙高二丈五尺五寸。

康熙《江宁府志·国朝省城图考》：

顺治十六年改神策门为得胜门以旌武功，又筑满城于青溪之东，其太平门沿旧皇城墙基至通济门，只开二门以通出入，为满洲官兵屯驻之地……（图1）

乾隆《八旗通志·营建志》：

（顺治）十七年重造（满城）。自府城内太平门东至通济门东长九百三十丈，连女墙高二丈五尺五寸，周围三千四百十二丈五尺。

嘉庆《新修江宁府志》：

……其驻防城略因明旧内城。其西一面系顺治十七年重造，起太平门东至通济门止，长九百三十丈，连女墙高二丈五尺五寸，……

同治《续纂江宁府志》：

江宁驻防旗营在城东北隅，明内城地也，以旧宫墙为界。……驻防城，明故宫也，起太平门东包朝阳门，南至正阳门，通济门，省垣也。其西面西华门一带，咸丰间毁于贼（明之北安、西华、西长安诸门也）。（图2）

---

7 顺治三年（1646）正月初十日江宁巡抚毛九华的揭帖。见：国立中央研究院历史语言研究所编．明清史料丙编：第六本[M]，1936：518.

8 康熙《江宁府志》："顺治六年始造满城。"
乾隆《八旗通志·营建志》："顺治六年于钟山之阳始造满城。"
嘉庆《新修江宁府志》："顺治六年建驻防城，改总督辖江南江西二省。"

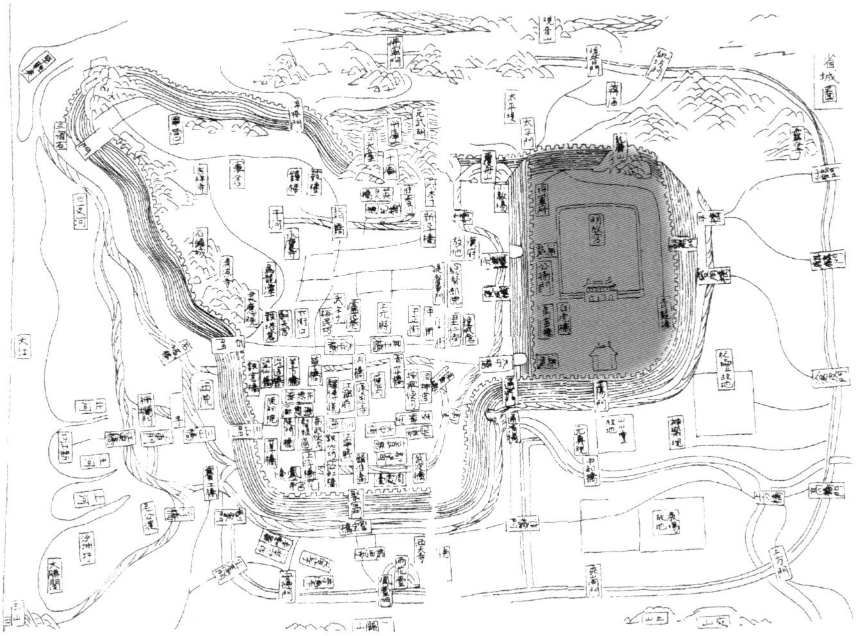

图 1　康熙国朝省城图（根据康熙《江宁府志》附图复制）

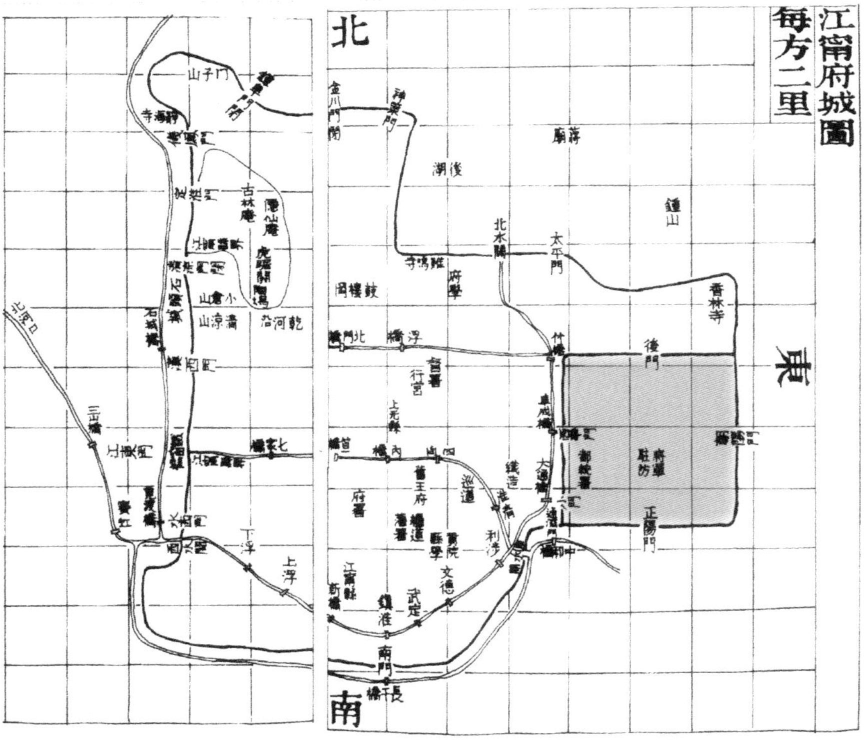

图 2　重刊江宁府志图（根据同治《续纂江宁府志》附图复制，图中满城小门所对之大通桥应为大中桥之误，参看图 1、图 4）

前四种记载可与图 1“康熙国朝省城图”相对应，《续修江宁府志》则与图 2“重刊江宁府志图”相对应。前者包括了整个江宁府城东城的范围，后者北界仅及原明皇城。一种可能的解释是因“重刊江宁府志图”成于同治四年（1865）重新修筑驻防城后，反映的是重修后规模有所缩小的情形，其北墙南缩沿用了明故宫的北宫墙（图 3），驻防城的西段城墙上有两个门：西安门和小门口。

图 3　清江宁满洲驻防城范围示意图（明皇城范围参照东南大学建筑学院编制之《明故宫保护概念规划》）

图片来源：谷歌地图下载之图像

驻防城中之内容，除了将军都统佐领等的衙署、公衙门和火药库等，更有大量的旗营兵房。《首都志》转引《钟南淮北志》言："本朝定鼎，宫阙既废，午门以外，遂改为驻防营。顺治中建将军都统二署于中，满洲八旗分屯左右，各立屋宇，星罗棋布。"

八旗兵丁虽被派驻在外，归将军管辖，但各自所属的旗分以及与本旗佐领之间的相属关系却是不会更改的，本来驻防兵丁便是从各旗大致平均抽调而来。例如据嘉庆《新修江宁府志》，嘉庆时江宁的兵丁：

领催二百四十名，系每旗三十名。

委署前锋校十六名，系每旗二名。

前锋一百二十八名，系每旗十六名。

马甲二千八百六十三名，镶黄旗三百九名，正黄旗三百八名，镶红旗三百十二名，正白、正红、镶白、正蓝、镶蓝五旗俱三百十名。

炮手六十一名，系镶黄正黄二旗俱九名，正红旗八名，正白镶白镶红正蓝镶蓝五旗俱七名。

弓匠四十名，系每旗五名。

箭匠四十名，系每旗五名。

铁匠四十名，系每旗五名。

步甲五百七十七名，系镶黄正黄正红镶红正蓝五旗俱七十二名，正白镶蓝二旗俱七十一名，镶白旗七十名。

养育兵一千五百名，系镶黄正红镶红三旗俱一百三十名，正白镶白二旗俱一百三十三名，正黄正蓝二旗俱一百三十一名，镶蓝旗一百三十二名。

以上大小甲兵四千六百六十六名。

在驻扎中各旗分地而立，所以才有"箭亭，八旗共八座"及"学舍八旗佐领下各一所，自盖房二三间不等"[9]的记载。并且仍按五行相克的方位分布[10]：两黄旗正北，两白旗正东，两红旗正西，两蓝旗正南。民国南京城中御道街南靠近光华门（原正阳门）处，还留有蓝旗街的地名（图4）。

练兵阅兵的大校场则在正阳门外。《八旗通志·营建志》言大教场在"府城洪武门外"，按洪武门为明时南值门，入洪武门即为千步廊，其南才是城门正阳门，因而《八旗通志》应是误以

9 乾隆五十一年（1786）《钦定八旗通志·营建志·江南江宁府驻防》。

10 乾隆五十一年（1786）《钦定八旗通志·卷三十·旗分志三十·八旗方位图说·八旗方位缘起》："太祖高皇帝创设八旗，分为两翼，左翼则镶黄正白镶白正蓝，右翼则正黄正红镶红镶蓝，其次序皆自北而南，以五行相胜为用。两黄旗位正北，取土胜水；两白旗位正东，取金胜木；两红旗位正西，取火胜金；两蓝旗位正南，取水胜火。"

正阳门为洪武门了，现在出光华门（原来的正阳门）南还有一条路以大校场名之。

图 4　1936 南京地图（局部）
图片来源：城市记忆老地图：南京 1936. 北京：学苑出版社，2005.

除去驻地和教场，在城内和城外都有一部分土地被圈为旗地，一方面是牧马用，另一方面则是作为旗民生计的一项来源。

甘熙《白下琐言》卷二中曾记：

旧内城址正南今有三门，……其中菜圃向归驻防城收地租……

驻防城作为一个独立的居住单位，也有自己的一套祭祀体系，像万寿宫和关帝庙这一类清地方城市中不可缺少的内容，都在驻防城中有单独的设置。

甘熙《白下琐言》卷二记：

关帝庙制以城北十庙之末规模为最壮丽，俗呼武夫子庙，与府学文庙相配，总督以下皆致祭于此，其余如小校场庙，城守致祭；驻防城庙，八旗致祭；督署箭道庙，亦总督致祭；小仓山庙，绿营致祭；府西大街庙，府学官致祭；江宁县署庙，本县致祭，凡此皆属于官。……

《上江两县志》卷十一，建置考：

万寿宫旧在柏川桥北，明东厂也，为汉官庆祝之所，驻防则在满城之嵩祝寺。……

2. 江宁驻防的三个阶段

从顺治三年（1646）设置驻防起至宣统三年（1911）最后一任江宁将军铁良退走上海[11]止，江宁八旗驻防总共存在了266年。这将近300年的时间，大致可以分为三个阶段：第一阶段从顺治三年（1646）至康熙二十年（1681）左右平定三藩之乱；第二阶段从康熙二十年（1681）到咸丰三年（1853）太平天国占领江宁；第三阶段从同治三年（1864）太平天国失败至宣统三年（1911）辛亥革命。满洲驻防的这三个阶段的变迁也从一个侧面反映了大清帝国的命运。

1）满城初创——将军的权威［顺治三年(1646)—康熙二十年(1681)］

顺治三年（1646）到康熙二十年（1681）左右的40年，对于驻防城是一个从无到有的建设时期。驻防城作为一个军营及独立的居住单位所需要的各种设施，如衙署、仓库、营房等，都渐次具备，而驻防城的基本格局也就在这一时期奠定。

处于征服初期的满清这时在地方上的主要任务是肃清旧政权的残余与民间的反抗，巩固自身的统治，军事需要在这一时期的社会生活中占据了重要地位。驻扎在江宁的满洲兵随时准备参与各地征剿，地方官也要随时为军队准备物资粮草，江宁实际上成

11 “（宣统三年九月）壬午，江宁新军统制徐绍桢以其军变，将军铁良、总督张人骏、提督张勋拒守。……冬十月……丙午，革命军陷江宁。将军铁良、总督张人骏走上海，张勋以其余退保徐州。……”见：清史稿[M]. 北京：中华书局，1976：997，1001.

了清军肃清中国长江以南地区的军事大本营和后勤基地。

此时江南之兵大致包括三个部分：北来的满蒙兵，北来的汉兵，以及原明朝的降兵，即所谓的南兵。其中南兵数量最多，而战斗力最弱，并且由于政治上的地位低下，武器装备等各方面待遇也最差。所以虽然最初派驻到江宁的八旗兵仅 2000 人，但其威慑力已足以覆盖整个江南地区。

这期间地方的民政与军政也都处在草创时期，需要督、抚、提、镇的共同协作。在分工上，将军、总督统领军队，负责军事上的行动，而巡抚之职责，除了管理民事之外，还要为军队组织提供粮草、民夫[12]，他们的共同课题则是尽力消弭满汉之间的矛盾，令兵民相安。作为征服者的代表及驻防八旗兵的总管，满洲将军于出征事宜及地方治安等均负有责任，在一切事物上也都有着相当的发言权。洪承畴在总理江南之时，遇事辄与巴山、张大猷会商于公衙门[13]，因而当时虽然将军总督各有衙署，但是真正的决策处却是在公衙门。

顺治十六年（1659），清军与郑成功的军队在江宁交战并打败了郑成功的进攻[14]。自此，郑成功再也无力大举北上，而是由攻势转入守势，退据台湾，与清政府相持。而作为征服者的旗人显然也更加深了对汉人的戒备之心，因此，第二年（顺治十七年，1660）便在江宁重筑了满城。顺治十八年（1661）更在江宁增兵 1000。重筑的这道墙也成为征服者与被征服者之间彼此戒备提防的象征。

2）生活与营建重点的转移［康熙二十年（1681）—咸丰三年（1853）］

12　吏部题本：“……时当东南未定，上游各处警报狎至，一切兵马钱粮战守事宜，刻刻需抚院料理……”见：明清史料丙编：第二本[M]，1936：104.

13　“江南招抚洪承畴题本”曰：“……今江宁城内城外自今年正月十九日杀散之后，又有潜藏谋叛头目，会合多人皆听瑞昌王号令行事等情。操江陈锦同巴山廒童等将花山各处贼徒擒剿破散，二十二日回到江宁，二十三日仍亲统满汉官兵于二更时候出朝阳太平门，于门外适中地方扎营，亦围住村庄令各军余百姓从公举报，是日擒拏三百余人……又自二十四日起，将江宁各城门封闭细搜，城内逆贼擒获甚多，……至二十九日申时，臣同提督巴山张大猷……等正在公衙门会审贼情，于巴山处接北京户兵二部发到清字公文，内有圣旨，将江宁满洲官兵多发赴湖广等候随征……江宁为江南根本重地，远近望以为安危……顺治三年八月三十日。”见：明清史料丙编：第二本[M]，1936：110.

14　“八月己丑朔，江南官军破郑成功于高山……先是，成功拥师十余万，抵江宁城外，列八十三营，络绎不绝，设大炮、地雷、云梯、木栅，为久困之计，军容甚盛。我军噶褚哈、马尔赛等自荆州以舟师来援，会苏松水师总兵官梁化凤及游击徐登第、参将张国俊等各以军至，总督郎廷佐合军会战，水陆并进，遂以捷闻。……”见：清史稿[M]．北京：中华书局，1976：155.

从整个清朝的形势来看，政治军事是以乾隆中叶为一个转折点。在大小金川之战和平定回疆之后，清王朝才算得上整个版图都进入和平稳定的发展时期，但对江南来说，康熙二十年（1681）之后世事便渐趋升平。随着时间的流移，驻防旗兵的军事色彩自然淡化，驻防旗人的生活渐渐融入当地人的生活中。驻防城内部建设活动的重点也从军事设施转移到日常生活，与军事操练相比，将军更关注的是日常生活的仪式和旗兵的温饱问题。

从官吏文人到平民，满汉之间的交往已经是很平常的事情，满城的出入应该也没有非常严格的限制，否则甘熙也就不会那样清楚地了解到明故宫遗址的存留状况了。驻防城慢慢变得越来越像一个居住区。

甘熙《白下琐言》卷二：

吾师湖心斋先生母氏陈讳立字芷君……天文金石医卜之学靡弗精究，有舒氏妇死将敛矣，母诊之曰，气闭耳非死也，以药灌之，霍然而苏，驻防妇女就医者无虚日，多以义母事之。……

甘熙《白下琐言》卷二：

丁亥春，驻防城内王二喜目不识丁，其父为马甲，忽言得异传，为人治疾……四方哄传，其门如市……

甘熙《白下琐言》卷四：

族人凤池拳勇之名遍天下，尝闻诸族祖容斋公曰，昔驻防城旗人有欲试其技者，令于小门口横肱石上，经牛车数十轮了无伤痕，观者骇服……

将军的职责本来就类似于旗营社区的总管，无论是旗兵操练之类的军事事务，还是处理满汉纠纷之类的社会事务，或是收租收税之类的经济事务，都在将军的责任范围之内，而在这样的和平时期，将军操心驻防旗人的生计更甚于操心旗兵的军事训练，连用于操练的教场都被开垦成田地，收取租金以应付旗营的开支。与此相对应的，位于京师的皇帝从康熙末年起便也为旗人的生活保障头痛不已。

《八旗通志·营建志》：

乾隆三十四年奏请嗣后将军衙署、副都统衙署，将将军署旁城河园地每年所收豆麦鱼藕，租粮一百五十余两作为修理之费。

……

大教场于三十四年将军富春奏准，开垦田地，每年租银一千五百六十四两。

和平的岁月反而使普通旗人的生活陷入了窘境，至道光中，江宁的驻防不得不依靠借贷度日。

对于地方事务，除非发生重大事件，满洲驻防不再有实质性的参与，但这并不意味着将军在地方的无足轻重，相反，作为征服者的代表，他的权威与象征性始终是不容置疑的，可以代表皇帝出席大臣家中的祭奠仪式[15]。

在这段稳定的时期中，驻防与绿营的职责也有了比较明确的分工。大抵说来，驻防兵不再参与城市地方管理与治安等事务，只是在有战争时听从征调，不过江宁城中有一特殊情况，就是城中的桥都归旗营管理[16]。其他一切巡逻、治安以及城门的防守都归绿营，不仅驻防城的朝阳门和正阳门都在绿营的管辖范围之内："……聚宝通济正阳太平四门之锁钥，左营司之……"[17]而且满城、汉城之间的主要出入通道西华门也是绿营城守左营中军守备司的三汛之一[18]。同时，绿营和八旗的驻地亦有部分错杂，在20世纪80年代末的城市地图中满城的范围内还能看到马标、炮标、后标营和标营的地名，只是随着近年城市建设的快速发展这些地名才渐次消失（图5）。标是绿营的建置，"标的任务，是在总兵官的统率下居中镇守，并被调遣之用"[19]，而绿营之左营守备署则在大阳沟五老桥[20]。这样满汉兵错杂驻扎的状况应该也是满城的一大特点。

不过，表面上的歌舞升平并不能长久掩盖统治者与被统治者、征服者与被征服者之间固有的敌意。乾隆时期的好大喜功和奢侈挥霍消耗了清的国力，使其后继者在面临天灾人祸时缺少足够的巩固统治的应变手段，从而使矛盾一再爆发。虽然嘉庆镇压了白莲教的起义，但道光末年的太平天国却历时15年，席卷18省，直到同治三年（1864）天京陷落才告失败。这一役与洋务运动一起成为古老东方文明与西方文明冲撞的开始，也是古代中国艰难的现代化历程的开始，更是满洲八旗走向衰落的开始。

图5　满城范围内的绿营建置

图片来源：南京市测绘院编印《南京市城区图》局部，1988.

15　甘熙《白下琐言·卷一》："方勤襄公维甸母吴太夫人晚岁归金陵，……嘉庆十八年七月太夫人卒，制府百文敏公人告，赐祭一坛，命江宁将军，宗室兴公奠缀……"

16　见陈乃勋，辑；杜福堃，纂.新京备乘[M]，1932：80."桥棚"条："清兵下江南时，福王宵遁，民间奔溃一空，军队入城，每过桥梁必分兵扼守，所以诘奸宄也。故撤防后，城中各桥，皆属旗营兼管，凡设肆桥下者，俱纳税将军署，谓之桥棚租。"

17　同治《上江两县志》卷九《兵考》。

18　同治《续纂江宁府志》卷三《军制》。

19　罗尔纲.绿营兵志[M].北京：中华书局，1984：211.

20　同治《上江两县志》卷十一《建置考》。

3）驻防的名存实亡［同治三年（1864）—宣统三年（1911）］

咸丰三年（1853），洪秀全攻占江宁，并以之为太平天国首都天京。江宁之绿营与八旗几乎全军覆没，“承平日久，武备渐弛，咸丰初粤寇东下，绿营望风奔溃，城陷之后，驻防将军祥厚副都统霍隆武巷战死，八旗劲旅屠及妇婴，而江宁满汉各营荡然俱废矣”[21]。全城俱遭劫难，驻防城西面一带也被毁坏，砖石被用于太平天国官署的建造。

《同治上江两县志》卷十一，建置考：

往者粤匪作逆，陷金陵伪称为天京，踞总督署为天王府（始居将军署，旋徙此）隳明西华门一面城，自西长安门至北安门南北十余里，穷砖石，筑宫垣九重，毁祠庙，坏衙署，夷坛（土单），攫仓库，圮桥梁，斩竹木，堙洼峻高塘，上下数百里，宫室陵墓坊表柱础，作伪宫殿苑囿，余建伪王府宫廨，大小百余所，如是者十三年工作弗息……

自此以后，作为清廷军队两大支柱的绿营和八旗被严重削弱，再也没有能恢复战前的地位，从地方招募的乡勇团练崛起成为真正有实力的军事力量，即便是统领江南大营的钦差大臣向荣或是原江宁将军和春也必须募勇以补兵之不足[22]，江宁的攻克与战后的恢复与防守，几乎都由勇兵一手包办，而掌握了勇兵的将领，比如湘军之曾国藩、左宗棠，淮军之李鸿章，以及训练新军的两江总督马新贻等，也就成为掌握军事实权的地方长官。

到战争结束时，八旗甲兵仅存300余名[23]，同治四年（1865）先修了驻防城以外八旗余兵[24]，其后从同治六年（1867）起，八旗建置与衙署营房等才渐渐有所恢复，将军署和都统署则都是到了同治十一年（1872）才在原址上重新建起（参见附表）。

然而从军事力量的角度来说，八旗驻防虽然在形式上恢复了建制，但在地方上已经成为一支名存实亡无足轻重的力量。曾国藩一攻占江宁便开始遣散湘勇，以避权臣的嫌疑，但他的这种小心翼翼是有实力者的小心翼翼，而非弱者的战战兢兢。即以江宁言之，湘军虽遭裁撤，其潜藏的势力却无法被忽视，故而“自同光以还，江督一缺，必畀湘籍宿将者任之，亦即所以资坐镇而示

21 同治《上江两县志》卷九《兵考》。
22 同治《上江两县志》卷九《兵考》。
23 蒋启勋，赵佑宸，修；汪士铎，等纂：《同治续纂江宁府志》卷三《军制》。
24 同治《上江两县志》卷十一《建置考》。

羁縻”[25]。清政府中央失去了对地方军队的实质控制，已成为无法否认的历史事实。军事实权力量都掌握在地方大员手中，为以后割据地方的军阀铺平了道路[26]。

八旗驻防的这种虚弱状态，使其在辛亥革命中一触即溃，将军铁良得以全身而退至上海，但普通旗人的命运却相当惨烈。“辛亥革命，……江宁皇城，则死亡枕藉，闾里为虚，孑遗之民，易汉姓，服汉服，渐同化不易辨矣。”[27]有人说历史之神是嗜血之神，积聚了300年的“扬州十日”和“嘉定三屠”的怨恨，最终还是通过再一次的杀戮而得到了宣泄。驻防城也毁于辛亥革命中，“光复后，旗人星散，城郭为墟，城垣砖甓，拍卖盗取，所存者，惟五朝门及西华门二处城券而已”[28]。这应该也是“驱除鞑虏”的胜利成果之一吧。

三、总结

尽管清代历朝皇帝都或多或少地声明过满汉之间没有区别，但实际上存在于征服者和被征服者之间的猜疑与隔阂从来都没有真正消失过，甚至到同治年间曾国藩以湘军击败太平天国的反叛，为清朝立下汗马功劳之后，也依然不能得到朝廷的完全信任。在这个背景下，八旗军队以统治者和监督者的身份被派驻到全国的各个省份，而隔开旗人与汉人的那道界墙（无论是新建还是利用原有的城墙），以及界墙之内的满城，也就成为中国17—19世纪地方城市中的一个非常特殊的景象。而在直省的18处驻防中，江宁的满洲驻防设防时间最早、历时最长，它经历了清帝国从盛到衰的整个过程和几乎所有的重大事件，其建制一直以来也相对稳定，因而从江宁驻防中也可以看到一些一般直省满洲驻防的特征。

1. 满城的组成和布局

在驻防城中，核心内容是军官衙署和旗兵匠役居住的营房，旗兵的驻扎按照八旗方位分列布置；其次则为与生活有关的仓库、学舍及与军事训练有关的火器库、箭亭等；驻防城中另一个不可缺少的内容是关帝庙，作为官方认同的象征忠义的武神，关帝在清代士兵心目中的地位近似于明朝九边城镇中的真武大帝，起着战争的庇护神的作用，八旗官兵要定时致祭。

---

25 陈乃勋，辑；杜福堃，纂：《新京备乘·人物·张玉祥传》。

26 关于清末军队制度的转变，罗尔纲先生在《绿营兵制》一书中有很精辟的论述。

27 关于清末军队制度的转变，罗尔纲先生在《绿营兵制》一书中有很精辟的论述。

28 陈乃勋，辑；杜福堃，纂.新京备乘[M]，1932：3.

检阅和训练军队所必需的大教场由于面积较大，通常都布置在城外。

驻防城中也并不纯粹是八旗官兵，以江宁而言，便有绿旗的标营驻扎。到清中晚期以后，满汉之间的敌意相对而言渐渐淡化，驻防城的管理也不如初期严格，作为八旗总部的北京内城尚且有“民人大批入居内城并导致旗人与民人的混居现象”[29]，更罔论地方。甘肃凉州的驻防城中，便有当铺、布铺和煤铺，旗人是不允许从事商业活动的，因此这些商铺只可能由汉人经营。

2. 满城在汉城中的地位

相对汉城而言，满城是一个衙署、生活、军事、宗教五脏俱全的城中之城，一个相对独立的社区。

在政治军事上，旗人是征服者，汉人是被征服者，旗人相比汉人在政治上的优越性受到国家的保护，旗兵被派驻到各省，原就是为“捍卫地方，申明武备”[30]，满城相比汉城的优越地位也是不言而喻的了。

在经济上，虽然旗人除了做官和当兵之外不允许有别的职业，因而驻防旗营不能以通常概念的自给自足言之，但旗人的生计都由国家拨给、地方负担，旗营也有自己的部分旗地，可以收取租金作为经济来源，所以原则上讲，对驻防所在的城市没有经济上的依赖。

满城的这种相对独立性，也表现在一般的社会生活中。清地方城市中不可缺少的关帝庙与万寿宫都在满城中有单独的设置。而到清末各省设谘议局时，在议员选举章程中也专为驻防设了议员的名额[31]。

至于满城在汉城中的地理位置则因城而异，以江宁言，是以废皇城为驻防城，与西安以明之秦王府为驻防城的状况类似。韩东洙认为这是“清朝统治者需要毁灭明朝的尊严而建立自己的权威……反映出一种征服民族的情绪。明朝统治核心的废除与其权威的抹杀，则象征新皇朝真正掌握统治权力，而且带给他们统治

29 刘小萌．满族的社会与生活[M]．北京：北京图书馆出版社，1998：322-333.

30 《八旗通志》卷十“敕谕四，雍正十年（1732）”。

31 《清史稿》[M]．北京：中华书局，1976：3256．“……谘议局议员定额，……参酌各省取进学额及漕粮多寡以定准则……京旗及各省驻防，以所住地方为本籍，但旗制未改以前，京旗得于顺直议员定额外，暂设专额十名；各省驻防得于该省议员定额外，每省暂设专额一名至三名……”

民族的自豪感及自信感”[32]。这样的论述应该说揭示出了驻防城象征性的一面。另外，从操作的层面上来说，选择居民较少的废弃的皇城或王府，也可以减少居民搬迁的数量，从而尽量减少在驻防过程中可能引起的矛盾。对于一个明智的统治者来说，如何在统治初期缓和入侵之兵和居民之间的冲突，以达到迅速站稳脚跟的目的，是一个不容忽视的问题。

总之，满城既是异族征服过程的特殊产物，也是中国古代地方城市规划中，以特殊区域表达特殊身份的传统做法的延续。当它赖以存在的环境消失之后，满城也终于在历史的长河中成为一个被忘却的名词。

32 韩东洙．清代府城的城制与营建活动之研究——以省城分析为主 [D]. 台北：台湾大学建筑与城乡研究所，1994：84.

参考文献：

[1] 赵尔巽．清史稿 [M]. 北京：中华书局，2020.

[2] 李洵，赵德贵，周毓方，等．钦定八旗通志：第 1 册 [M]. 长春：吉林文史出版社，2002.

[3] 陈开虞．康熙江宁府志 [M]. 南京：南京出版社，2011.

[4] 吕燕昭，修；姚鼐，纂．嘉庆新修江宁府志 [M]. 南京：江苏古籍出版社，1991.

[5] 蒋启勋，赵佑宸，修；王士铎，等纂．同治续纂江宁府志 [M]. 南京：江苏古籍出版社，1991.

[6] 莫祥之，甘绍盘，修；汪士铎，等纂．同治上江两县志 [M]. 南京：江苏古籍出版社，1991.

[7] 叶楚伧，柳诒徵．首都志 [M]. 南京：南京出版社，2013.

[8] 张大昌．杭州八旗驻防营志略 [M]. 台北：文海出版社，1971.

[9] 嵇璜，等．皇朝文献通考 [M]. 杭州：浙江书局，1882.

[10] 国立中央研究院历史语言研究所．明清史料丙编 [M]. 上海：商务印书馆，1936.

[11] 李长传．江苏省地志 [M]. 台北：成文出版社有限公司，1983.

[12] 陈乃勋，辑；杜福堃纂．新京备乘 [M]. 南京：清秘阁分店，1932.

[13] 缪荃孙，等．江苏省通志稿 · 文化志 [Z].（伪）江苏省政府，1945.

[14] 甘熙．白下琐言 [M]. 南京：南京出版社，2007.

[15] 任桂淳．清朝八旗驻防兴衰史 [M]. 北京：生活 · 读书 · 新知三联书店，1993.

[16] 刘小萌．满族的社会与生活 [M]. 北京：北京图书馆出版社，1998.

[17] 罗尔纲．绿营兵志 [M]. 北京：中华书局，1984.

[18] 韩东洙．清代府城的城制与营建活动之研究：以省城分析为主 [D]. 台北：台湾大学，1994.

附表　江宁驻防大事年表

时间	将军	事件	建设	兵制
顺治元年（1644）		是年三月流寇陷京师，明帝崩；五月江南迎立福王即位于南京，号弘光元年（《新修江宁府志》）		
顺治二年（1645）	洪承畴 多铎	闰六月，辛卯，改江南民解漕、白二粮官兑官解。……癸巳，命大学士洪承畴招抚江南各省。乙巳，改南京为江南省，应天府为江宁府（《清史稿》）		始设镇抚国公二员（《吕志》）
	巴山	秋七月壬子，命贝勒勒克德浑为平南大将军，同固山额真叶臣等往江南代多铎（《清史稿》）		十一月，命巴山、康喀赖为左右翼，同洪承畴驻防江宁。（《清史稿》）
		豫王下江南，明忻城伯赵之龙及军民人等投诚，执福藩，江南平，改南京为江南省，应天府为江宁府，改府尹为知府，治中为同知，设立经略，招抚内院大学士，是年开科，江南省在江宁乡试，自是乡试定为子午卯酉年，遣内官正副二员，陵户四十名，看守明孝陵（《新修江宁府志》）		设江宁驻防将军一人，副都统二人，协领八人，佐领防御骁骑校各四十一人。左翼四旗满洲蒙古兵二千名，弓匠铁匠各五十六（《皇朝文献通考》卷一百八十五《兵考七・直省兵・江南八旗驻防》）
顺治三年（1646）	巴山	春正月，故明潞安王犯江宁（《清史稿》）		改设昂邦章京二员，梅勒章京奉裁（《吕志》）
		二月甲申，罢江南旧设部院，差在京户、兵、工三部满、汉侍郎各一人驻江宁，分理部务。……丙申，遣侍郎巴山、梅勒章京张大猷率师镇守江宁，甲喇章京傅夸蟾、梅勒章京李思忠率师镇守西安（《清史稿》）		
		九月己酉，故明瑞昌王朱谊汸谋攻江宁，官兵讨斩之（《清史稿》）		
顺治四年（1647）		改经略招抚为总督，辖江南、江西、河南三省（《新修江宁府志》）		
顺治六年（1649）			顺治六年始造满城（《江宁府志》）	
			顺治六年于钟山之阳始造满城（《八旗通志・营建志》）	
			建驻防城，改总督辖江南江西二省（《新修江宁府志》）	

续表

时间	将军	事件	建设	兵制
顺治九年（1652）	喀喀木			只设昂邦章京一员（《吕志》）
顺治十四年（1657）	赵布泰			复设梅勒章京二员（《吕志》）
顺治十六年（1659）		秋七月，……丙子，郑成功犯江宁（《清史稿》）		
		八月己丑朔，江南官军破郑成功于高山……先是，成功拥师十余万，抵江宁城外，列八十三营，络绎不绝，设大炮、地雷、云梯、木栅，为久困之计，军容甚盛。我军噶褚哈、马尔赛等自荆州以舟师来援，会苏松水师总兵官梁化凤及游击徐登第、参将张国俊等各以军至，总督郎廷佐合军会战，水陆并进，遂以捷闻（《清史稿》）		
		海寇郑成功犯江宁，梁化凤平之，改神策门为得胜门（《新修江宁府志》）		
顺治十七年（1660）			二月重造满城，起太平门东至通济门东止，长九百三十丈，连女墙高二丈五尺五寸（《江宁府志》）	改昂邦章京为总管，梅勒章京为副都统（《吕志》）
			重造驻防城，起太平门东至通济门东止（《新修江宁府志》）	
			十七年重造。自府城内太平门东至通济门东长九百三十丈，连女墙高二丈五尺五寸，周围三千四百十二丈五尺。将军衙署二十五间，副都统衙署二十间，协领衙署十五间，佐领衙署十二间，防御衙署八间，骁骑校衙署六间，领催前锋马甲营房俱各二间，箭亭，八旗共八座，先锋箭亭一座，左右两翼蒙古箭亭二座，俱在满城内，大教场在府城洪武门外，东西六百四十一丈，南北四百零一丈六尺，周围二千零二十丈（《八旗通志·营建志》）	拨山东德州驻防兵四十九名、山西太原府驻防兵五十名充江宁驻防兵额（《皇朝文献通考》卷一百八十五《兵考七·直省兵·江南八旗驻防》）

续表

时间	将军	事件	建设	兵制
顺治十八年（1661）				增设江宁驻防步军一千名（《皇朝文献通考》卷一百八十五《兵考七·直省兵·江南八旗驻防》）
				改总管为将军（《吕志》）
康熙七年（1668）	额楚			
康熙十三年（1674）	以阿密达为扬威将军，驻江宁		康熙十三年五月复准江南总督阿锡熙疏请，江宁盖造营房一千五百间，照河南修城之例劝输建造，又覆准总督题请添盖营房二百七十一间，共计盖造营房一千七百七十一间（《八旗通志·营建志》）	增设江宁驻防骁骑一千名（《皇朝文献通考》卷一百八十五《兵考七·直省兵·江南八旗驻防》）
康熙十六年（1677）	科尔科代接驻江宁			
康熙二十一年（1682）	瓦岱			
康熙二十二年（1683）				拨江宁驻防左翼四旗兵一千名往驻荆州府，增设右翼四旗满洲蒙古兵一千名。合新旧八旗骁旗共四千名。于额兵内分设委前锋校十六人，前锋一百八十四名（《皇朝文献通考》卷一百八十五《兵考七·直省兵·江南八旗驻防》）
康熙二十三年（1684）		上驻江宁（《清史稿》）		裁江宁驻防步军三百名，又裁京口驻防防御四十人，又裁京口将军标下绿旗前锋二营官兵，惟设左右二营（《皇朝文献通考》卷一百八十五《兵考七·直省兵·江南八旗驻防》）
康熙二十四年（1685）	博霁			
康熙二十八年（1689）		驻跸江宁，祭明陵（《清史稿》）		
康熙三十年（1691）				于江宁驻防骁骑额内分设鸟枪领催五十六名，鸟枪骁骑七百四十四名，领催二百八十名，骁骑二千七百二十名（《皇朝文献通考》卷一百八十五《兵考七·直省兵·江南八旗驻防》）

续表

时间	将军	事件	建设	兵制
康熙三十八年（1699）		车驾次江宁（《清史稿》）		
康熙四十二年（1703）		次江宁（《清史稿》）		
康熙四十四年（1705）	达佳	驻江宁（《清史稿》）		
康熙四十五年（1706）	诸满			
康熙四十六年（1707）		驻江宁（《清史稿》）		
康熙五十八年（1719）				调江宁驻防满洲兵一千名往赴西藏，仍于驻防余丁内选补原额（《皇朝文献通考》卷一百八十五《兵考七·直省兵·江南八旗驻防》）
康熙六十年（1721）				以调赴西藏兵还归驻防，其增设兵一千名遇缺开除（《皇朝文献通考》卷一百八十五《兵考七·直省兵·江南八旗驻防》）
雍正元年（1723）				增设江宁驻防协领二人，佐领防御骁骑校各十六人，又增步军一百名，合新旧步军共八百名（《皇朝文献通考》卷一百八十五《兵考七·直省兵·江南八旗驻防》）
雍正三年（1725）	董吉那			
雍正四年（1726）				增设江宁驻防炮骁骑七十八名（《皇朝文献通考》卷一百八十五《兵考七·直省兵·江南八旗驻防》）
雍正五年（1727）	常寿			

续表

时间	将军	事件	建设	兵制
雍正五年（1727）				设江宁驻防水师营协领四人、佐领防御骁骑校各十二人、水师一千名，即于驻防官兵员额内充补。于镇江将军标下拨沙船二十给江宁水师，又于镇江水师营拨绿旗守备一人、把总二人、水手三百二十四名与江宁驻防兵配驾操演（寻定江宁驻防兵四千名一并学习水营事务，官员等轮班拨派管理，将八旗兵四千作为五班操演，每半月更换一次，春秋二季合操二次）（《皇朝文献通考》卷一百八十五《兵考七・直省兵・江南八旗驻防》）
雍正六年（1728）	来文			
雍正七年（1729）				裁江宁驻防炮骁骑四十八名（《皇朝文献通考》卷一百八十五《兵考七・直省兵・江南八旗驻防》）
雍正八年（1730）				拨江宁驻防兵八百名往驻乍浦，仍于驻防余丁内选补原额（《皇朝文献通考》卷一百八十五《兵考七・直省兵・江南八旗驻防》）
雍正十年（1732）				设江宁驻防养育兵（《皇朝文献通考》卷一百八十五《兵考七・直省兵・江南八旗驻防》）
雍正十二年（1734）				以江宁驻防额内铁匠之半改为箭匠。（《皇朝文献通考》卷一百八十五《兵考七・直省兵・江南八旗驻防》）
乾隆元年（1736）	岱林布			
乾隆三年（1738）				增设江宁驻防炮骁骑六十名（《皇朝文献通考》卷一百八十五《兵考七・直省兵・江南八旗驻防》）
乾隆十六年（1751）		奉皇太后幸江宁府，祭明太祖陵（《清史稿》）		裁江宁驻防水师营仍作陆路营制，以营船及原设之绿旗守备把总水手暂归镇江水师副将管辖，陆续遇缺裁汰（《皇朝文献通考》卷一百八十五《兵考七・直省兵・江南八旗驻防》）

续表

时间	将军	事件	建设	兵制
乾隆二十二年（1757）		奉皇太后幸江宁府，祭明太祖陵(《清史稿》)		裁京口将军一人，留副都统驻镇江，管辖驻防官兵归江宁将军兼辖，令将军间月一次至京口查阅营伍，其原属京口将军之绿旗左右营官兵改隶江宁将军管辖（《皇朝文献通考》卷一百八十五《兵考七・直省兵・江南八旗驻防》）
乾隆二十五年（1760）		增设江宁布政使（《清史稿》）		
乾隆二十七年（1762）		祭明太祖陵，幸两江总督尹继善署（《清史稿》）		
乾隆二十八年（1763）				令京口驻防汉军兵悉陆续出旗，分别改补绿旗营，更定官兵额数，以江宁驻防八旗蒙古兵一千五百九十二名充京口额（《皇朝文献通考》卷一百八十五《兵考七・直省兵・江南八旗驻防》）
乾隆三十年（1765）		奉皇太后驻江宁府，祭明太祖陵，幸尹继善署（《清史稿》）		
乾隆三十四年（1769）		乾隆三十四年奏请嗣后将军衙署、副都统衙署，将将军署旁城河园地每年所收豆麦鱼藕，租粮一百五十余两作为修理之费（《八旗通志・营建志》）		裁江宁副都统一人（《皇朝文献通考》卷一百八十五《兵考七・直省兵・江南八旗驻防》）
		大教场于三十四年将军富春奏准，开垦田地，每年租银一千五百六十四两。（《八旗通志・营建志》）		
	鄂罗顺	乾隆三十四年奏请嗣后将军衙署、副都统衙署，将将军署旁城河园地每年所收豆麦鱼藕，租粮一百五十余两作为修理之费。大教场于三十四年将军富春奏准，开垦田地，每年租银一千五百六十四两（《八旗通志・营建志》）		
乾隆四十九年（1784）		幸江宁府，祭明太祖陵，阅江宁府驻防兵（《清史稿》）		
嘉庆三年（1798）	庆霖			
嘉庆四年（1799）	福昌			
嘉庆十七年（1812）	兴肇			
道光四年（1824）		贷江宁八旗，两江督标协标兵丁饷银(《清史稿》)		

续表

时间	将军	事件	建设	兵制
道光八年（1828）		贷江宁、京口驻防修屋费（《清史稿》）		
道光十一年（1831）		贷江宁等六营兵饷（《清史稿》）		
		贷江宁驻防及溧阳营兵米（《清史稿》）		
道光十四年（1834）		贷江宁八旗官兵银米（《清史稿》）		
道光二十年（1840）		贷江宁驻防及督协各营驻扎灾区兵饷(《清史稿》）		
道光二十二年（1842）		英船寇江宁省城（《清史稿》）		
道光二十三年（1843）		贷江宁驻防及督协各营灾歉兵丁银（《清史稿》）		
道光二十四年（1844）		贷江宁驻防兵丁、江苏各营兵匠银米(《清史稿》）		
咸丰三年（1853）	二月托明阿	正月贼陷九江,陆建瀛退守江宁(《清史稿》)	往者粤匪作逆，陷金陵伪称为天京，踞总督署为天王府（始居将军署，旋徙此）隳明西华门一面城，自西长安门至北安门南北十余里，穷砖石，筑宫垣九重，毁祠庙，坏衙署，夷坛（土单），攫仓库，圮桥梁，斩竹木，堙洼峻高塘，上下数百里，宫室陵墓坊表柱础，作伪宫殿苑囿，余建伪王府宫廨，大小百余所，如是者十三年工作弗息(《上江两县志》卷十一《建置考》）	
	祥厚	二月贼陷江宁（《清史稿》）		
		三月庚申，向荣击贼于江宁，丙寅，向荣奏迭胜城贼，进据钟山（《清史稿》）		
咸丰四年（1854）		法商于江宁通市（《清史稿》）		
咸丰六年（1856）	都兴阿			
咸丰八年（1858）	和春			
咸丰九年（1859）	都兴阿莅江宁将军视事			

续表

时间	将军	事件	建设	兵制
咸丰十年（1860）	魁玉			
同治三年（1864）	富明阿	六月戊子，曾国荃克金陵外城，戊戌，官军克复江宁（《清史稿》）		将军富明阿率之（八旗残兵）由扬州大营回防，有官二十九员，甲兵历年伤亡仅存三百余名，乃奏以为江宁驻防八旗，头甲喇莅请拨满蒙兵补防（《续纂江宁府志》）
同治四年（1865）		允英法在江宁通商（《清史稿》）		
			修驻防城，以处八旗存兵（《上江两县志》）	
同治六年（1867）			建前锋兵房五百间（《续纂江宁府志》）	
同治八年（1869）			建前锋领催兵房四十六所，所四间，共一百八十四间；马甲兵房二百七十二所，所三间，共七百四十六间；佐领官署一所，二十二间（《续纂江宁府志》）	
同治九年（1870）			建协领官署二所，所三十二间，共六十四间；佐领官署六所，所二十二间，共一百三十二间；防御官署八所，所十七间，共一百三十六间；骁骑校官署八所，所十二间，共九十六间；领催兵房二十八所，所四间，共一百十二间；马甲兵房六十所，所三间，共一百八十间；旧存兵房九十八间（《续纂江宁府志》）	
同治十年（1871）	魁玉			调到荆州旗营官十九员，甲兵五百七十二名，小甲三百五十六名，编为八旗二甲喇。是年将军魁玉于荆州拨防官兵子弟内选补甲兵一百八十一名（《续纂江宁府志》）
同治十一年（1872）	穆胜阿		拨给经费三万零三百五十两，由旗营在旧址重建将军署。又拨给经费一万七千六百一十两，由旗营自行建造左右翼副都统署（《江苏省通志稿》）	将军穆胜阿又于二甲官兵子弟内选补甲兵一百三名，共二百八十四名，编为镶黄、正黄、正白、正红四旗三甲喇（《续纂江宁府志》）

续表

时间	将军	事件	建设	兵制
同治十二年（1873）			建世职房六十所，所四间，共二百四十间；协领署二所，所三十二间，共六十四间；防御署八所，所十七间，共一百三十六间；佐领署七所，所二十二间，共一百五十四间；骁骑校署八所，所十二间，共九十六间；笔帖式衙署三所，所十二间，共三十六间；公衙一所，十一间；左右司并银库房三十六间；军装火药库十间；兵房一千一间（《续纂江宁府志》）	
光绪元年（1875）			光绪元年建协领官署一所，三十二间（《续纂江宁府志》）	
光绪二年（1876）			建世职房三十七所，所四间，共一百四十八间；协领署一所，三十二间；佐领署六所，所二十二间，共一百三十二间；防御署八所，所十七间，共一百三十六间；骁骑校署八所，所十二间，共九十六间；兵房三百九十七间（《续纂江宁府志》）	复调到荆州旗营官十二员，甲兵二百八十八名，编为镶白、镶红、镶蓝、正蓝四旗三甲喇。又于随带子弟内选补小甲三百五十六名，以足八旗三甲喇，小甲额数。而旗营粗有规制矣（《续纂江宁府志》）
光绪五年（1879）			建兵房九百间（《续纂江宁府志》）	
光绪十年（1884）		命曾国荃、陈宝琛回江宁布防（《清史稿》）		
光绪十八年（1892）				
宣统二年（1910）	铁良			
宣统三年（1911）		江宁新军统制徐绍桢以其军变，将军铁良总督张人骏、提督张勋拒守。十月丙午，革命军陷江宁，将军铁良、总督张人骏走上海，张勋以其余退保徐州		

五方辐辏
—— 南京的会馆与南京城

沈旸

南京是明初的都城、迁都后的留都、清代江苏的省会，其政治地位、地理位置十分重要。“北跨中原，瓜连数省，五方辐辏，万国灌输。三服之官，内给尚方，衣履天下，南北商贾争赴。”[1]明隆庆（1567—1572）、万历（1573—1620）年间，徽州人黄汴编成《天下水陆路程》一书，其中南京至全国各地的长途路程就有11条；南京至南直隶各府州1条，经过南京的长途路程1条。便利的水陆交通使得南京的长途转运贸易十分发达，“万艘云趋，千廪积粮；贡琛浮舫，既富且强……荆江之粟如云，吴浙之粳如雾。舳舻载之，蔽江而赴，舸舫输之，溯流而聚”[2]。

来自全国的商人十分活跃，他们不仅在此地买地建房，设立商号，而且为了便于集体商议营业、联络感情、维护利益，纷纷建立会馆。

一、会馆及公所普查

“尝考会馆设于都中，古未有也。始嘉、隆间，……用建会馆，士绅是主。几出入门者，籍有稽，游有业，困有归也。”[3]会馆始于明而盛于清，“金陵五方杂处，会馆之设，甲于他省。”[4]明嘉靖年间（1522—1566）福建商人在广艺街建造的莆田文献会馆和广东商人的潮州会馆是南京的早期会馆。清“嘉、道间，海内无事，商贾懋迁……皆一时各建会馆”[5]。

会馆建立的基础是商业活动的频繁，“金陵为东南重镇，士夫争趋，商旅走集，侨于斯土者，咸有会馆之构”。其主要服务对象是商贾，是士商乡亲聚会、议事的场所，随着社会经济和商贸业的发展，除了原有活动外，还成为客帮商人抵御他人欺侮以及商谈生意、交流信息的阵地，并可安排居住和堆放货物。如在江西会馆周围，“苎麻瓷器之肆环之”[6]。明清南京是科考之地，

1 ［明］张瀚．松窗梦语：卷4．商贾纪［M］．北京：中华书局，1985．
2 ［清］余光．两京赋［M］//［清］佟世燕，修；戴本孝，纂．康熙江宁县志：卷14．艺文志（下）．康熙二十二年刻本，1683．
3 ［明］刘侗，于亦正．帝京景物略［M］．北京：北京古籍出版社，1982．
4 ［清］甘熙．白下琐言：卷二（三）［M］．光绪十六年筑野堂刻本，1980．
5 光绪《续纂江宁府志》卷七《建置九》。
6 ［清］甘熙．《白下琐言》卷二（三）。

每到乡试年，大批考生涌入金陵，大部分清贫考生会选择寄住会馆，因其便宜，并为贫困考生提供免费食宿。

关于南京的会馆：

（1）《中国海关报告》记有 11 所。

（2）何炳棣依据甘熙《白下琐言》统计出 19 所[7]。

（3）吕作燮利用各种文献资料，详细考证出明清南京的各种会馆共 39 所[8]。其中误处有三：其一，旌阳会馆不应归为安徽籍会馆，因安徽并无旌阳一地，而由江西商人会馆中皆奉晋旌阳令许真君一事可知，旌阳会馆应属江西籍会馆；其二，福建会馆与全闽会馆实为同一所；其三，据《金陵旌德会馆志》[9]所录碑文知旌德一县在南京原有 3 处会馆，同治三年（1864）合而为一，而吕氏只列有 1 所。

（4）范金民根据《金陵杂志》记载得位于张府园的普安会馆；根据回忆材料，又得位于上新河的江汉会馆和临江会馆[10]。此外，范氏认为吕氏统计资料中，新、旧两处中州会馆视为一处即可，歙县试馆宜剔除。但考察两处中州会馆建设过程可知，嘉庆年间（1796—1820）江宁知府吕燕昭在南通州任职时，先捐资修葺旧馆，继又于旧馆旁创建新馆，并非扩建，应计为 2 处；歙县原属江南行省，乡试在南京举行，歙县试馆专为接待本乡乡试士子，实为会馆的一种表现形式，故应亦列于南京的会馆之列。

（5）《南京明清建筑》载有棋峰试馆，为安徽省泾县黄田村人朱棋峰筹资兴建，以应家族子弟来南京参加江南贡院乡试休憩之需，故有试馆之谓[11]。

（6）南京工业大学汪永平、南京地方志办公室吴小铁在对南京城南仓巷一带古建筑的普调中均发现西北三省（甘肃、宁夏、青海）会馆，而以上资料均未提及该馆。

（7）南京图书馆藏《湖南定湘王南京行宫志略》载该处实为湖南同乡会所在，亦归为会馆一类。

如是，南京的会馆删繁增漏，至少应有 46 所。会馆的设立一般是以省、府、县为单位，也有相邻地区组合的。其中规模较大者有“评事街之江西，武定桥之石埭，牛市之湖州，安德门之浙东，颜料坊之山西，天妃宫之全闽，陡门桥之山东，百花巷之泾县，殿各堂楹，极其轮奂”。其中“江西会馆大门前花门楼一座，

图 1 湖南会馆
图片来源：朱偰拍摄于 1932 年；原载于朱偰 . 金陵古迹名胜影集 [M]. 上海：上海商务印书馆，1936；转引自：杨新华，卢海鸣 . 南京明清建筑 [M]. 南京：南京大学出版社，2001：119.

图 2 江西会馆
图片来源：朱偰拍摄，年代不详；原载于朱偰 . 金陵古迹名胜影集 [M]. 上海：上海商务印书馆，1936；转引自：杨新华，卢海鸣 . 南京明清建筑 [M]. 南京：南京大学出版社，2001：120.

图 3 湖北会馆
图片来源：朱偰拍摄于 1911 年；原载于朱偰 . 金陵古迹名胜影集 [M]. 上海：上海商务印书馆，1936；转引自：杨新华，卢海鸣 . 南京明清建筑 [M]. 南京：南京大学出版社，2001：121.

7 何炳棣 . 中国会馆史论 [M]. 台北：台北学生书局，1966：48.
8 吕作燮 . 南京会馆小志 [J]. 南京史志，1984（5）.
9 [民国] 任治沅 . 金陵旌德会馆志 [Z]. 民国十七年铅印本，1928.
10 范金民 . 明清江南商业的发展 [M]. 南京：南京大学出版社，1998：254.
11 杨新华，卢海鸣 . 南京明清建筑 [M]. 南京：南京大学出版社，2001：115.

皆以磁砌成，尤为壮丽然”[12]（图 1、2、3）。后经太平天国期间十年（1853—1863）兵燹，南京会馆毁圮者较多[13]，会馆辉煌不再。

除这些地缘性会馆外，南京还拥有大量突破地缘界限的同行业组织，主要创建于太平天国以后[14]。有些虽名为公所，实为地缘性的民间组织，即会馆，如普安公所实为安徽商人建立的普安；有些公所为会馆演变而来，因该馆商人在宁某行中处于领导地位，故该行公所也以该馆商人为依托。行业性组织（行业性会馆、公所等）因其行业的特性，促使建置者在选址的时候要充分考虑本行业的势力范围和周边的商业业态，所处街巷显著的特点是手工业按行业集中，并多以行业命名街道（图 4）。

综上及现场踏勘所得，目前南京城尚有 9 处会馆和 2 处公所有迹可寻（附图）。

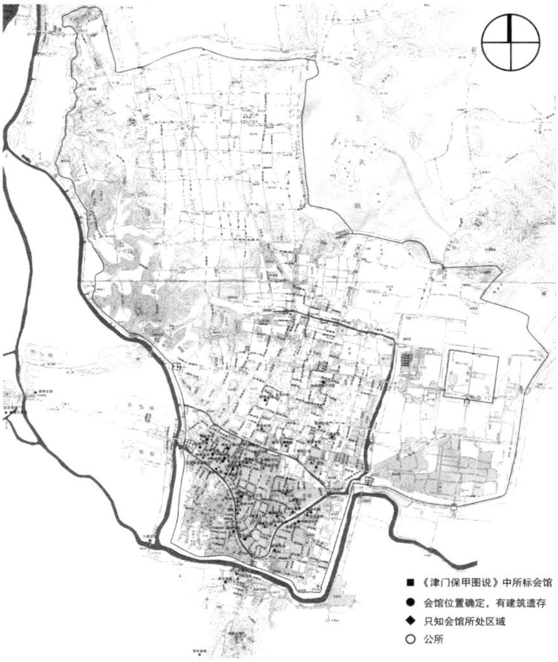

图 4　南京会馆及公所分布（潮州会馆、四川会馆地址不详，故未标出）

图片来源：据清南洋陆师学堂《新测金陵省城全图》编绘；载于清江宁省城图[M]// 南京地方志编纂委员会 . 南京建置志 . 深圳：海天出版社，1994.

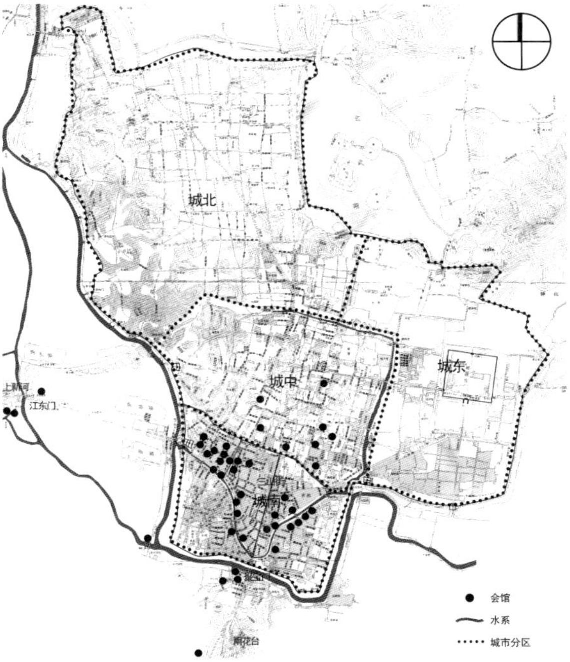

图 5　会馆分布与南京城功能分区关系

12 [清] 甘熙《白下琐言》卷二（三）。
13 范金民 . 明清江南商业的发展 [M]. 南京：南京大学出版社，1998：246.
14 范金民 . 明清江南商业的发展 [M]. 南京：南京大学出版社，1998：255.

二、与城市功能关系

南京的会馆是商品经济发展到一定程度，各地商人从事商业并展开竞争的产物，其形成和发展又不断地促进和推动了南京商业的发展。同时作为一种建筑形态，会馆与城市形态又互为消长。考察南京的会馆大量地集中于城市南部，其分布情况与南京的城市空间结构特别是城市功能分区紧密相关（图5）。

明南京城形状不规则，没有遵循传统都城的方形规制。大体上为三个方形叠加：城东的宫城是政治区，城北是屯兵军营区，城南是世胄官宦的住宅区。永乐迁都后民间工商业发展，留都设置和正德南巡引发的奢靡享乐之风的盛行，使商贸与游乐成为明后期南京的主要特点。这两部分在城市中各有区位，都位于南京城南部，“城之南隅，康衢四达，幢幢往来，朝及其夕”[15]。

工商业区：“自大中桥而西，繇淮清桥达于三山街、斗门桥以西至三山门，又北自仓巷至冶城，转而东至内桥中正街而止，京兆赤县之所弹压也，百货聚焉。其物力，客多而主少，市魁驵侩，千百嘈啐其中，故其小人多攫攘而浮兢。”

享乐区：“自东水关西达武定桥，转南门而至饮虹、上浮二桥，复东折而江宁县，至三坊巷贡院，世胄宦族之所居也，其人文之在主者多，其物力之在外者侈，游士豪客，兢千金裘马之风，而六院之油檀裙屐，浸淫染于闾阎，膏唇耀首，仿而效之，至武定桥之东西。”[16]

清代的城市格局受明代影响极大，原明代宫城一部分驻扎满清八旗兵，称为满城，其余部分荒芜无人。居民与商业的区域未变，仍然位于城南。

外地人在南京设立的会馆，主要是各地商帮为从事商贸活动而建的。他们以会馆为联络点，活跃于南京市场。会馆大量集中于工商业区，即南京城南部，是会馆本身的商业特性所决定的。

清初，南京“百货萧条，无复昔日京华之盛”，直至康熙二十年（1681）因“秣陵之民善织”[17]，清廷在南京设“江宁织造府”，主持官营丝织业生产和供应皇室所需的丝织品。织造业

---

15 万历《江宁县志》卷一，万历二十六年（1598）刻本。

16 [明]顾起元.客座赘语：卷一（二六）[M]//元明史料笔记丛刊.北京：中华书局，1987.

17 [清]陈作霖.凤麓小志：卷三.记诸市八[M].光绪二十五年可园刻本，1899.

位于南京城西南隅，三山街仍是商业中心，往来人流如织。“斗门、淮清之桥，三山、大中之街，乌倮、白圭之俦，骈背项兮交加，日中贸易，哄哄咤咤。”[18] 南京的丝行在清末约有 120 家，市场分布在南门沙湾、新桥丝市口、北门桥至鱼市街一带三个地区。

由于织造业的影响和带动，城南的商业重心偏于西部，而南京的 40 余家会馆中有近 20 家位于三山街以西，其聚集状况也反映了城市的商业布局。并且会馆的建设多为官商绅士所组织，而这一区域内“仓巷者，人文萃聚之区也，冶山之气，钟毓所凝，户列簪缨，家兴弦诵”[19]。

南京丝织业的发达雄居全国之首，并且牵动了相关工商业的发展。丝织业的发达引来活跃的集市贸易和商贾贩运，饮食、客栈等行业随之兴起。同时，由于“金陵人家素无三日之储，故必有市”[20]。

外地商帮在宁的贸易活动内容丰富，除与南京的丝织业、转运业等大宗商贸有关外，基本上涵盖了市民的生活必需，对南京的市场繁荣和经济发展，都有一定的贡献（表 1）。

表 1 部分外地商人在宁经营范围

地缘商人	主要经营范围
江西商	盐、瓷器、竹木、纸张、漆、麻等
洞庭商	丝绸、布匹等
安徽商	粮食、油料、茶叶、麻类、绸布、家禽蛋品、土特产品等多种，还经营典当生意，贩运竹木柴炭等
浙江商	丝绸、书籍、酱等
福建商	南货、洋货等
四川商	土特产品等
两湖商	粮食、木材等
崇明商	粮、油等
河南商	丝绸、煤炭等
山陕商	皮毛等

资料来源：南京的“会馆”[M]// 文洙，崔书玖 . 南京商贸史话 . 南京：南京出版社，1999：84-87.

为方便就近贸易，会馆在选址上会充分考虑本身所从事的商业经营活动与相关市场的地理关系。这些与日常生活关系密切的不同类型的小型市场也大多集中于城市南部，如柴市（门西、上

18 ［明］桑悦 . 甫都赋 [M]//［清］黄宗羲 . 明文海：卷 1. 台湾商务印书馆影印文渊阁《四库全书》.

19 ［清］陈作霖 . 运渎道桥小志 [M]. 光绪十一年刻本，1885.

20 ［清］陈作霖《凤麓小志》卷三《记诸市八》。

浮桥、小门口、鸣阳街、仓门口等）、鱼市（沙湾、行口等）、花市（新桥百花巷）、灯市（笪桥南）等。因此会馆于城南集中出现，是有其市场因素的。

会馆于城市外围亦有分布，主要集中于聚宝门至雨花台一带和江东门至上新河一带。这两个区域既是南京城对外联系的重要孔道，也是重要的商业市场。

南京米市、米铺随处都有，但主要集中在上新河、聚宝门及通济门一带。城中米粮除了四乡所产如南乡江莲、北乡观音门籼仅敷数日民食外，主要靠从湖广、四川和安徽北部鲁港、和州、庐江、三河等地输入。米粮贩运商将米粜于米行铺户。道光年间（1821—1850）“聚宝门外窑湾之砻坊三十二家”，每家囤粮都在万石左右[21]。聚宝门外的雨花路就是“米行大街”，有“中华门外四大行”——箩行、斛行、梢行、米行，成为南京最繁华的商业区之一。

江南木材严重缺乏，依赖外地输入，因而木材市场极为兴盛。江南的木材市场，据康熙年间（1662—1722）木商言，“皇木、架木、椿木等项，向来凡奉文采办，首责省滩承值，而镇江次之，其余苏、常各属，不过零星小贩，且四季粮船拥塞，木少运艰”[22]，则江苏的木材市场，首为南京，其次为镇江，再次为苏、常等地。南京城西郊的上新河，是明清时期江南最大的木材市场，赣、川、湘、楚、黔上游的竹木汇集而至，并转输到江南苏、松、常和苏北淮扬一带。明时上新河，即是有名的大码头，“数里之间，木商辐辏”[23]。清代上新河更“为木商所萃”[24]。

三、选址与水陆交通

会馆的选址会充分考虑周围的交通情况，当然这也是从商业利益出发，因为从事商业贸易，降低货运成本是成功的关键因素之一。外商会馆与南京的城市地理始终处于一种双向的交流状态，特别在古代传统社会中，这些商人会馆更多地表现在顺应环境的方面。南京城的自然条件和交通状况，在会馆的选址中是不可忽略的重要因素，会馆的建立也对街道、水系等城市形态的形成与

21 ［清］包世臣．安吴四种：卷26．答方葆岩尚书[M]．同治二十一年注经堂刻本，1872．

22 苏州历史博物馆．明清苏州工商业碑刻集[M]．南京：江苏人民出版社，1981：113-114．

23 ［明］沈启．南船纪：卷四．收料之例[M]．影印《续修四库全书》．上海：上海古籍出版社，1995．

24 张海鹏，王廷元．明清徽商资料选编[M]．安徽：黄山书社，1985：181．

变迁产生了巨大影响（图 6）。

南京的会馆基本上集中在城市南部的十里秦淮和运渎故道之间，仅秦淮河北岸的会馆就有十多个，占了总数的四分之一还多。

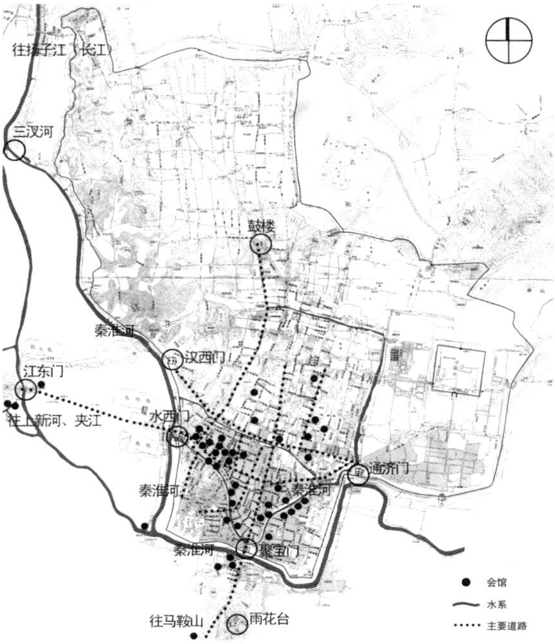

图 6　会馆选址与南京城水陆交通关系

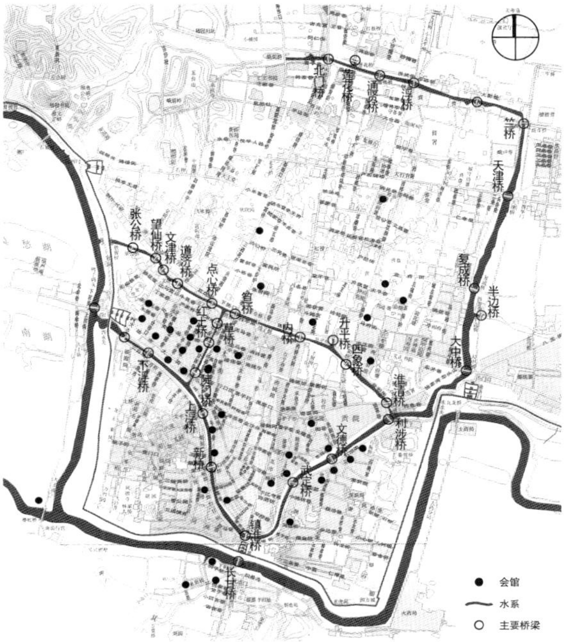

图 7　会馆与南京城主要桥梁分布关系（桥梁名称不详者只标明具体位置）

从水西门东南过下浮桥、上浮桥、新桥抵镇淮桥，再向东北过武定桥、文德桥、利涉桥，到东水关止，是古秦淮河河道。自斗门桥向北过土红桥、草桥，西折至笪桥、鸽子桥为运渎故道，运渎开凿于东吴赤乌三年（240）以运送物资达仓城。

河道上桥梁众多，因为位置要冲，桥两侧多发展成为市场，称为“桥棚”。“金陵都会大街市，皆依河水为经纬。”“按淮水向南三桥，中镇淮，东武定，西饮虹也，皆有棚以卖熟食，……武定桥顶汤面最有名，虾鳝蟹雉无不鲜美. 秀才月科得奖，偕友朋小饮其中，醉饱而归，所费不过青铜数百。”[25] 因易火患，“近年淮清桥、笪桥重修之后，以勒碑示禁，而长干桥、镇淮桥、新桥、大中桥、内桥、元津桥、斗门桥，诸处仍然如故”[26]。

25 ［清］夏仁虎 . 秦淮志：卷八 [M]// 南京文献第 24 号 . 上海：上海书店，1991.
26 ［清］甘熙《白下琐言》卷三（九）。

会馆沿河分布，并多于桥梁节点处聚集，既取交通之利，又处市场之内，于自身发展有莫大的好处（图7）。南京城挟秦淮，踞长江，河道纵横。不仅水运方便，其陆路交通由于在明洪武年间（1368—1398）得到全盘规划，市衢有条。城开13门，每座城门与市内大街贯通，市内街道纵横交织，主次分明，井然有序，座座城门又通向对外辐射的大道，与拱卫京畿的驿道网相连，构成了便利的交通网络。其中：

水西门，又称西水关，秦淮河水穿之出城，稍西为铁窗棂，运渎水由此出。由水西门可直达江东门、上新河，及至长江边，乃南京城至长江的最便捷道路。

聚宝门，前临秦淮长干桥，后倚秦淮镇淮桥，其东西区域，古代就是市民的住宅区，素称鱼米之乡的江宁、湖熟、宣城、广德等地一带的农民进入城市，必须由聚宝门进城，“每日要进出千猪万牛，粮食更无其数”[27]。此处也是南京往马鞍山的必经之路。

通济门，旁有东水关，是秦淮河水入城处。

此三门不仅规模宏大，气势雄伟（聚宝门为13个城门中最为壮丽者，次为水西门、通济门）[28]，而且是南京城内外水陆交通的重要孔道，当时民间有顺口溜“三山[29]聚宝连通济”，可见其重要性，而南京的会馆便主要集中于水西门、聚宝门和通济门围成的范围内。这一带又有明初修建的宽阔的石板大道，如火星庙至三山门（水西门）、大中桥至石城门（汉西门）、镇淮桥至内桥、评事街至明瓦廊等官街[30]，无论对内对外，交通都十分便利。

四、徽商的会馆建设

入清以后，南京经济在一度衰落后，迅速走向复苏，并达到封建经济的鼎盛阶段，徽商在南京也数此时最为活跃。徽商在宁商贸活动内容多样，犹以木业和典当业为甚。

“徽多木商，贩自川广，集于江宁之上河，资本非巨万不可，因有移家上河者，服食华侈，仿佛淮阳，居然巨室。”[31]徽州木

27 ［清］吴敬梓．儒林外史．第25回[M]．影印《续修四库全书》．上海：上海古籍出版社，1995.

28 南京市公路管理处．南京古代道路史[M]．南京：江苏科技出版社，1989：210.

29 即“水西门”，“三山门”为明时称谓。

30 南京市公路管理处．南京古代道路史[M]．南京：江苏科技出版社，1989：208.

31 张海鹏，王廷元．明清徽商资料选编[M]．安徽：黄山书社，1985：179.

商建有会馆，于每年四月初旬都天会，点燃千百盏彩灯，其“旗帜、伞盖、人物、花卉、鲜花之属，五色十光，备极奇巧”[32]，盛称为“徽州灯”。木商又多为婺源人，所谓“婺源服贾者，率贩木”[33]。

商品经济发达，商业资本便显得十分重要，高利贷资本也就无时无地不体现出它的功能。可以说，典当业是徽商在南京所从事的一个面广量大的行业。

明嘉靖（1522—1566）、万历（1573—1620）年间，南京“不下数千百家”，至少也有“五百家”的当铺主要由徽商和闽商所开[34]。至清代，南京徽典仍盛。“近来业典者最多徽人。其掌柜者，则谓之朝奉。若辈最为势利，观其形容，不啻以官长自居，言之令人痛恨。”[35]嘉庆年间（1796—1820）南京还有徽典121家[36]。此外，粮食、油料、茶叶、麻类、绸布、家禽蛋品、土特产品等，亦在徽商的经营范围。

徽商会馆等组织设施的创建则是其经营活跃的明显标志。徽商在南京所建会馆之多，其他任何商帮不敢望其项背，计有20家之多，占南京会馆总数的40%（表2）。

表2　南京会馆数量（按会馆省籍列表）

会馆籍别	安徽	湖北、湖南 #	江西	浙江	河南	江苏	福建	广东、广西 *
会馆数量	20	4	3	3	2	2	2	2
会馆籍别	八旗	甘肃、宁夏、青海	四川	贵州	山东	陕西	山西	
会馆数量	1	1	1	1	1	1	1	

说明：标 # 者，湖北商独办会馆 2 所，湖南军人独办会馆 1 所，湖北商、湖南商合办会馆 1 所；标 * 者，广东商独办会馆 1 所，广东商、广西商合办会馆 1 所。

而徽商中则以歙县和宁国两地人众。

歙县商人建有2家会馆，仅作为士子乡试住宿之所的歙县试馆，就耗费12 300余两的巨资。

32 ［清］甘熙《白下琐言》卷四。
33 《乾隆婺源县志》卷四，乾隆二十二年（1757）刻本。
34 ［明］周晖《金陵琐事》卷三，道光元年（1821）江宁李鳌刻本。
35 ［清］程麟《此中人语》卷三，光绪申报馆铅印本。
36 范金民．明清江南商业的发展[M]．南京：南京大学出版社，1998：197.

位于油市街姚氏园的安徽会馆为徽商联合同省宁国府泾县、太平、旌德等县商人合建，“中有品雅园，古栝苍然，亭宇修然”[37]。此馆鸦片战争后改为皖省公所。宁国商人则以旌德商人最多。旌德商人自称：“从来旌人之为贾也，久矣。或托业于荆越，或贸迁乎吴越，或散处于蜀山易水之间，而荟萃于金陵者，尤为夥焉。”[38]乾隆四年（1739）旌德商人即设立了旌德会馆，后来发展为党家巷、竹竿巷、油市大街3处会馆，经太平天国期间战火毁坏，同治三年（1864）又合而为一。嘉庆十四年（1809）党家巷会馆扩建，捐款者达183人，次年捐款者更多，达团体13个、个人380人。道光二十一年（1841）捐款者为团体6个、个人79人。一县商人在南京建有3家会馆，为旌德商人所独有，该商在宁人数之众可以想见。宁国府泾县商人在百花巷也建有会馆。

值得一提的是，在宁徽商创建的会馆有半数以上位于城市东南部，即明清时期的科考之地（图8）。

图8 安徽籍会馆分布

37 [清]甘熙《白下琐言》卷二（三）。
38 [民国]任治沅《金陵旌德会馆志》。

清代，南京为江南重镇，有江南省乡试。每3年1次，子、午、卯、酉年为正科，遇万寿、登极、庆典加科，称恩科。参加考试的人分正途、异途。考试分3场进行，共9天。江南贡院要考江苏、安徽两省士子，“江南合两省为一，与试者多至万六七”[39]。因此县学、府学又另设考棚，考棚即预试场，下江考棚是江苏考场，位于镇淮桥东北，东起信府河，西到中华路。上江考棚，清前期在朝天宫黄埔巷，同治四年（1865）十月后，迁往三条营，南起新民坊，北至剪子巷；十二年（1873）又移往中正街。江宁县学考棚在今门东边营的上江考棚处，上元县学考场在鸡鸣山麓。明代中叶及清朝均有扩建。仅考生号社就20 400多，是除北京外各省乡试之冠[40]。至九月十五日发榜，考生才会散去。时间之长，人数之多，带动了相关行业的迅猛发展，如旅店、会馆和满足衣食住行、文玩器物的行业等。

徽商历有“儒贾”之名，以经商为名，行儒教之事，对本乡士子考取功名不遗余力。这一方面是由于中国传统的地缘观念，另一方面，士子一旦金榜题名，得以入仕，家族、乡党便是其思恩惠报的首要对象。商业与科举达到互补共进的和谐，商人投资会馆与本乡子弟的入仕都会把商业精神带入会馆的创办发展过程中。徽商会馆选择科考之地或附近建立会馆，可以更好地服务于前来考试的本乡子弟。当然，这一带也是商业繁华之所，称为“考市”。大量的士子带动了贡院附近的商业活动。从“东牌楼沿秦淮东岸，北抵学宫贡院，南达下江考棚，大比之年，商贾云集”41，出售书籍和各地文玩物产。一些考生为了维持生计，也往往带一些家乡土特产来宁贩卖，以赚度日之资。

会馆在城市中由兴起至衰落，除和科举引起的人员流动有关外，也与经济商业活动发展变动密切相关。会馆是城市中动态的、富有活力的构成要素，在城市的发展中寻求机遇，获取发展空间；而当会馆建立并走上正轨时，又表现出相对静态、稳定的特质。其自成一格的空间形态起到磁铁和容器的作用，为同籍人员提供了集聚场所，影响南京城市商业发展变化和市场形态变动。由此带来的人员流动、会馆与城市互动等是本文最主要的落脚点。

39 ［清］黄钧宰．金壶七墨[M]．影印《续修四库全书》．上海：上海古籍出版社，1995.

40 汤晔峥．明清南京城南建设[D]．南京：东南大学，2003.

41 ［清］夏仁虎《秦淮志》卷八。

附图　南京会馆及公所现状调查（调查时间：2004 年 9 月 1 日 —9 月 10 日）

说明：除标注的图片外，均为作者拍摄。

棋峰试馆：今址为长乐路钞库街 52 号

（图片左 1 为佚名摄于二十世纪八九十年代，转引自杨新华、卢海鸣主编《南京明清建筑》第 115 页）

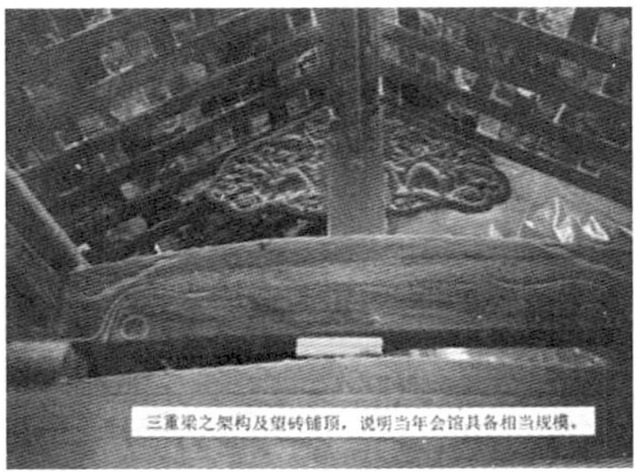

金斗会馆：今址为雨花路中华门西街 123–2 号（图片为吴小铁摄于 2002 年）

湖南会馆：今址为中山南路钓鱼台 119 号

山西会馆：今址为中山南路颜料坊 90 号

泾县会馆：今址为中山南路大百花巷 13、15 号

江西会馆：今址为升州路泰仓巷 14 号

中州新馆：今址为升州路糯米巷 15 号

安徽会馆：今址为升州路 416 号（图片上排左 1–3 为吴小铁摄于 2002 年）

全闽会馆（福建会馆、天后宫、天妃宫）：今址为升州路 488 号

西北三省（甘肃、宁夏、青海）会馆：今址为鼎新路大辉复巷 21 号

云章公所：今址为中山南路黑簪巷 13 号

北货果业公所：今址为升州路生姜巷 43 号

城市“历史·记忆·生活”的多元性和复杂性及求解

陈薇

中国城镇的发展进入一个新的阶段，遗产保护也进入深水区，如何将历史、记忆融入生活，十分重要。而我选择近年开展的城市“历史·记忆·生活”研究，则是个难题，因为具有多元性和复杂性。是否有破解之道？这里试作探讨。

先说难在哪里。

第一，保护和发展存在矛盾。为什么要保护城市遗产、历史和记忆？本质上是为了很好地生活。《城南旧事》小说有主人公小英子童年往事的记忆烙印，但更多的是作家林海音意象中的“城南旧事”，也是电影导演吴贻弓理解认识的“城南记忆”。这种集体的对于城市的人情的记忆，是我们保护的根本目的。它能唤起人们内在挥散不去的心香，是人们情感深处发酵的陈年老酒（图1）。但现实更有另一种情形，为了忘却的怀念也是为了更好的生活。譬如城市新造，譬如历史革新。闻一多在《五四断想》中说道：“旧的悠悠死去，新的悠悠生出，不慌不忙，一个跟着一个，这是‘演化’。新的已经来到，旧的还不肯去，新的急了，把旧的挤掉，这是‘革命’。悠悠是目的，‘挤’是达到目的的手段。变是悠悠的演化，乱是挤来挤去的革命。若要不乱挤，就只得悠悠地变。若是该变而不变，那只有挤得你变了。逝者如斯夫，不舍昼夜！”道出了生长和革命的道理及逻辑。100多年来，中国不断地快速变化，既有生，便有死，仅就城市交通而言，水路、陆路、高架、地铁等，层出不穷。如此，对于城市而言，变和不变以及如何变，乃形成多元性和复杂性的缘由之一。

图1 南京城南
图片来源：陈薇 拍摄

第二，我们生活的大量城镇是有历史的，由于文化悠久，大多呈现层叠型特点，用考古学的概念讲，“地层”十分丰富（图2）。如北京，由辽燕京、金中都，到元大都、明清北京，城址有迁，但屡有层叠，紫禁城内外应至少包括有辽代及其以后的历代叠压；如西安，由秦咸阳、汉长安、隋唐长安，到明清西安，城址层叠最丰处，历代多有踪迹；如南京，由孙吴建业到六朝建康，从五代南唐金陵到宋代建康，从明初南京到近代首都，城址从西往东拓展，层叠及错位发展关系十分清晰。那么，保护哪一层的历史文化？还是每一层都要保护？现在一般规定历史城镇建设前都要先考古，考到哪一层合适？城市的道路越叠越高，城市的建筑越长越高，建筑基础和地基开挖当然也越来越深。新的要建，古的要保，纠结不堪。南京有一句话：六朝文化在地下，民国文化在

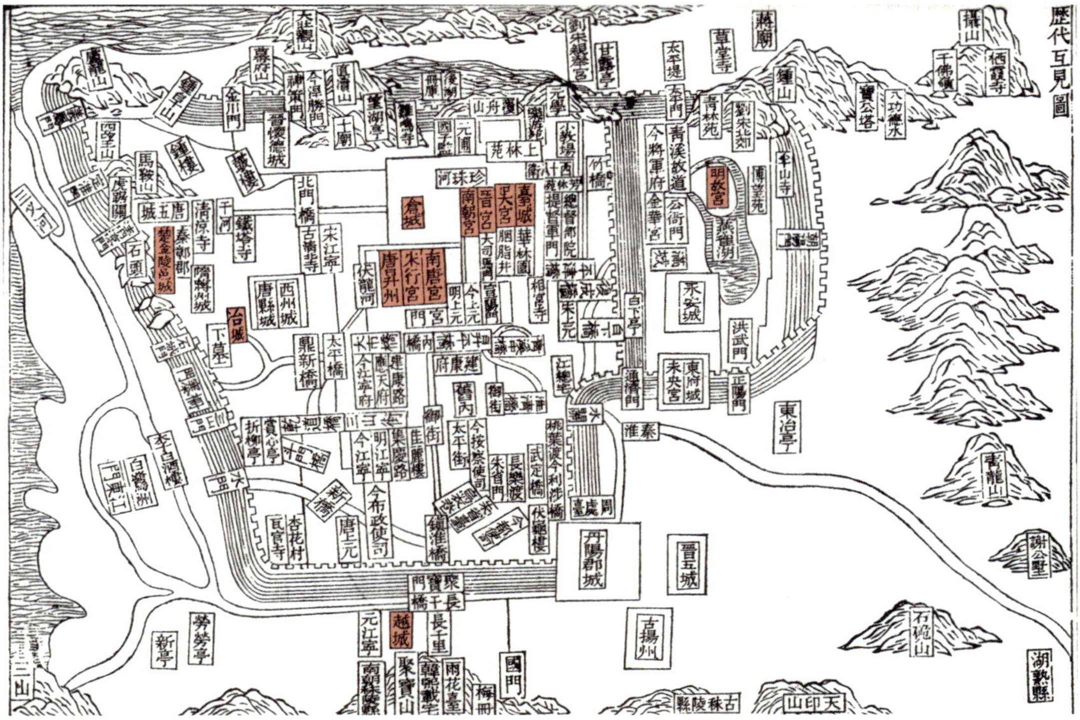

图 2　“历代互见图”可见南京建宫立都的层叠关系（作者图示）
图片来源：陈沂．洪武京城图志 [M]. 南京：南京出版社，2006：98.

地上，只有大明文化在南京人心中。看得见和看不见的都要保护，正式称为“南京”的是明朝文化，又令南京人魂牵梦绕。这些是构成城市历史记忆多元性和复杂性的缘由之二。

第三，就一个城市而言，中等以上尤其是历史上的都城，城内不同区位的地理环境和文化习得不同，也构成城市历史记忆和生活的多元性和复杂性。以我熟悉的南京而言，东南西北中各有特色，鲜明而没有高下。从地理环境而言，东有钟山，西有长江，北有玄武湖，南有秦淮河，中央是历史上的鼓楼高地和近代交通四通八达的新街口。而从文化而言，与城市形成过程及不同时期的都城对区位的选择有关。如金陵作为南京最早的名称，在春秋末划为越国属地时，是从南边秦淮河开始；而到了孙权称帝前则依天然屏障长江在西边石头山建城；六朝都城却选址东移，位于覆舟山、鸡笼山之南，北带玄武湖为险，前拥秦淮以阻，又有长 5 里的御道直达秦淮河边；南唐建都城和宫城，相对六朝位置南移，紧逼秦淮河；明都建宫让开当时的历史老城，于钟山西趾填湖造宫，也许宫城过偏，又在稍偏西北处建鼓楼，而它后来又成为中山大道最重要的转折处，以鼓楼为中心向南、向北延伸，形成近代南京子午线，并和新街口一同形成市中心。因此，城市如此经过若干朝代形成的文化印迹和城市环境融为一体的特征便十分多元和复杂。但是我们在相当长时期的城市和建筑探讨中，提出的首都特色、南京老城特色或者某地方的城市特色，都比较粗放，是对城市历史记忆生活丰富性的消解，不符合历史也不完全符合实际。

第四，人的记忆是复杂的，有时记住他想记住的、忘记他想忘记的，有时因为不熟悉、不了解，也会对历史、对记忆、对生活产生误读和误解，甚至形成偏执小我的观念。在网络交流中我们发现，大到各国家对其他国家、中到各省市对其他省市、小到一个城市各区对其他区，在人们眼中的理解和认识非常不同。如关于南京，在鼓楼区眼中，鼓楼区是政要所在（省政府所在），栖霞区是城乡接合部；在栖霞区眼中，栖霞区代表高大上，鼓楼区太老；在建邺区眼中，建邺区有青春活力（青奥会场所在），鼓楼区是上学的地方，栖霞区是驾校训练场，等等。虽然此种表达有点戏谑，但是那种带有点地域主义思想、带有点自在的优越感、还带有点羡慕嫉妒恨的味道，既十分有趣，也说明问题。此为城市历史记忆多元性和复杂性的缘由之四，也是最耐人寻味的关键。毕竟，城市是人生活的地方，人是主体。

尽管还有更多城市的历史记忆生活的复杂性和多元性值得解剖，但如上困境已非常难解。加上我们当今面临的城镇发展还有三个背景：一是城市地铁的快速发展，带来人群流动的便捷，也带来对于特定区位长期形成的历史文化及生活方式甚至是特殊口音稳定性的消解和淡化，城市本身越来越平面化，各区位文化特征越来越模糊；二是网络化的深入普及，坐知天下事，坐购天下物，学习和工作的方式、购物和消费的观念，发生天翻地覆的变化；三是中国新型城镇化的提出，将进一步引发城市扩大、城市边缘骤变、城市和乡村生活重新思考的情形。这些都是当今我们研讨城市的“历史 · 记忆 · 生活”的多元性和复杂性必须高度关注的。全球化是个更大的背景，但中国和西方发展的路径不同，我们遭遇的问题是跨越西方各发展阶段的，却又呈现共时性特征，同时面对诸如数字技术带来的生活改变，我们和其他国家又站在同一起跑线上，甚至步伐更快。没有先例，只有前瞻。我们谈了许多年全球化的文化问题，但涉及一个具体的城市，我认为更应该从人和历史城市共生的角度作些具体的思考、判断、选择、定位和制定策略，既要冷静和理性地对城市作出长远的甚至几百年均有指导意义的、相对稳定的规划和构想，也要回归具体的生活和建筑及环境。为此，提出如下建议。

1. 拉开层叠，选择黄金时代。

城市的厚度就是文化的厚度，我们要深入研究城市各区位在历史上的角色担当，了解不同地层对于是区是地的意义，制定标准，严格要求，选择和保留黄金时代的历史记忆和印迹或者生活。既不是越古老越好，也不可视而不见。比如，我们在南京城南外侧秦淮河附近考古明代报恩寺塔基址时，发掘到明代皇家寺庙的大型格局——十分珍贵，但是考古方面继续深挖，挖到宋代普通建筑基址，周边也挖到三国时期墓葬，如何保护？主管方一时难以处置。其实若能从城市历史记忆的重要性在区位的落实角度出发，很容易取舍，就是保留明代的地层，之前的回填。又如，南京长江路附近曾经在建设高层建筑时，考古到南唐宫城的转角，这是表达和寻踪这段都城历史真实的天赐良机，有了转角有了轴线，千年前的格局、做法等历史就会了然，南京城内南唐文化真实印迹缺失的遗憾就会释然。但是由于当时权衡建设和保护的利益，最终这珍贵的城市历史记忆被毁坏埋没了。相反，六朝的一段御道经考古发现后，不惜代价原地保留下来并以此为依托建造了六朝博物馆，埋在地下的地层说话了，历史记忆鲜活了，城市生活也丰富了。每个城市的不同区位可能都有闪光的历史文化和黄金时代，有了这些片段在时空上的对位，人们对城市时间轴的感受遂建立起来，历史厚度也丰满起来，城市的“历史 · 记忆 · 生活”的真实性便突显出来。

2. 保持骨干，建构长远格局。

如果说时间是纵向的轴，那么城市的道路就是经纬，历史道路是城市重要组成部分，其构成直接表达出城市的形态特征、个性及其发展脉络，这也是今天建立发展规划的重要基准。2012 年“北京中轴线”被国家文物局列入《中国世界文化遗产预备名单》，南京 2010 年将历史道路纳入遗产保护名录等，都是为了使城市历史骨干长久存留，发挥价值作用。相反，也有像杭州直接将高架平行于城市历史道路主干的做法，由于高架强悍高大，而使得自隋代至南宋发展形成的脊椎骨式御街——一条重要的连接南宫北市又组织东西若干街巷的历史街道，沦为今天历史街区的景观。另外，城市的历史道路构成的大格局，如何和现代交通体系互为补充，以满足城市历史记忆生活和人口的未来发展，同时在开新路、建地铁时避让城市层叠的黄金片段，抑或将历史印迹结合于现代交通体系之中，如卢浮宫和巴黎地铁的关系等，都需要整合专业、统筹思考、前瞻规划、立体设计。如此，城市的“历史 · 记忆 · 生活”的衔接性才可能得到保证。

3. 加强对位，凸显区位特色。

城市有道路、有中心、有广场、有山水，当然更多的是由于地理环境不同、文化积淀存异、长期生活习得、功能分区不同等而带来的城市生活环境和建筑特色多元性在不同区位上的体现。长期以来由于发展速度快，不仅诸城市间特色消解，有千篇一律趋势，且对于一个城市而言，更是扁平化现象突出。因此，强调在规划和建筑设计时，甚至在一个区位注重保护什么类型的建筑或者保护哪个层面的遗址时，都需要重视研究，加强对位，分辨价值，引导人群，调控土地。譬如说现在十分注重工业遗产保护，但也由于缺少标准有盲目扩大化倾向，以至于以前做过厂房或者作坊的，一旦不适用了，便不管年限、不问其在工业史上的价值、无视其和区位环境的关系，都视定为工业遗产。这些片段越多，城市区位特色消解越重——因为会采用常规的对工业遗产保护或功能置换的手法。也有的在新区硬生生地搬一群外省的古建筑落地，形成虚假的景观和所谓的文化——因为并没有相关的移民。这些无意识或好心办坏事的保护，其实就是对于城市丰富的文化特色与区位关系的稳定性认识不清、对于城市遗产的价值理解不够所造成的。因此，城市的“历史 · 记忆 · 生活”的丰富性，无论是保护，还是规划、建筑设计，都要有对于城市区位文化的深刻认识以及对位思路，这样城市文化和特色多元性才可能清晰传承。

4. 改变思维，如同古人修建。

对于城市的“历史 · 记忆 · 生活”的讨论，不可避免会涉及历史街区。对应于文章开始所说，保护和发展的矛盾、新和旧的并存，不可分割。但是长期以来我们习惯于从城市规划到控制规划再到街区的详细规划，最后具体进行保护或设计建筑。其结果往往出现两种情形：规划建筑控高整齐划一，历史街区宛如新区；拆迁部分建筑却导致倒塌一大片，街巷肌理无存。因此，经过若干工程项目的经历，我比较倡导：规划在街巷与道路接口、基础设施方面创造好条件，而街区内最好由有实践经验的建筑师直接从修房子、建房子介入，持续发展历史街区自下而上的生长模式，而不是自上而下的规划模式。在我们开展的科技部“十二五”支撑计划项目“传统古建聚落适应性保护及利用关键技术研究与示范”中，我也提出历史街区“联体建筑”的概念（图 3），希望直接从建筑结构、修缮、设计中加强研究，解决历史街区高密度建筑鳞次栉比的衔接问题。城市的“历史 · 记忆 · 生活”的这种技术操作性，也是为了保障人和建筑可以持续与历史街区共生。

5. 重视边缘，探索品质生活。

20 年前我开始关注和研究古代城市边缘，这不只是一个纯学术性的城市地带研究，还是一个具有实际意义的问题。因为随着时代发展和进步的需要，城市在发展进程中最易发生变化和突破的是城市边缘。古今同理，只是古今发展变化的速度不同，对一

图 3 传统街区中的“联体建筑”
图片来源：陈薇 拍摄

图 4 南京城市边缘栖霞山和栖霞寺
图片来源：陈薇 拍摄

种城市渐进的认识和发展突变的应对能力不同而已。古代城市的边缘地带往往有如下特点：其一，和自然山水环境相关；其二，和城关、城厢、市场关联，城市人口的增加、城市经济的繁华、城市规模的扩大、城市交通的改变等，都敏感而首当其冲地发生在这个地段；其三，与城市的认知及建筑形象的建立密不可分，特色突显；其四，相对于城市中心和管理机构而言，是一文化松散地带，俗至娼妓、优伶、食客、奴役等人群及活动的发生，雅至文人骚客寄情山水，均与城市边缘内外有关（图 4）。可见，从城市的“历史 · 记忆 · 生活”考察，边缘复杂而鲜活，多元而有弹性。从今天的学科考察，关涉城市、景观和建筑，最能体现古人整体认识、处理和创造的智慧。从未来新型城镇化的思路考察，2012 年中国城市规划院邹德慈、周干峙院士主持的“我国大城市连绵区的规划与建设问题研究”，便提出城市边缘多样化的生活和类型问题。东南大学台湾学者夏铸九教授的讲座“都市中国的建筑学院新方向”也让我深受启发，他其中的一个观点就是：中国城镇化不能套用西方工业化的技术理性和美学成见，而应寻找自己的路径。殊途同归。显然，兼顾中国城市边缘的“历史 · 记忆 · 生活”的柔软性，发展城市和乡村有品质的生活，继承中国传统城市、景观、建筑互为表里和形态的精髓，当下是一次契机，这里是一片福地。

“风乍起，吹皱一池春水。”如上求解，抛砖引玉。

第二篇　回响

PART TWO: ECHO

明代南京宫殿与北京宫殿之形制关系

潘谷西　陈薇

有明一代，曾建有三处宫殿，这就是分别始建于至正二十六年（1366）、建于洪武二年（1369）和告成于永乐十八年（1420）的南京宫殿、中都宫殿和北京宫殿。岁月沧桑，天翻地覆，中都宫殿并未完成即被废弃，南京宫殿现仅存部分遗址和遗迹，而北京宫殿则以恢宏、壮丽和完整令世人震惊和为之感叹。这里试就南京和北京宫殿之间的形制关系及异同作一比较。

一、北京宫殿规制悉如南京，而壮丽过之

明南京宫殿位于南京城东侧钟山西趾之阳（今中山门内御道街一带）。明北京宫殿处于城市中轴线上（今长安街北侧）。均坐北向南，其规制形成，都大致经历了三个阶段。

明南京宫殿：

第一个阶段：至正二十六年（1366）至吴元年（1367），解决了选址问题并奠定了明代宫殿基本模式，形成三朝二宫制度，“正殿曰奉天殿，前为奉天门，殿之后曰华盖殿，华盖殿之后曰谨身殿，皆翼以廊庑。奉天殿之左右各建楼，左曰文楼，右曰武楼。谨身殿之后为宫，前曰乾清宫，后曰坤宁宫，六宫以次序列。周以皇城，城之门南曰午门，东曰东华，西曰西华，北曰玄武”[1]。当时仅建一重宫墙，这里所说的皇城实为宫城[洪武六年（1373）始于宫城外建皇城，当时称为“内城”，周长2571.9丈[2]]。此为南京宫殿创建初期，宫城的规模较小，正殿之前仅有奉天门及午门二重门阙。

第二个阶段：洪武八年（1375）至十年（1377），改作大内宫殿。首先加强了门的建设，午门翼以两观，形成阙门，中三门东西为左右掖门，奉天门左右建东西角门，奉天殿左右建门，左曰中左，右曰中右，奉天门外两庑之间有门，左曰左顺门，右曰右顺门，左顺门之外为东华门，右顺门之外为西华门。同时在东华门内建文华殿，为东宫视事之所，西华门内建武英殿，为斋戒时居住之地。

---

1 ［明］申时行，等修；［明］赵用贤，等纂．大明会典：卷一百八十一［M］//《续修四库全书》编纂委员会．续修四库全书 792 史部·政书类．上海：上海古籍出版社，1996：191，192.

2 明太祖实录：卷八十三［M］．“中央研究院”历史语言研究所校印．国立北平图书馆红格钞本微卷影印，1962：1481.

第三个阶段：洪武二十五年（1392），再次扩建大内，增加宫前建筑。改建金水桥，又建端门、承天门、长安东西二门[3]，南直抵洪武六年（1373）建成的洪武门，遂成完整的明南京宫殿布局（图1）。

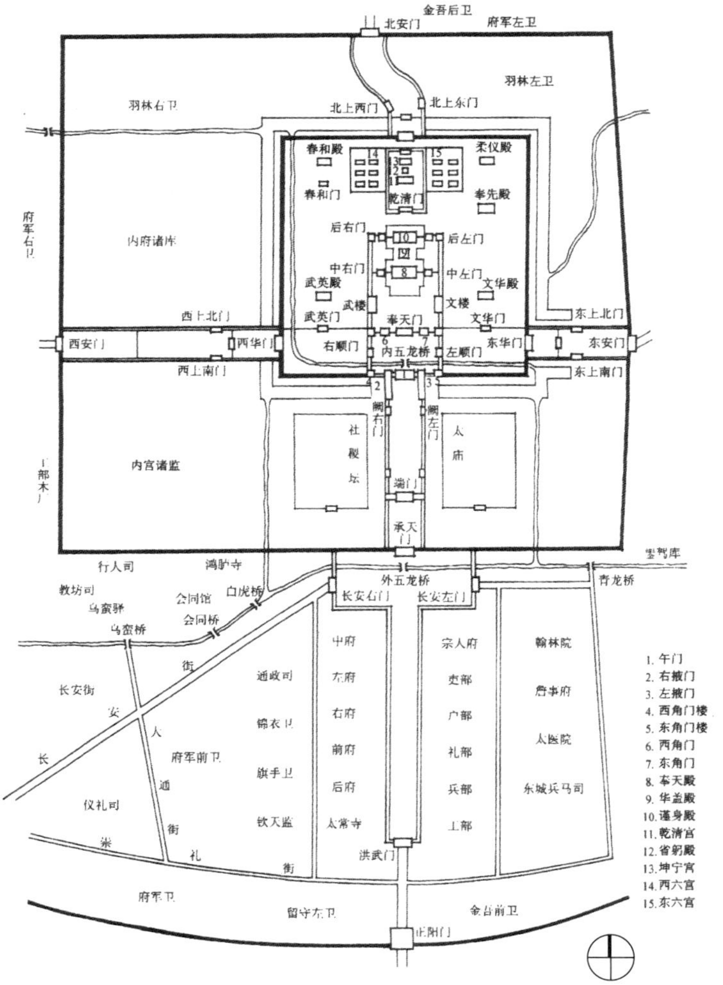

图1　明代南京皇城宫城复原图

图片来源：潘谷西．中国古代建筑史 第4卷 元明建筑［M］.北京：中国建筑工业出版社，2001：102.

3 第二、第三阶段参见：［明］申时行，等修；［明］赵用贤，等纂．大明会典：卷一百八十一［M］//《续修四库全书》编纂委员会．续修四库全书 792 史部·政书类．上海：上海古籍出版社，1996：192.

明北京宫殿：

自永乐十九年（1421）迁都北京到崇祯十七年（1644）明亡，200余年间，北京宫殿是明朝的象征和政治中枢。自永乐创建之后，历朝多有增修和扩建。

第一阶段：洪武二年（1369）至永乐十五年（1417），改造、利用元旧宫时期。

据《明太祖实录》："洪武三年（1370）七月，诏建诸王府，工部尚书张允文言：诸王宜各因其国择地，请秦用陕西台治，……燕用元旧内殿……。上可其奏，命以明年次第营之。"《祖训录·营缮门》亦云："凡诸王宫室，并依已定格式起造，不许犯分。燕因元旧有，若王孙繁盛，小院宫室，任从起造。"可见，朱棣燕府是经明太祖特许利用元旧大内宫城，其正殿承运殿十一间应仍是元大明殿之旧。

朱棣称帝后，于永乐四年（1406）闰七月曾遣工部尚书宋礼等分赴各地督民采木，烧造砖瓦，并征发各地工匠、军士、民丁"诏以明年五月建北京宫殿"[4]。但实际上工程并未按期进行，历时多年的"靖难之役"对社会生产造成了严重破坏，加上为皇后徐氏建昌平寿陵（1409）及朱棣大规模征讨异族，使财政支出大为增加，同时会通河淤塞日久[5]，漕运困难，建宫计划受阻。但此后北京宫阙名称已按南京宫殿更改。

第二个阶段：永乐十四年（1416）至永乐十八年（1420），集中建设新宫时期。

永乐十四年（1416）八月，为了营建北京大内宫殿，朱棣下令先在北京建一座西宫，作为北巡时视朝之所，于是揭开了大规模营建的序幕。"初，上至北京，仍御旧宫，及是将撤而新之，乃命工部作西宫，为视朝之所。"[6]其址在太液池之西元隆福、兴圣二宫旧地。永乐十五年（1417）四月西宫成。

永乐十五年（1417），开始建造北京大内宫殿，"凡庙社、郊祀、

---

4 ［清］张廷玉，等撰．明史：卷六·本纪第六．成祖二[M].清乾隆四年（1739）武英殿原刊本影印．北京：中华书局，1974：83.

5 《明史·宋礼传》，见：［清］张廷玉，等撰．明史：卷一百五十三·列传四十一[M].清乾隆四年（1739）武英殿原刊本影印．北京：中华书局，1974：4203-4205.

6 明太宗实录：卷一百七十九[M]."中央研究院"历史语言研究所校印．国立北平图书馆红格钞本微卷影印，1962：1953.

坛场、宫殿、门阙，规制悉如南京”[7]。“悉如金陵之制，而宏敞过之”[8]。共建屋 8350 间。十八年（1420）告成，并以迁都北京诏告天下。在宫殿形制上按南京宫殿建三殿（奉天、华盖、谨身）、两宫（乾清、坤宁）、五门等。其余金水桥、端门、承天门、长安东、西二门皆具[9]。于是奠定了明朝北京宫殿的格局。

第三个阶段：永乐十九年（1421）至万历二十五年（1597），完善时期。

北京宫殿落成不久，即永乐十九年（1421），奉天、华盖、谨身三殿遭火灾[10]。次年乾清宫亦灾[11]。直到英宗正统五年（1440）始重建三殿和乾清、坤宁二宫，灾后以奉天门为正朝的状况才得以结束[12]。至景泰六年（1455）增建了御花房。天顺三年（1459）经营西苑。嘉靖一代为明朝重建、扩建宫苑的极盛期，共有 20 余处兴作。如：嘉靖元年修建文华殿，易以黄瓦，凡斋居经筵及召见大臣等项俱御此殿（此原为东宫讲读之所，天顺中移于殿之东厢）；嘉靖十四年（1535）改十二宫名，于是十二宫名东西尽成对称；嘉靖三十六年（1557），三殿及奉天门、文楼、武楼等遭灾，次年，重建奉天门成；嘉靖四十一年（1562），三殿重建竣工，并更名奉天殿为皇极殿、华盖殿为中极殿、谨身殿为建极殿，其他诸楼、门亦有更名。万历二十五年（1597）又因灾重建二宫，并建交泰殿、暖殿、披房、斜廊及诸门等。如此，形成完备的明代北京宫殿（图 2）。

比较南京和北京宫殿的规模和形制的形成，可以看到，北京宫殿承递南京当确无疑，但功能更齐全，规模更扩大。南京宫殿初建时，朱元璋“敦崇俭朴，犹恐习于奢华”，建筑简朴，摒去雕琢奇丽装饰，规模也不大。而北京宫殿，《明史·舆服志》则称“规制悉如南京，壮丽过之”。经遗址考察，南京紫禁城城壕遗址内侧，东西相距约 859 米，南北相距约深 807 米（自北壕至午门内侧），北京紫禁城东西宽 760 米，南北深 960 米。如除去城墙与城壕之间的隙地，则南京宫城宽度与北京约略相当，而深度则少 200 余米。由于北京紫禁城轴线长度增加，整体的规模超过了南京。从单体建筑看，南京午门现存城台东西长为

7 明太宗实录：卷二百三十二[M].“中央研究院”历史语言研究所校印.国立北平图书馆红格钞本微卷影印.1962：2244.

8 《春明梦余录》卷六，清文渊阁四库全书本。

9 同注释 8。

10 [清]于敏中，等.日下旧闻考（全四册）：卷三十四.宫室[M].北京：北京古籍出版社，1981：516.

11 [清]张廷玉，等.明史：卷二十九·志第五[M].清乾隆四年（1739）武英殿原刊本影印.北京：中华书局，1974：462.

12 [清]龙文彬.明会要：卷七十二[M].北京：中华书局，1956：1392.

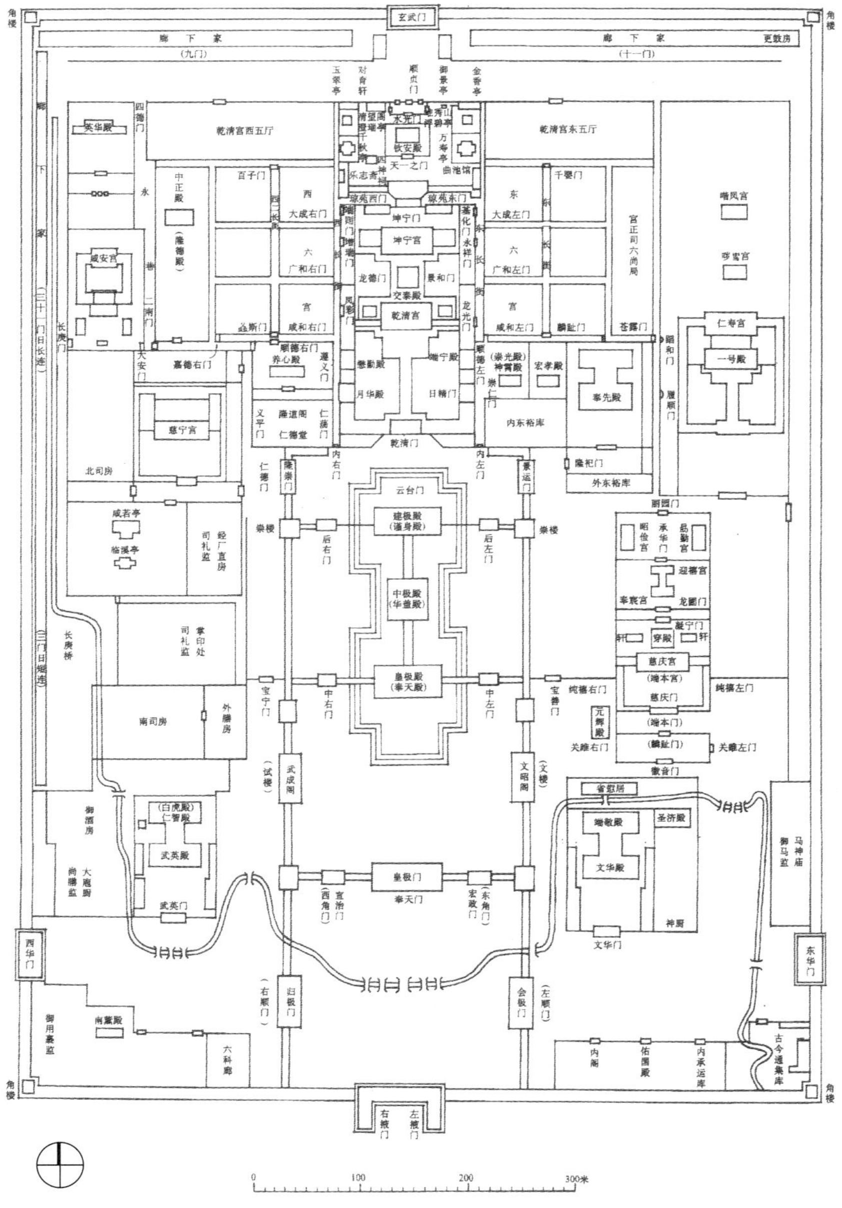

图 2 明代北京紫禁城殿宇位置图

图片来源：潘谷西．中国古代建筑史 第 4 卷 元明建筑 [M]. 北京：中国建筑工业出版社，2001：107.

93.70 米（图 3），而北京午门长为 126.90 米，其尺度约为 3 与 4 之比（图 4）。由此也可以窥见两宫门阙规模差距之一斑。再看宫城所处的环境，南京宫城偏于城市一隅，东侧紧靠朝阳门，显得局促，而北京处于城市中轴线上，形势恢廓，气魄宏伟，则又较南京壮丽多矣。

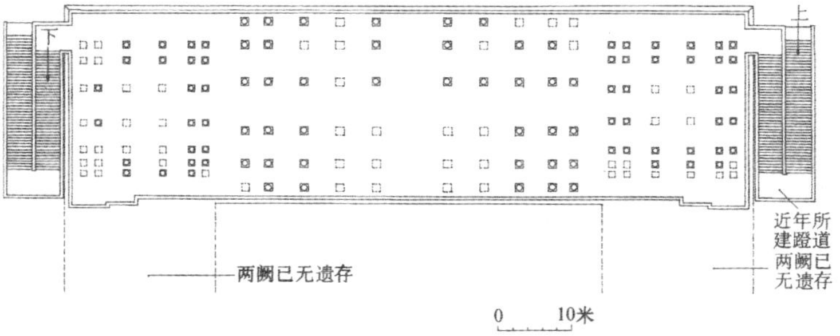

图 3 南京午门遗址平面图

图片来源：潘谷西 . 中国古代建筑史 第 4 卷 元明建筑 [M]. 北京：中国建筑工业出版社，2001：105.

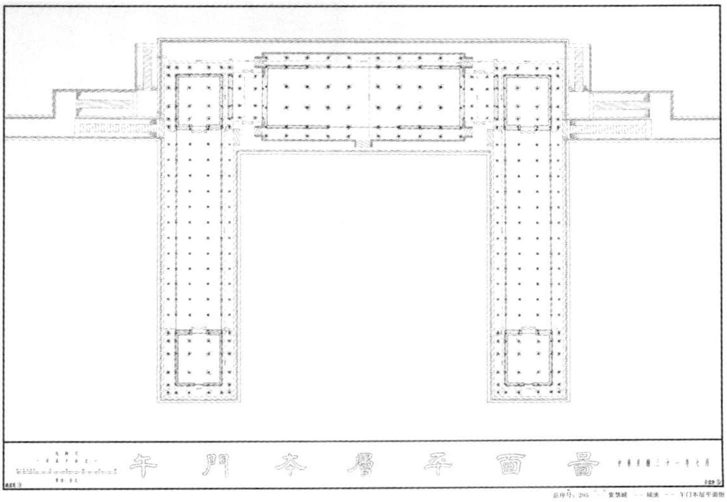

图 4 北京午门平面图

图片来源：单霁翔，刘曙光 . 北京城中轴线古建筑实测图集 [M]. 北京：故宫出版社，2017.

二、利用地势与人造镇山

宫殿选址与宫殿发展密不可分。

南京是丘陵地带，平地难寻。而当时南京的外部军事威胁主要来自长江一带，沿江地区不宜建宫；城南岗阜起伏，与老城区和军事区联系不便；利用旧城又势必要倾力拆迁，而旧城中的六朝宫城故址尽管空旷，却有“六朝国祚不永”的忌讳，故至正二十六年（1366），“命刘基等卜地，定作新宫于钟山之阳”[13]，

13 明太祖实录：卷二十一 [M].“中央研究院”历史语言研究所校印 . 国立北平图书馆红格钞本微卷影印，1962：295.

填燕雀湖，作为新宫基址（图5）。

明南京城池不作正方形或长方形而成不规则形，宫城不居中而偏于一隅，此填湖造宫之举，固然有如上综合考虑，但顺应自然、利用地势也很重要。卜地于城东钟山之阳的关键是背倚钟山的“龙头”富贵山，既符合风水的理念，又能创造出气象宏伟的效果。这种选址，在南京有历史可循。六朝宫城便是选择在鸡笼山、覆舟山下的一片高河漫滩上，东濒青溪，西达五台。鸡笼山和覆舟山就像天然屏风拱卫于宫城之后。明代南京宫城以富贵山作为依托，并巧用原东渠作为皇城西城隍，将午门以北的内五龙桥、承天门以南的外五龙桥和宫城之壕与南京城水系相互连通（图6），取得人工和自然相互辉映的效果。

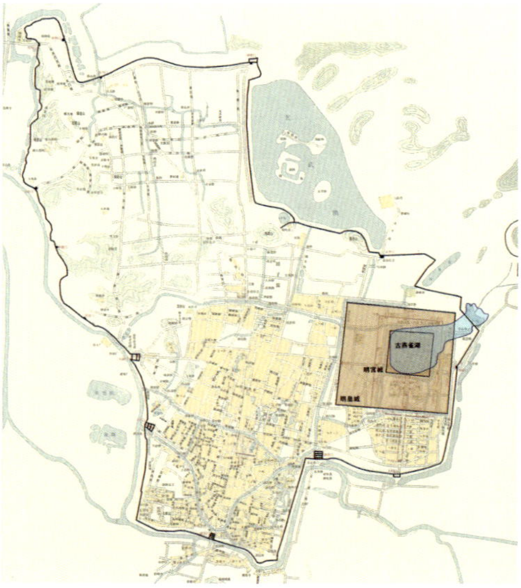

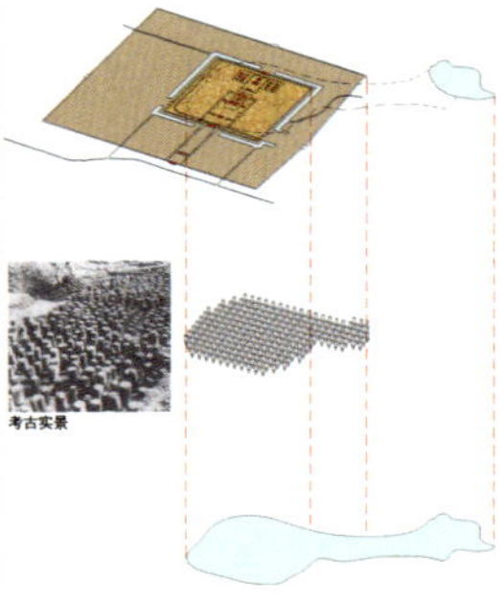

明故宫宫城所及之地，原为湖底松软地段，采用木桩密布夯筑成基，木桩直径约为30厘米，间距一般为8~12厘米，填湖面积约0.36平方千米。今前湖为古燕雀湖之遗存。

图5 南京明故宫填湖造宫的创举

图片来源：东南大学建筑学院编制《明故宫遗址公园概念性规划设计》

除此之外，南京宫殿以富贵山作为制高点，开创了明清两代宫殿自南而北中轴线即为全城骨干的模式。所有城内宫殿建筑和衙署都沿着这条轴线结合在一起。从《洪武京城图志》及其载“皇城图”（图7）中可见，以外城南端的正阳门为起点经洪武门至皇城的承天门，为一条宽广的御道，御道两边为千步廊，御道的东面分布着吏、户、礼、兵、工五部等中央高级行政机构（只有刑部在皇城以北太平门外），西面则是最高的军事机构“五军都督府”的所在地。御道尽头承天门前是长安左、右门形成的东西横街长安街（广场）和外五龙桥，向北引延，经端门、午门、内五龙桥（图8）到奉天门，进入宫城。经三大殿两大宫抵宫城北门玄武门，至皇城北门北安门出皇城，正对钟山“龙头”富贵山，

图 6　明故宫与城市水系的关联（孙晓倩依据“明朝时期城邑及水系示意图”绘制）
图片来源：中国地理学会历史地理专业委员会《历史地理》编辑委员会 . 历史地理 第 8 辑 [M]. 上海：上海人民出版社，1990：67.

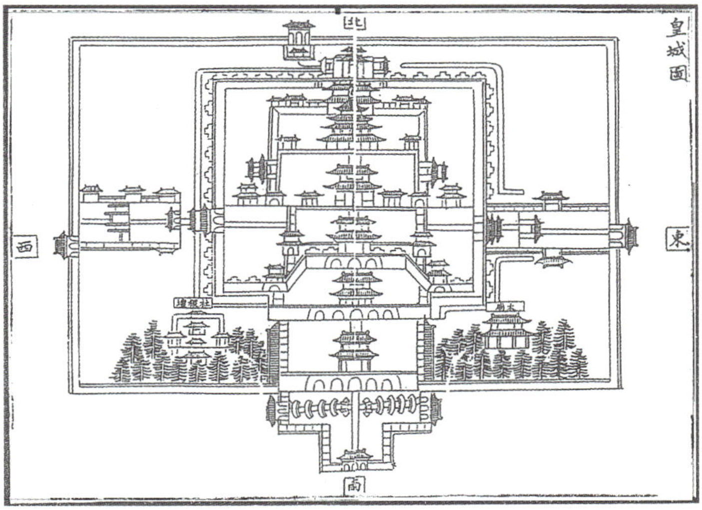

图 7　《洪武京城图志》载南京皇城图
图片来源：陈沂 . 洪武京城图志 [M]. 南京：南京出版社，2006.

图 8　南京明故宫午门和内五龙桥
图片来源：孙晓倩　拍摄

而以都城的太平门为结束（图 9）。这种宫、城轴线合一的模式，既为南京特殊的地理条件使然，亦很突出地表达出封建集权统治唯我独尊的精神，成为后来明成祖朱棣迁都北京时改建北京城和设计宫城的蓝本。

明成祖的北京改造和宫殿营建，一个重要原则即模仿南京的制度，这样既可以加强他夺权后作为正统继承人的地位，又可借以消除元朝旧宫的残留。在经历改造、利用元旧宫的第一个阶段后，北京宫阙名称不但按南京宫殿更改，而且全面营建势在必行。

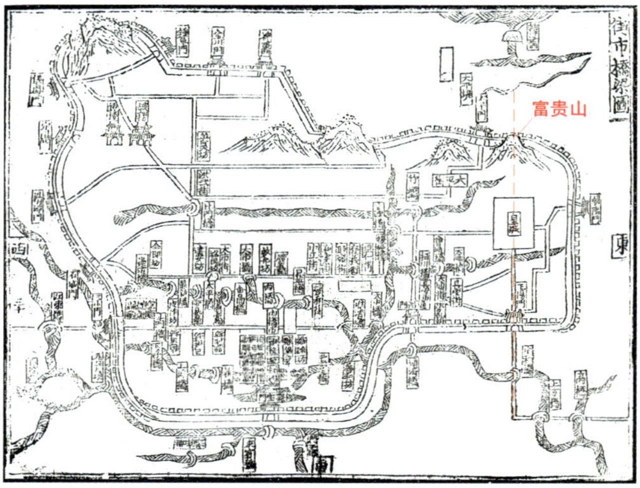

图 9　富贵山位于明皇城轴线的终点（作者图示）
图片来源：陈沂 . 洪武京城图志 [M]. 南京：南京出版社，2006.

其中，永乐十八年（1420），与紫禁城宫殿同时落成的万岁山为一大事。万岁山是在宫城北面人工堆造起来的一座山，其名同于中都万岁山，明人《中都志》记载：“万岁山（指明中都凤阳城的凤凰山）……形势壮丽，岗峦环向，国朝启远，筑皇城于是山，绵国祚于万世。”作用同于南京富贵山。明初永乐年间的北京城，是在元大都城的基础上建造起来的，当时城内虽有太液池中的琼岛，但无法作为大内紫禁城宫殿的山峰屏障，人工堆积万岁山后，则能取得恢宏形胜，加上南面开挖的内外两道金水河及西侧沿用的元代苑囿，宫殿处于山水环抱之中。

另据对元大都内宫殿的勘察发掘和文献记载核实，万岁山压在元大都内轴线后部的基址上，故也有万岁山是“压胜前朝”的镇山之说（图 10）。明人著《西元集》和清人吴长元辑《宸垣识略》卷三中，都有万岁山“为大内之镇山”的记述。可见，万岁山的人工建造，既起到了南京和中都依山聚气取形胜的目的，也达到了追求江山永固的愿望。

除人造万岁山外，又于皇城南面千步廊布置五府六部的衙署。这样在宫殿形制上不但对南京进行了全面模仿，而且宫城后以万岁山形成制高点，又把钟鼓楼东移到全城轴线上，从而形成一条从正阳门经宫殿直贯钟楼的全城轴线。整体轴线构架十分明确，且宫城居中，表达出强有力的崇高气氛。

南京宫殿是结合自然、顺应地势布置城、宫的杰出例子。但它的选址也存在缺陷，如当时填湖建宫，虽然在工程做法上为避免地基下沉，采取了在基础下铺垫巨石和打桩以及用石灰、三合土分层

图 10　万岁山与北京故宫
图片来源：陈薇 拍摄

夯实等方法，但到洪武末年已显出宫城南高北低、宫中积涝不易排除的问题。又如由于宫城距城外钟山山体太近，战时易受敌军威胁，所以后来太平天国攻占南京后，就没有用明宫殿来做天王府。

比较言，北京宫殿以人造镇山为依托，则显示出平原地带建宫所未有的气势和优势。万岁山本是大内镇山，明代前期还很冷僻，到万历中期以后于山北又建造主殿寿皇殿、观德殿、永寿殿等，组成一区规模相当大的建筑群。万岁山周围遍植果树，山的北侧还有供习箭用的射所，发挥了城市山林的重要作用。

三、遵循礼制与充实发展

明南京宫殿用三朝二宫之制，前朝后寝，后妃六宫以次序列，礼制鲜明，在经历元代异族统治之后体现出朱元璋推行极端集权政治、倡导承继发扬汉族传统的主张。具体而言，在建筑形式和内容上表现出极力寻找礼制的依据：

三朝五门。按周礼的记载，“天子诸侯皆有三朝”，外朝一，内朝二。由于宫殿的朝多，所设的门也就增多，于是又有“天子五门”“诸侯三门”之说。天子五门即由南而北依次为皋门、库门、雉门、应门、路门。但实际上，自战国以后，都城宫室制度中，循此制者无几。直到唐长安始有其意，这就是唐西内有五门（承天门、太极门、朱明门、两仪门、甘露门）和三朝（外朝承天门、中朝太极殿、内朝两仪殿）[14]。元失此制，明南京宫殿则又用此制，其五门为洪武门、承天门、端门、午门、奉天门，三殿为奉天殿、华盖殿、谨身殿。

14 [唐]李林甫，等撰.唐六典[M].陈仲夫，点校.北京：中华书局，1992：217，218.

后妃六宫。按周礼，“天子后立六宫，……夫人虽不分六宫，亦分主六宫之事……”。南京宫殿在历史上再次建立后妃六宫以次序列的形制，以合礼制的要求。

图 11 南京午门旧照

图片来源：杨国庆.南京城墙志[M].南京：凤凰出版社，2008：162.

以大为贵，以高为贵。《礼记》说：“礼，有以多为贵；有以太（大）为贵；有以高为贵；有以文（饰）为贵。”早在秦汉时期，高台建阙（观）就作为一种礼仪性的设置，标表入口以壮观瞻。唐代诸宫门阙已作“冂”形平面，并直接影响到五代洛阳五凤楼、宋东京宣德门。南京宫殿午门便是吸收这种传统建筑形式建成的。午门两阙，中设三门，东西为左、右掖门，通过门阙的体量和所组成的空间追求皇帝所需的崇高与威严（图 11）。

天子至尊，象天立宫。所谓“礼者天地之序也”[15]。“故圣人作则必以天地为本，以阴阳为端，以四时为柄，以日星为纪，月以为量”[16]。讲究天人感应和礼制秩序的朱元璋，在南京宫殿中极力利用这些原则来强化皇帝至高无上的地位和礼制的权威。如在正殿之后建立乾清、坤宁二宫，象征帝后犹如天地；在乾清宫之左右立“日精门”“月华门”，象征日月陪衬于帝后之左右；在东安门外者曰青龙桥，在西华门外者曰白虎桥，取自二十八星宿，以象征天津之横贯。在建筑的称谓上也采用一些拟天的象征手法，如前朝正殿名为“奉天”，意为皇帝“奉天承运”统率万众之处，以此强调新王朝的合法性与权威性；“华盖”本是星名，古称天皇大帝座上的九星为“华盖”，象征明太祖统一天下是应帝星之瑞。

左文右武，恢复汉族传统尚左的习俗。《明太祖实录》载：“人君南面以听天下之治，人臣则左文右武，北面而朝礼也。”南京宫殿奉天殿之左右为中左门、中右门及文楼、武楼。奉天门外两庑间有左顺门、右顺门，门外为文华殿、武英殿。

以上这些遵循礼制的做法在明北京宫殿均一脉相承，且形制更臻于完备。同时由于宫廷生活发展的需要，又增添了许多新的生活服务性建筑。北京宫殿大体可分为外朝、内廷两大部分，前者（三大殿以南）是举行典礼、处理朝政、召见大臣经筵进讲的场所；后者（乾清宫以北）是帝室居住、生活的地区。在主轴线上，由午门开端，自南向北为内五龙桥、奉天门、奉天殿、华盖殿、谨身殿、乾清门、乾清宫、交泰殿、坤宁宫、坤宁门、御花园，直抵北宫门玄武门；由午门往南依次为端门、承天门、外五龙桥、长安左右门、千步廊和皇城南门大明门，再南经正阳门抵嘉靖三十二年（1553）加筑的外城南门永定门；玄武门外往北依

15 《礼记》卷十一，四部丛刊景宋本。
16 《礼记》卷十一，四部丛刊景宋本。

次为万岁山、皇城北门北安门，再以钟鼓楼作为结束：构成全城的整个轴线。宫城布局基本对称，在轴线左右，东路有文华殿、慈庆宫（太子东宫）、奉先殿（内太庙）、仁寿宫、东六宫、乾清宫东房五所等；西路有武英殿、慈宁宫（太后）、咸安宫（太后）、养心殿、西六宫、乾清宫西房五所等。还有内监各司房、膳房、酒房等以不对称形式参差其间。又有宫城北墙和西墙下的廊下家环于北、西两边。这样，由近千座单体建筑纵横组织在一起，又通过南北主轴线和东西两路的陪衬，使全局协调地统一起来，成为中国历史上无与伦比的布局严整、规模宏伟的建筑群（图 12）。

图 12　北京故宫鸟瞰
图片来源：刘影竹　拍摄

值得一提的是明北京宫殿和南京宫殿相比，北京宫殿还增加了园林和离宫的兴作。明初，朱元璋建宫殿，特点是政治目的较强，生活上强调节俭，因此宫中无园林。到永乐十五年（1417）正式建北京宫殿时，出现了“宫后苑”的记载，但后来称之为御花园的建筑、异石名木及其他离宫别馆的兴作是明中期后随居安趋奢不断增加的。明宣宗朱瞻基就把他祖父朱棣的供骑射用的东苑改建成斋居别馆，英宗又建为殿宇亭阁盛丽的正式离宫，到嘉靖、万历两朝，兴作尤盛，如南内的出现、西苑的扩大与增建、万岁山的开辟与发展、太后所居慈宁宫花园和坤宁宫后御花园的兴造。就整体而言，明代的苑囿离宫，规模远不及唐宋与清代，但由于上述种种兴作而使北京宫殿的内容已大异于明初的创建阶段。

可以看到，明代北京宫殿的建设，主要是以南京宫殿为蓝本（图 13），尤在形制上反映出一代统治阶级在思想体系与政治制度方面的一致性。但由于宫殿的建筑内容、规模、功能等不断扩大，同时在地域上，既沿用大都轴线和苑囿，又吸收南京和中都依山建宫的做法，从而北京宫殿继往开来，开创出北方建城立宫的皇家气派和风格，并形成宫城与大片水面太液池的均衡及人工与自然在城市中的协调，到今天仍为珍贵的历史遗产。

图 13　南京明故宫遗址
图片来源：李晓华　拍摄

明洪武时期南京宫殿之礼仪角度的解读

诸葛净

1366 年 8 月，朱元璋经过十余年的征战，根基已趋牢固，遂决定于应天府（今江苏省南京市）钟山之南兴建宫阙庙社，并因之拓展建康城。第二年，即吴元年（1367）8 月，圜丘方丘社稷坛先成，继而 9 月太庙成，新宫成[1]。此后又经洪武八至十年(1375—1377)和洪武二十五(1392)、二十六年(1393)的拓展修建，最终形成有宫城、皇城两重城，中轴线上依次排列三殿两宫五门的宫殿格局。由此开启明清两代五百余年之宫殿制度。

这一宫殿建筑群，以中轴对称的布局方式，建筑规模、屋顶形式、小品、色彩、装饰乃至命名与尺寸的种种象征[2]，展现出奉天意而治天下的天子的神圣地位，并为在其中举行的种种活动提供了宏大场景。而借助大殿、台基、庭院与门庑构筑的场景，国家礼仪通过人与物的排布与姿态，又架构出更为精巧的空间秩序，从而使帝国的社会秩序得以周期性的复制与再现。也正是在这一意义上，宫殿成为诠释太祖礼法之治的工具。

一、洪武朝之宫殿格局[3]

1367 年 9 月所建成的宫殿尚不是永乐迁都北京所本的宫殿，但前三殿后两宫的制度已基本成型（图 1-1）。

---

1 《明太祖实录》卷二十一，丙午年：
“八月庚戌朔，拓建康城。初建康旧城西北控大江，东进白下门外，距钟山既阔远，而旧内在城中，因元南台为宫稍庳隘。上乃命刘基等卜地定，作新宫于钟山之阳，在旧城东白下门之外二里许，故增筑新城，东北尽钟山之趾，延亘周回返五十余里，规制雄壮，尽具山川之胜焉。”
“十二月己未，是时群臣皆上言，一代之兴必有一代之制作，今新城既建，宫阙制度亦宜早定。上以国之所重莫先庙社，遂定议以明年为吴元年，命有司营建庙社，立宫室。……典营缮者以宫室图来进，上见其有雕琢奇丽者即去之……”

2 张泉．明初南京城的规划与建设 [D]. 南京：南京工学院，1984.

3 现在所能看到的各种著作中所载之明南京宫殿复原图均出自张泉 1984 年完成的硕士学位论文，反映了洪武末年几次建设完成及建文元年建设省躬殿后的宫殿布局，为明代宫殿研究提供了坚实的基础。本文结合文献记载，在历史地图和影像图的基础上，根据宫殿建设的不同时期分别绘制了两个阶段的宫殿格局复原示意图，以作为下一步分析的基础。

新宫的主要格局可通过文献记载加以勾勒：

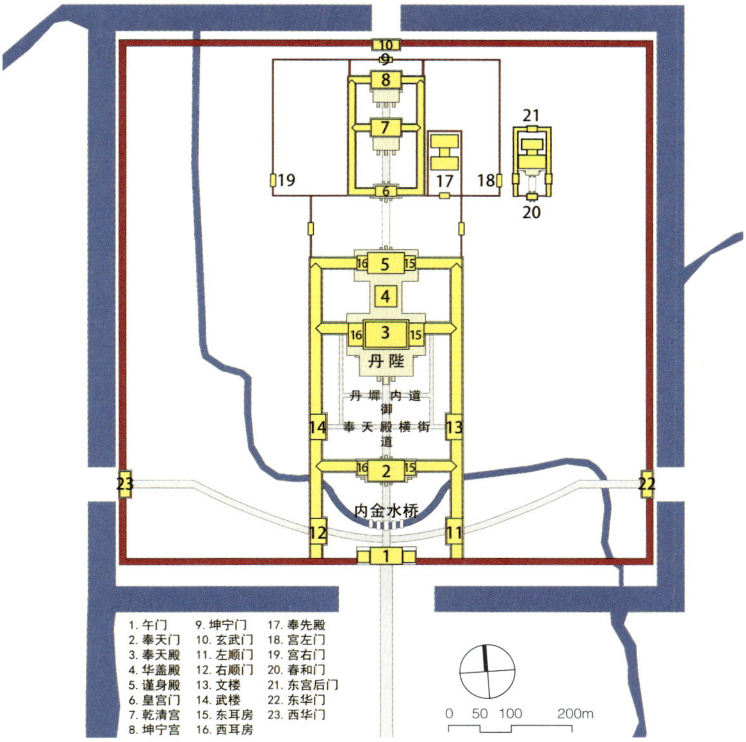

图 1-1　明洪武时期南京宫殿复原示意图一［洪武八年（1375）四月奉先殿改建后至九月开始改建大内前，此前洪武七年（1374）五月已开始在宫城东南修太庙，但尚未完成］

《明太祖实录》，卷二十五 · 吴元年（1367）九月：

癸卯，新内成，正殿曰奉天殿，前为奉天门，殿之后曰华盖殿，华盖殿之后曰谨身殿，皆翼以廊庑，奉天殿之左右各建楼，左曰文楼，右曰武楼，谨身殿之后为宫，前曰乾清宫，后曰坤宁宫，六宫以次序列焉。周以皇城，城之门，南曰午门，东曰东华，西曰西华，北曰玄武。制皆朴素，不为雕饰……

《明太祖实录》，卷四十四 · 洪武二年（1369）八月：

己巳，又置门官，午门、东华门、西华门、玄武门、奉天门、左右顺门、左右红门、皇宫门、坤宁门、宫左门、宫右门，各设门正一人副一人，东宫门官：春和门、东宫后门，宫左门、宫右门各设门正一人，副一人。

由此可知，新宫外周一圈被称为皇城，东南西北各有一门。皇城中轴线上主要建筑由前（三）殿后（两）宫两部分组成。奉天殿前有奉天门，东西两侧有文武楼。由门官设置一节的叙述方式又可知除了皇城门和奉天殿周边设门，皇宫和东宫也有各自的范围，皇宫门、坤宁门、宫左门、宫右门分别是皇宫的南北东西门，这也部分解释了为何最初将午门、玄武门、东华、西华之间的范围称为皇城。也由此可知，东宫即春和宫，春和门、东宫后门、宫左门、宫右门为东宫四门[4]。

除此之外，还有一些细节问题也可通过礼仪过程等各方面的记载进行间接的推断[5]。如：

（1）奉天门、奉天殿与谨身殿都有耳房。

奉天门：

《大明会典》，卷四十七 · 礼部五 · 皇太子册立仪 · 册立颁诏：

内使舁册宝亭前行，引礼导皇太子由东阶降，乐作，出奉天门，乐止，引礼引皇太子诣东耳房伺候于中宫行礼，内使舁册宝亭东门出至西道，仪仗鼓吹前迎，百官迎送至东宫，安奉册宝于殿内。

《大明会典》，卷四十八 · 礼部六 · 亲王册立仪：

是日所司备鼓乐，仪卫司备仪仗，于奉天门西右顺门东伺候，亲王受册宝毕，出至奉天门外，引礼引亲王诣东耳房伺候于中宫行礼。

奉天殿：

《明太祖实录》，卷三十七 · 洪武元年（1368）· 皇太子婚礼：

醮斋仪，前期内使监官设御座于奉天殿如常仪。侍仪司设皇太子次于奉天殿东耳房内……

谨身殿：

《明太祖实录》，卷五十五 · 洪武三年（1370）八月：

丁丑，礼部尚书陶凯等言古者人君进膳日举乐，今拟上御谨身殿早膳，侍卫指挥使布列甲士两行……上御东西耳房及两

4 春和宫为太子宫，这一点已经有研究者注意到了。见：无为斋主．明故宫里的柔仪殿和春和殿位置考[EB/OL]．（2007-12-07）[2008-03-26] http://85274285.blog.163.com/blog/static/39917481200711170377884/. 因此原复原图中春和殿的位置有误。

5 但还有一些问题难以有合理的推论，比如华盖殿的形式。将常朝仪中奉天门和华盖殿两处的仪注相比较可知，华盖殿的鹿顶是在大殿主体外，因此洪武初建宫殿时，华盖殿的形式似乎还不是后来所见的独立的攒尖顶大殿。还有作为太子读书处的大本堂的位置及太祖退朝后常去的东阁的位置等等。

庑进膳……

(2)乾清宫、坤宁宫有各自独立的一套丹陛丹墀。

根据"正旦大朝会"中在坤宁宫举行的命妇朝见皇后的仪式的记载，命妇之拜位在殿庭，只有班首由西阶升殿行礼，且命妇从东门进入，分立于殿庭东西两侧，如果是要爬上台基再下到西侧，不免有些滑稽。则命妇拜位所在之处即坤宁乾清之间，不应如后世所见是共用的台基，而是坤宁宫自有一套独立的系统。

(3)午门和奉天门之间已有内金水桥。

《明太祖实录》，卷六十四，洪武四年(1371)四月:

壬辰，上御午门，有二人由御道西偏南行，左右执之，上以律未有禁条，命释之，仍命省部臣定议。省部臣言西汉天子所行中道曰驰道，人臣不敢横度；东汉南宫御道三，天子从中道，百官从左右道，元崇天门外亦分三道，中为御道，左右则百官以下行之。请如汉元之制，为三道，其有辄度御桥，从中道东西偏行者，杖流之。卫士见而不举者，罪减三等。上曰，直驰中道者罪之，横度者勿论。

(4)有文华堂与武英堂。

《明太祖实录》，卷七十九·洪武六年(1373)正月:

甲寅以举人……为翰林编修……是时天下举人至京，上欲造就其才，择其年少俊异者皆擢编修，赐冠带衣服，令入禁中文华堂肄业，诏太子赞善大夫宋濂等为之师……

《明太祖实录》，卷一百·洪武八年(1375)六月:

……初上择国子监生年少聪敏者入文华武英二堂说书，谓之小秀才……

(5)奉先殿的建设

洪武四年(1371)又建奉先殿，九年改建[6]。其位置根据记载在"宫门内之东"，此宫门应即皇宫门。奉先殿建设的起因是朱元璋希望在每年固定的太庙享祭父母之外，能有个地方"晨昏谒见节序告奠"[7]。因此择址在皇宫范围内乾清宫之东，便于日常

6 《明太祖实录》卷六十一，洪武四年(1371)二月；卷一百六，洪武九年(1376)六月。

7 《明太祖实录》卷五十九。

的祭奠，其位置应当能从乾清宫直接到达。考虑到东宫自成一体的格局，本文复原图中奉先殿布置在皇宫门内，而东宫在更东侧。

洪武八年（1375）朱元璋巡视中都凤阳后，忽然下令罢建中都，九月便开始对南京宫殿及郊庙坛社进行一系列的改建扩建。改建并未改变三殿两宫的核心格局，但形制更为严整，最终形成三殿两宫五门并左祖右社的布局方式，并成为永乐皇帝营建北京宫殿的参照（图 1–2）。

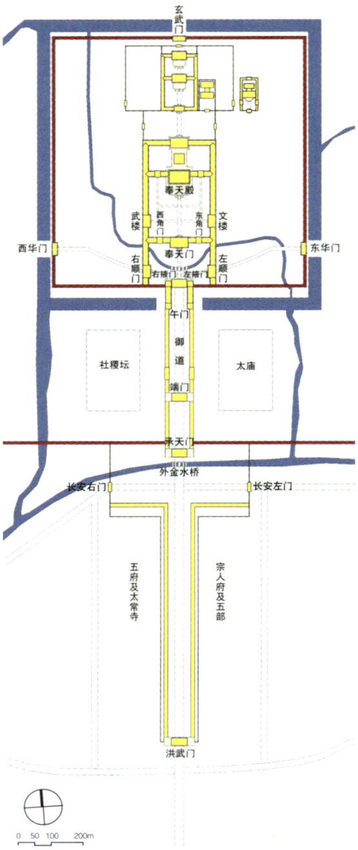

图 1–2 明洪武时期南京宫殿复原示意图二［洪武二十八年（1395）以后］

二、礼仪的演出

在新宫建成至初次改建完成的 10 年中，朝廷的各项仪式制度也在紧锣密鼓地制定，成为明中期以前各项礼仪制度的基础。至嘉靖朝时，礼仪制度才又进行大规模的修订。其中以宫殿空间为主要场所定期举行的为朝仪：大朝、朔望朝、常朝，以及三年一次的策试。其他各种仪式都因事而行，如登基、册立，皇太子、亲王、公主的婚礼[8]，亲征献俘，颁诏赦等。这些仪式都以洪武初期所建造的宫殿为基本舞台而展开。

此后，各种礼仪都陆续修订或更定，特别是在宫殿建设完成，及废除宰相制、重定六部官制之后，对朝仪有一次普遍的修正。

（一）太祖即位并册皇后、皇太子[9]

洪武元年（1368）正月乙亥至丁丑，举行了新宫建成后的第一场重大仪式——明太祖的登基以及同时册封皇后与皇太子。之后，朱元璋便正式“自旧内迁新宫”。

1. 登基

登基的主要部分在圜丘完成，并告太庙、社稷。接着便是以天子的身份进入宫殿，接受大臣表贺（图 2）。

①百官齐班，皇帝升御座；

②百官从午门外至丹墀中，但是没有明确百官入丹墀的行走

8 皇帝册妃近于册封皇后而较简；册封亲王近于册皇太子而简；册封公主略有特殊，册宝的起点在乾清宫，皇帝、皇后共同主持，而公主在华盖殿受册宝。皇太子婚礼等体现出来的空间关系与前述礼仪亦无不同，故从略。

9 具体过程见《大明会典》卷四十五《礼部三》，及《明实录 · 太祖实录》卷二十九。

路线；

③百官上表：西阶—殿西门出入。

2. 册皇后

登基之后是册封皇后（图 3）。

①皇帝升御座，百官、侍从各就位。

②宣制、授册宝，册宝送至奉天门外龙亭。

值得注意的是：执事的官员一旦代表皇帝发布完命令或将代表皇帝的册宝交付出去，身份立刻就改变了，相应的是行走的路线也立刻偏离了中央，必须从西阶回到原来的位置。

③使副护送册宝至皇宫门外交与内使监令；由内使监令率册宝入宫；皇后受册宝；使副回奉天殿复命。

此处仪注中未说明放着册宝的龙亭出奉天门后由何路线至皇宫门外。

④皇后入宫接受命妇祝贺。

3. 册皇太子（图 4）

①皇帝从谨身殿进入奉天殿就位；皇太子由奉天门东门进入，从东阶上丹陛就位；百官从午门外等候处进入殿庭侍立位；受册宝官从西陛上丹陛就位。

②承制官（从皇帝那里接受指示，出门宣布册封命令）由殿中门出，宣布完成后，由殿西门回到殿中；太子从东门入殿跪拜受册宝（接受皇太子身份的凭证，值得注意的是代表皇帝将册宝给予太子的人是丞相）。

③（册宝的起点是中轴线上御座前）册宝放入丹陛上东面的龙亭中，随太子从东侧出奉天门，太子与册宝在此分开，册宝送到东宫，太子则要继续前往中宫拜谒皇后；同时，向天下臣民宣布太子册立的诏书也从中轴线上的御座出发，一路沿中轴线的道路（中道、中陛、中门）至午门外宣读，然后被送到中书省以进一步传递到全国。

至此在前朝部分的活动暂告一段落。

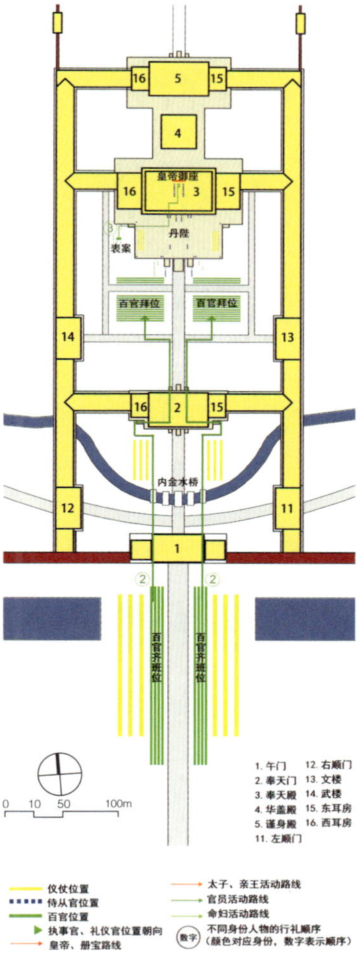

图 2　高皇帝登极仪（百官上表称贺）图示

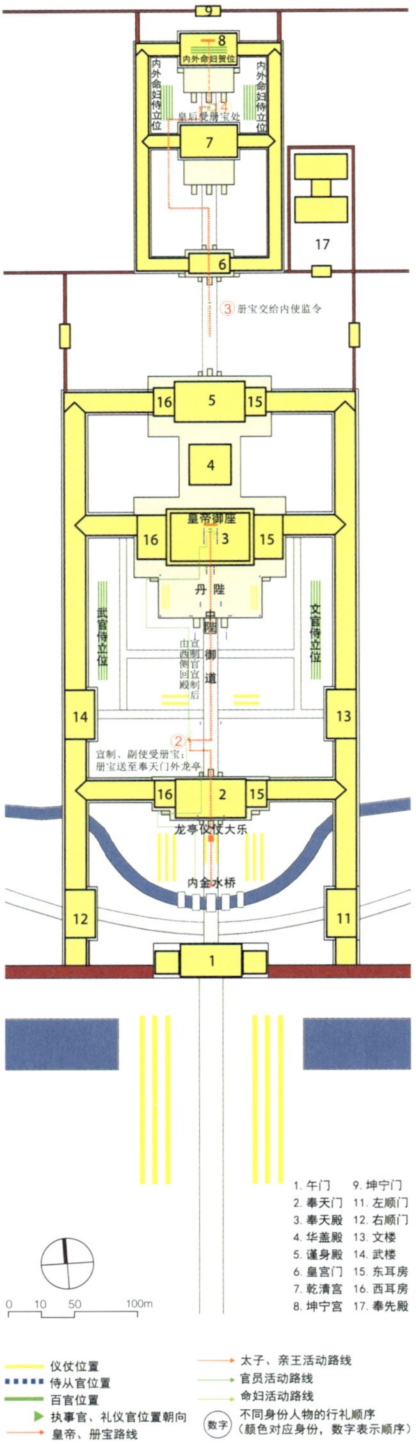

图 3 洪武元年（1368）皇后册立仪图示

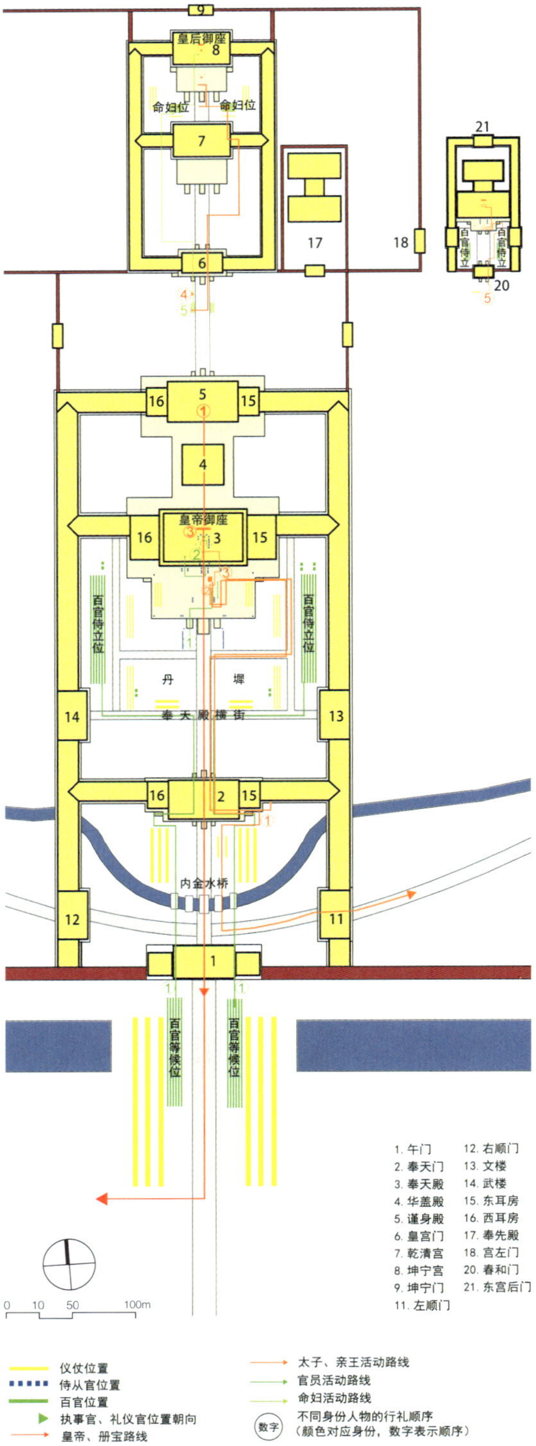

图 4 洪武元年（1368）皇太子册立仪图示

④太子至坤宁宫（中宫）朝谢：起点在皇宫门外西面东，然后由东侧至坤宁宫前，殿廷中央叩拜，再从东门入殿拜，同样从东门出。

⑤太子朝谢中宫后是命妇朝谢，其路线从西侧入内，由班首（命妇代表）在殿庭中央及殿中叩拜，均从西侧行走，其余人在殿庭西侧行礼。

同时，太子回到东宫，接受诸王（各位弟弟）的恭贺。这时太子坐在中心的位置上，诸王由东侧进入行礼；百官在殿庭两侧侍立。空间关系与奉天殿中皇帝－太子同构。

4. 册封皇后及太子之后的百官进庆贺表笺

两次册封之后进贺表笺的程序是一样的（图 5）。

①官员入起居位；表放置丹墀案上；都从西行。

②皇帝入奉天殿御座。

③各执事官先入位行礼。

④百官先相对行礼，然后入拜位对皇帝行礼；丞相举着表从西陛、西门入殿，然后退到殿南正中行礼；同时笺由一名内使捧到中宫。

⑤行礼完毕，丞相由西阶下归位，再行礼；皇帝退，百官退。

同样的，百官及代表百官的表都必须行进在西侧。

（二）朝仪

朝仪通常包括大朝、常朝（内朝）、燕朝三朝。三朝之说最古可追至《周礼》，但实际施行时所参照者多自唐宋论起。《宋史》对唐宋间三朝的变迁叙述颇详，《宋史》卷一百十六 · 常朝仪：

常朝之仪。唐以宣政为前殿，谓之正衙，即古之内朝也。以紫宸为便殿，谓之入阁，即古之燕朝也。而外又有含元殿，含元非正、至大朝会不御。正衙则日见，群臣百官皆在，谓之常参，其后此礼渐废。后唐明宗始诏群臣每五日一随宰相入见，谓之起居，宋因其制。皇帝日御垂拱殿。文武官日赴文德殿正衙曰常参，宰相一人押班。其朝朔望亦于此殿。五日起居则于崇德殿或长春殿，中书、门下为班首，长春即垂拱也。

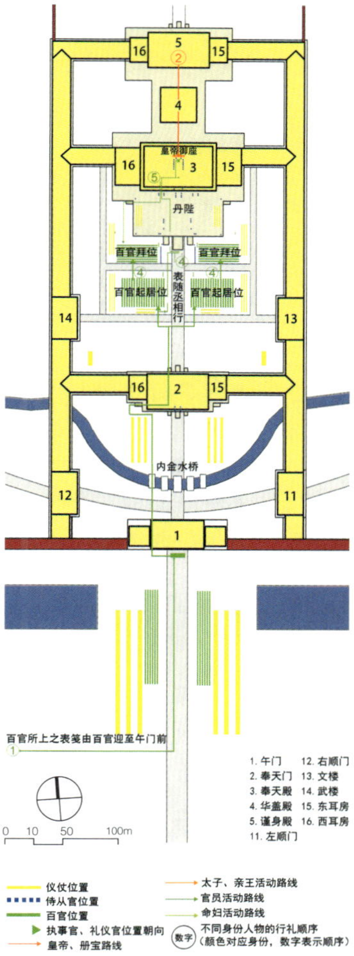

图 5　册封后百官进庆贺表笺图示

至元丰中官制行，始诏侍从官而上，日朝垂拱，谓之常参官。百司朝官以上，每五日一朝紫宸，为六参官。在京朝官以上，朔望一朝紫宸，为朔参官、望参官，遂为定制。

如表 1、表 2：

表 1　唐之朝仪

名称	举行时间	举行地点	参加者	备注
大朝会	正旦、冬至	含元殿		
常参	每日	宣政殿	群臣百官	后废
起居	每五日	宣政殿		

表 2　北宋元丰以后朝仪

名称	举行时间	举行地点	参加者
大朝会	元日、冬至	大庆殿	
常朝	每日	垂拱	侍从官以上
起居	每五日	紫宸	百司朝官以上
朔望朝	每月朔望	紫宸	在京朝官以上

明代太祖所定的朝仪大抵延续了宋元丰以后的制度而有所简化。从时间安排上，礼仪性质的朔望、起居被合而为一。从地点上看，大朝与朔望朝的地点合而为一，都集中在奉天殿举行；常朝地点较灵活，可御殿，亦可御门。当常朝在奉天殿举行时，奉天殿仅用于行礼，奏事仍在别处（见后“常朝仪”）。因此，换一个角度看，所有礼仪性质的活动全都集中在奉天殿举行，这使得奉天殿在前三殿中作为仪式中心的象征地位非常突出（表 3）。

表 3　明代朝仪

名称	举行时间	举行地点
大朝会	正旦、冬至、天寿圣节	奉天殿、坤宁宫
朔望朝	每月朔望	奉天殿
常朝	每日	华盖、奉天殿（行礼）、奉天门

1. 正旦大朝会[10]

洪武元年（1368）九月制定正旦朝会仪，并于第二年初次施行，如图 6 所示洪武二十六年（1393）前正旦冬至朝贺仪图示。

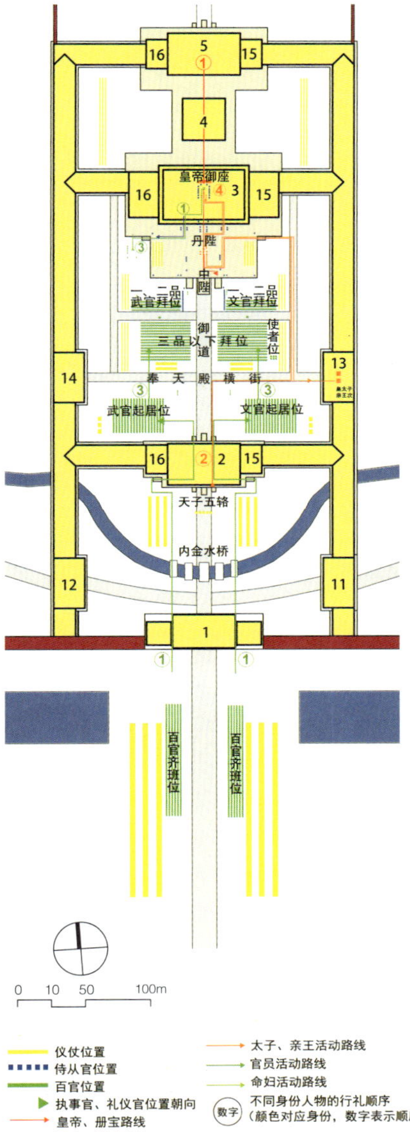

图 6-1　百官、东宫朝贺仪图示

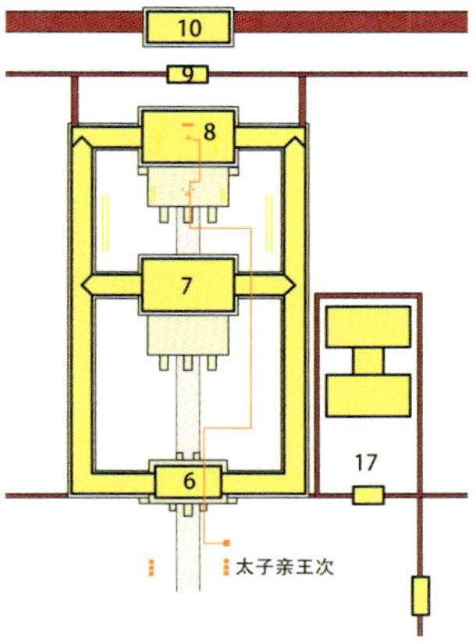

图 6-2　东宫朝中宫仪图示

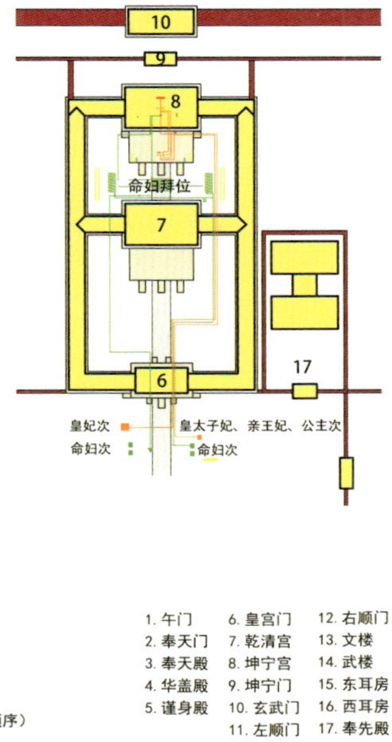

图 6-3　命妇朝中宫仪图示

10　洪武元年初次制定的正旦朝会仪见于《明实录·太祖实录》卷三十五。

①百官入起居位；皇帝升御座；侍卫官到位行礼（从西行）。

②太子亲王至丹陛行礼（从东行）；太子亲王入殿中行礼（从东行）；出再次在丹陛行礼（从东行）；至文楼休息。

③百官拜；丞相贺、捧表等官进表（从西行）。

④皇帝答词，致词者从中行。

然后皇太子亲王至坤宁宫见皇后行礼，同样从坤宁宫的东侧出入。

与奉天殿礼仪同时是命妇朝见皇后，这也是坤宁宫每年都要举行的最重要的仪式[11]。

总的来说，行礼时皇妃、皇太子妃等皇族人员从东行；命妇从西行；代表皇后的宣制官从中行。皇妃、皇太子妃拜位在丹陛上，众命妇拜位在殿庭中。

皇太子还要在东宫接受百官的朝贺。从空间关系而言，仍与奉天殿的仪式同构，即仪仗的设置在殿门外、殿前台基、殿下庭院、东宫门外；百官拜位在殿庭中，文东武西；丞相等官进表进贺词皆从西侧行；太子答词从中行[12]。

之后皇帝在谨身殿赐宴，殿庭两侧设仪仗。除了太子亲王，三品以上官可入殿，其余官员都坐在东西两庑。皇后在坤宁宫赐宴，同样是三品以上命妇可入殿。

从洪武十三年（1380）开始天寿圣节、洪武十六年（1383）开始冬至都有御奉天殿受朝贺的仪式，使得规模最大的大朝从一年一次增加到一年三次。

洪武二十六年（1393）六月重定朝贺仪。经过洪武十三年（1380）废除丞相和洪武二十四年（1391）皇太子去世，与洪武初年（1368）相比，此时仪式相对简化了很多。改动之处有：午门增建两观更明确地界定了百官入宫的路线，即百官从午门左、

11 在这里，文字叙述出现了一些混乱，可能有脱文或错乱，皇妃、皇太子妃等、命妇分三次行礼，其中皇太子妃等的上下路线不太清楚，对照上下文应该也是在丹陛拜位行一次礼，然后皇太子妃入殿行礼。

12 但这个东宫到底是哪里，洪武元年（1368）的仪式中没有明确指出。洪武二十六年（1393）的仪式中则明确说了是在文华殿。

右掖门入丹墀；百官所上表从东门入殿，致词官在丹陛致词；对中道的限制更严格，因此代表皇帝的宣制官也从东门出入奉天殿。

2. 朔望朝参与常朝

宫中最日常的政务活动则是每日必行的常朝及每月一日与十五日的朔望朝参，朔望朝参的规模比之常朝又大一些。但在特殊情况下，比如遇重要人物去世，也会放几天假，也就是所谓辍朝几日。这两种朝会分为行礼和奏事两部分，即在行礼后官员还要上殿奏事，退朝后皇帝也还会与侍臣继续商讨国事。朱元璋是个非常勤勉的皇帝，因此太祖时，每日常朝除早朝外，还有午朝和晚朝。与完全礼仪性的大朝会相比，这两种朝会的仪仗与行礼过程要简单得多。

（1）朔望朝参[13]

洪武三年（1370）六月初次制定。在奉天殿举行。百官于丹墀中行礼；奏事官由西阶升殿。

洪武十四年（1381）改动了官员入丹墀的秩序：三品以下先入，公侯与一、二品再入。然后皇帝升座。换句话说，等级的不同在仪式进行的时间中也加以区分。低等级者等待高等级者的出场。

洪武十七年(1384)则将谢恩见辞官的行礼位置改到奉天门外。

（2）常朝仪[14]

常朝的地点比较随意，有御殿和御门（奉天门）两种。行礼与奏事两个部分可以都在华盖殿举行，先行礼后奏事。

若常朝仪在奉天殿举行，奉天殿也只用于行礼，这种情况下行礼与奏事便分开举行。

①先在华盖殿奏事，后于奉天殿行礼。

②先在奉天殿行礼，然后在奉天门或华盖殿奏事。

虽然地点不同，常朝程序稍有不同，但是官员按照品级有一

---

13 《大明会典》卷四十四《朝仪》。

14 常朝仪《大明会典》里记载洪武初年（1368）定，但礼文中的左右掖门和中左门、中右门却是洪武十年（1377）改建后的宫殿才有的。

个分界线：四品以上官有资格入殿侍立，五品以下官则只能站立在华盖殿鹿顶外或奉天殿丹墀中。

这里最突出的就是奉天殿只作为行礼的场所，这使得奉天殿作为礼仪中心的象征意味被不断地强调。

朱元璋也常常在奉天门举行常朝，这似乎是由朱元璋的个人习惯所决定的。在还住在用元御史台改建的旧内中的时候，朱元璋就常常在戟门会见大臣处理政务[15]。这就必然使奉天门前需要足够的空间以容纳百官的等候与行礼。

奉天门常朝中，奉天门前以金水桥为界分为南北两部分，桥南序立候班，桥北行礼。然后奏事（图 7）。

（三）以门为中心的礼仪

1. 午门——大将奏凯仪

洪武元年（1368）七月定大将奏凯仪[16]。

御座在午门楼上前楹当中。其余人、物的布置以此为中心自北往南展开（图 8）。

①皇帝升座，大将以下拜；

②受露布官诣露布案跪受，由中道南行以受宣露布官，宣露布；

③献俘。

2. 承天门——（诏赦）开读仪

皇帝登基，册立皇后、太子等重大庆典时都要向天下臣民颁布诏书，遇非常事故时也会大赦天下。诏赦在由使者发往全国各地之前，均需先于阙廷宣读。故此有开读仪。

---

15 1355 年朱元璋取集庆（今南京）后，自称吴国公，即以原元御史台为公府。1364 年朱元璋自称吴王，此后至 1367 年底登基称帝搬入新宫，《明太祖实录》中计有 11 次御戟门的记载。戟门，根据《至正金陵新志》所载南台（御史台）图，为正门内的第二道门，从空间位置上说类似于后来宫殿的奉天门。

16 《明太祖实录》卷三十三，洪武元年（1368）七月。永乐四年（1406）更定为“献俘”仪，见《大明会典》卷五十三。

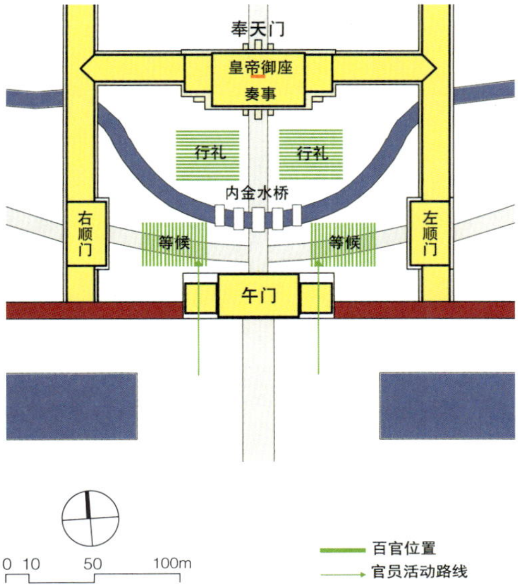

图 7　常朝御门仪图示

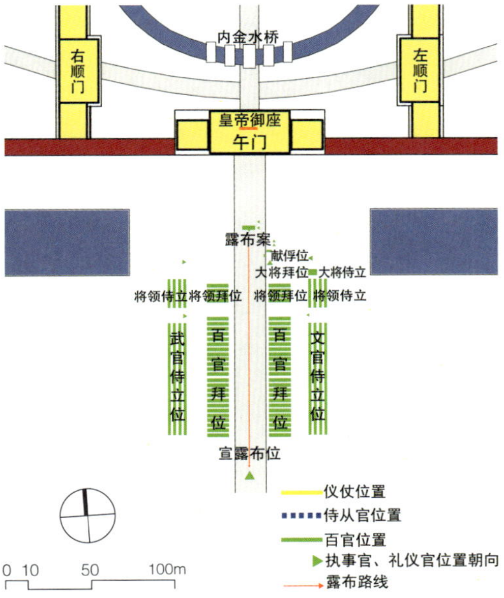

图 8　大将奏凯仪图示

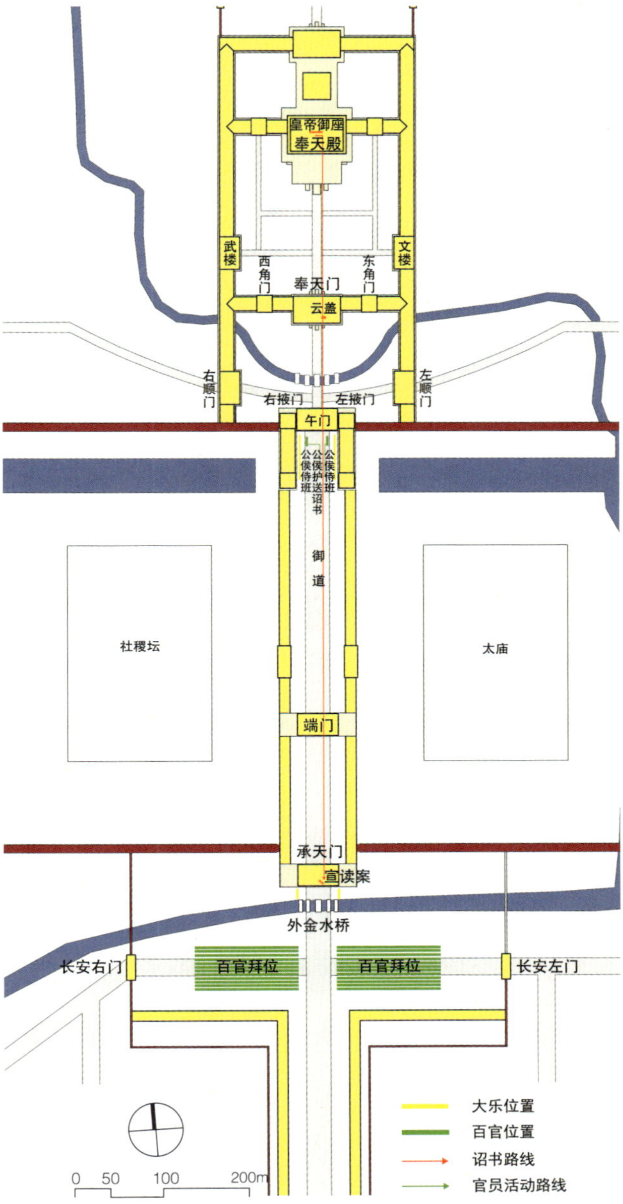

图 9　（诏赦）开读仪图示

诏赦面向的不仅是作为天子辅弼的大臣，而且是天下所有的臣民。因此诏赦的宣读地点始终是作为天子神圣领域与平民世俗领域分界的皇城外门。在洪武十年（1377）宫殿改建之前，午门既是天子与大臣的分界，也是天子与尘俗世界的分界，诏赦的开读仪在午门举行，登闻鼓也设置在午门外[17]。宫殿改建之后，天子、臣僚、百姓的层级界分更为明确，承天门为皇城外门，于是在修订过的礼仪中，诏赦开读改为在承天门举行[18]。

诏书的起点是象征天子的奉天殿。公侯在午门外迎接，并送至承天门上。百官在承天门外叩拜行礼，听宣读官于承天门楼上宣读诏书（图9）。这个过程在洪武朝尚属简易，至嘉靖时，更是增加了开读后将诏书从（北京皇城）承天门以彩索系于龙竿降下的情节，从而更加突出了承天门之尘俗与天子分界的意味。

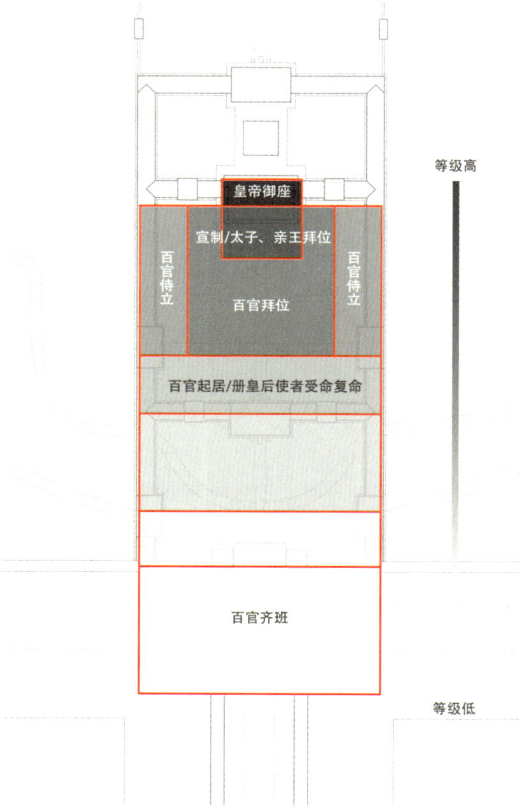

图 10　宫殿等级空间结构示意图一

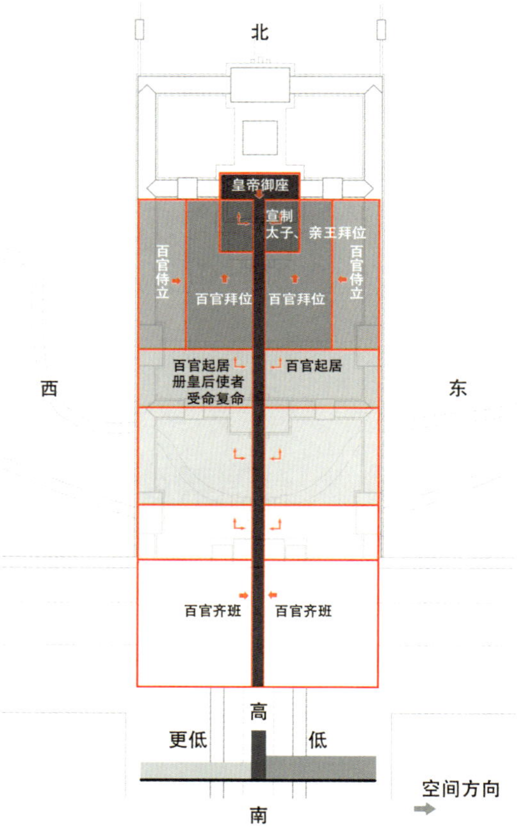

图 11　宫殿等级空间结构示意图二
注：高、低及箭头表示由参与仪式的人与物的朝向所暗示的空间方向

17 《明太祖实录》卷三十七，洪武元年（1368）十二月己巳条。
18 《大明会典》卷七十四《礼部三十二·开读仪》。

三、空间秩序与社会秩序

洪武皇帝的年代里，以奉天殿为中心的庭院毋庸置疑是帝国的中心——既是象征的也是实际运作中的中心。重要的国家礼仪围绕奉天殿展开，日常的政治也在以奉天殿、奉天门院落为主的空间中运转。在这一系列的礼仪活动中，我们能够分辨出一个一再重复的空间结构：

首先奉天殿作为天子御座所在，无论在物质上还是在精神上都高居于空间的顶端，由此开始自北而南，空间被仔细地加以区分，形成（奉天）殿内、丹陛、丹墀、奉天殿横街南、奉天门、奉天门外、金水桥南、午门外的等级空间（图 10）。不仅进入这些空间的人有着等级的区分，同样的人在进入不同空间时所允许的行为也有着等级的区分[19]。

同时这一系列按等级排列的空间又被更仔细地划分为中间与两旁：奉天殿宝座所正对的御道是神圣不可侵犯的，普通官员只能谦卑地行走站立在中道两侧面向北方仰望着，或在想象中仰望着天子，这使得高居于台基上大殿内的天子更为神秘与遥不可及。因而与中道之神圣性质相关的行为规范在历次的礼仪修正中一再得到强化[20]。在洪武朝的前期，除了皇帝，代表皇帝的物品或宣制的官员尚可以行中道、中陛，而官员一旦完成任务，身份立刻降低，必须回到西侧或东侧。到洪武二十五年（1392）之后诸项礼仪改定后，中道只能被天子使用，天子的代表者也必须从东侧行走[21]。在仪式中，有资格或出于需要升至丹陛或殿内的太子、亲王与大臣，必须小心翼翼地从丹陛两侧的东阶与西阶升降。东与西又被进一步加以区分，东方比西方更高贵[22]。

这些被划分出等级的空间也有着明确的方向（图 11）。在此，

---

19 《明太祖实录》卷五十五，洪武三年（1370）六月：“己亥，诏定朔望升殿百官朝参仪。……凡具公服朝参者，毋举手行私揖礼……凡入午门毋相跪拜拱揖。”

20 “洪武二十年（1387）十月丁卯，上谕礼部尚书李原名曰，往者臣僚尊卑礼仪以尝定议颁降。其中节目有未详尽宜重加考正者，著为定式。……重加订定，凡二十六条。朝参八。……其七，凡官员随从过丹墀中，身常朝北，不得向南，或左或右，悉如之；如随从升奉天门或丹陛，不得径行中道及王道，如有旨方许于侧边随行……”并参见注解 16。

21 如洪武二十五年（1392）二月定“诏自今凡传制遣使持节等仪皆由东阶出入，无得径由中道”（《明太祖实录》卷二百十六）。

22 比如在洪武初年制定的大朝会礼仪中，太子亲王从东行，丞相及贺表须从西行。到洪武二十六年（1393）修订的礼仪中，中道的神圣性质被更强调，代表天子的官员也改为从东边行。

坐北朝南是天子的特权[23]，所有的世俗之人都只能在他前面面朝北方、面向天子，或者东西相对，因此这些被区分了等级的空间，方向也是被确定的。南北东西左右上下的方位无论在仪式中还是在日常的行走坐立中都不得有丝毫的疏忽[24]。于是，原本无差别的东、南、西、北被赋予极大的差异性。

这一空间结构既非同心圆，也非同心方，而是自北向南倾斜的坡地。根据需要，可以仅限于奉天殿与奉天门之间；也可以无限制地往南方伸展，并逐次降低。奉天殿往南延伸所及，千步廊两侧的五府六部便也东西相向（图 12）[25]。

限定着这些不同空间，并进而暗示出这一空间结构的，不仅仅是殿宇、台基、庭院与门庑。这些永久性的（至少在建造者心目中）的建筑场景，通过规模尺度、高低位置、屋顶形式、色彩、装饰建立起基本的空间秩序，从而为仪式的演出提供了一座舞台。但是空间进一步的细致划分却是由那些临时性的人物与设施来完成的。

人与物的位置（皇帝的御座，百官的侍从位、起居位、拜位，各种执事官的站位、拜位，各种案摆放的位置）以及方向都是事先确定的，以“空”的方式强调出御座正对的中道的神圣性，并且以身份与所允许的行为的差异暗示不同空间之间的等级秩序；

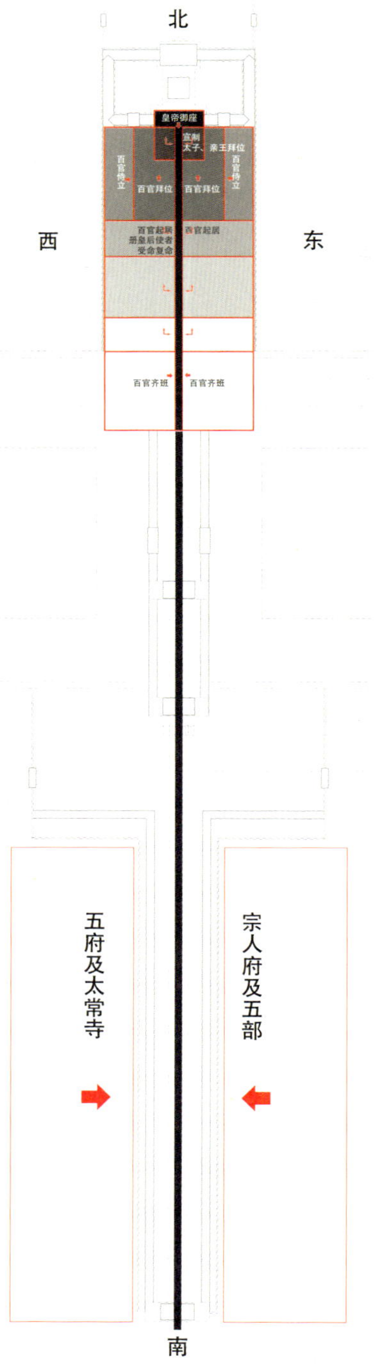

图 12 宫殿等级空间结构示意图三
注：高、低及箭头表示由参与仪式的人与物的朝向所暗示的空间方向

23 只有在郊祀中，坐北朝南的位置由昊天上帝所占据，天子在天的面前是谦卑的。

24 《大明会典》卷四十四《朝仪·百官朝见仪》：

凡行走，洪武初令百官早朝入班行礼及朝退卷班，俱分文东武西，不许径越御道东西行走。如在奉天门朝，其有事东西往来者，出至金水桥南行过。

二十六年（1393）令大小官员随从上位行丹墀，身常朝北，不许南向，或左或右，环转随侍。上位升奉天门及丹陛，其随从官员不得径行中道并王道。如有旨令行方许于侧边随行。

又令官员人等入内府，合行门道，须从边行，不得当中，如东门近东边行，西门近西边行，其门东西相向者，近南边行，如遇雨雪免朝，有事奏者不拘此限。

又令奉天殿丹陛中三道阶级，并奉天门中三道阶级，皆不许人行，百官由东西阶行，传制遣使持节进表等仪，皆由东阶出入，随驾伞扇仪仗，由正门中道两旁出入。

又令殿廷颁降诏书册命，从中道中门出，近东而行，其内外官员齐捧御制文字，及御用之物进呈，不许直行中道，或左右取便以行，至御前正中跪进，御膳等物亦不可当中道直行，许正道边左以进。凡御座处，即为正道。如上御奉天门，则于正门边东入，将至御前正中供具，膳毕而出亦如之。若上常所往来处，其奉御内侍捧执御用之物听使，令者皆须近后，取便左右行，不许随后径驰中道。

25 《明太祖实录》卷二百二十，洪武二十五年（1392）八月：“癸酉，改建宗人府五府六部太常寺官署。上谕廷臣曰，南方为离明之位，人君南面以听天下之治，故殿廷皆南向，人臣则左文右武，北面而朝，礼也。五府六部官署宜东西并列，其建六部于广敬门之东，皆西向，建五府于广敬门之西，皆东向，惟刑部掌邦刑，已置于西北太平门之外。于是以宗人府吏户礼兵工五部列于广敬门之东，中左右前后五府太常司列于广敬门之西，悉改造。令规模宏壮，命主事高有常董其役。”

接着，在仪式进行的过程中，人与物的行动路线与向北叩拜的姿态再次强化了御座的至高无上与中、东、西的差别（图 13）。

反之，这些临时性的侍卫与仪仗的布置又进一步强化了空间的不同区域与节点的意义，如象征着不同性质空间转换的门。在一系列以奉天殿为中心的册立与朝仪中，奉天殿中门与左右门、奉天门以及午门都通过仪仗的布局得到强调。午门是百官进入宫殿前的等候空间，一旦进入午门，就意味着进入了天子的领域，行为举止受到严格的约束[26]。午门也成为分隔天子与大臣的标志性节点空间。

更进一步的，我们发现这种空间结构不仅可以随天子所在而在不同的地方复制，而且在每一组院落中也都依据参与表演之人物的相对等级关系而得到不同程度的复制。

如礼文所言：凡御座处，即为正道[27]。比如奉天门常朝，这一空间结构便以奉天门为起始往南展开（图 14）。

天子不在场的时候，天子坐北朝南的御座所在被代之以一种小心翼翼的空位，或者以天子诏书等物置于这一象征性中心的位置，因此这一空间结构同样可以在宫殿以外以至远离京城的地方以简化的方式展开。

以洪武元年（1368）十一月所定皇太子婚礼纳采问名为例，承接天子旨意至大臣家中纳采问命的使者始终位于东侧西向，臣子一方的主婚者始终位于西侧东向，中心一线被小心翼翼地避开，只有在使者代表天子宣旨时，主婚者才面北行礼，使者受礼时仍然位于东侧，没有人敢占据天子的位置在当中面南接受别人的行礼。在这一场景中，天子并不在场，然而被小心翼翼避开的中道与面南的方位却处处暗示着神圣天子的存在[28]。

再如京城以外王国的受诏礼。代表天子的诏书被置于龙亭，放在王宫的正殿中，王在殿前台上行礼，文官在台下行礼。更定后的礼仪中，王护送龙亭入殿，必须从中门靠东行，中心依然要让给天子的诏书。

26 《明太祖实录》卷五十三，洪武三年（1370）六月己亥：“诏定朔望升殿百官朝参仪。……凡入午门毋相跪拜拱揖。”卷一百八十六，洪武二十年（1387）十月丁卯：“上谕礼部尚书李原名曰，往者臣僚尊卑礼仪以尝定议颁降。其中节目有未详尽宜重加考正者，著为定式。……重加订定，凡二十六条。朝参八。……其五，百官自入午门内，不得吐唾，如朝参近侍病嗽者，许即退班；……其八，官员凡入朝门，须整肃威仪，不得行私揖礼……”

27 参见注解 16。

28 洪武初年所定的婚礼见《明太祖实录》卷三十七。

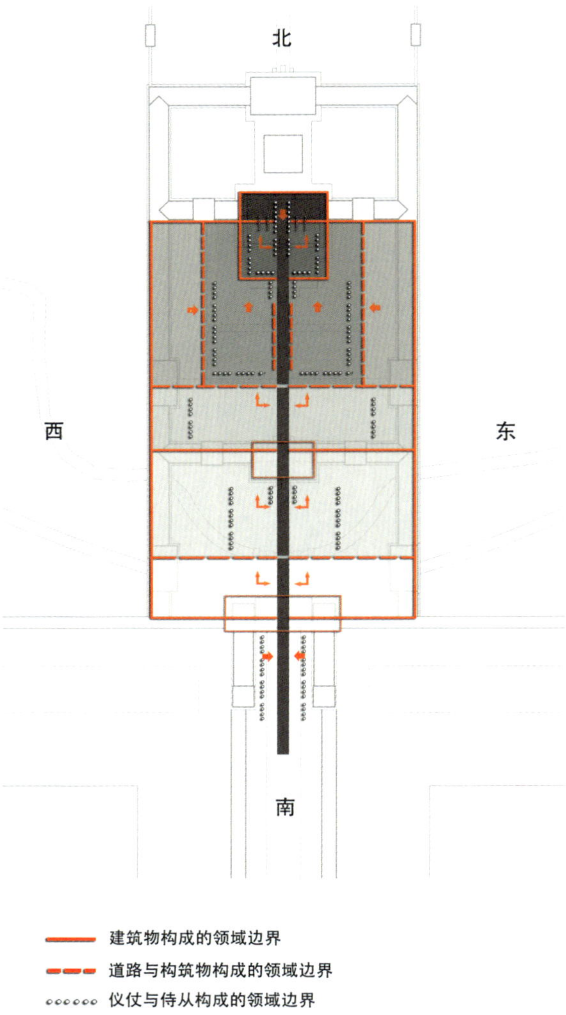

图 13　宫殿等级空间边界示

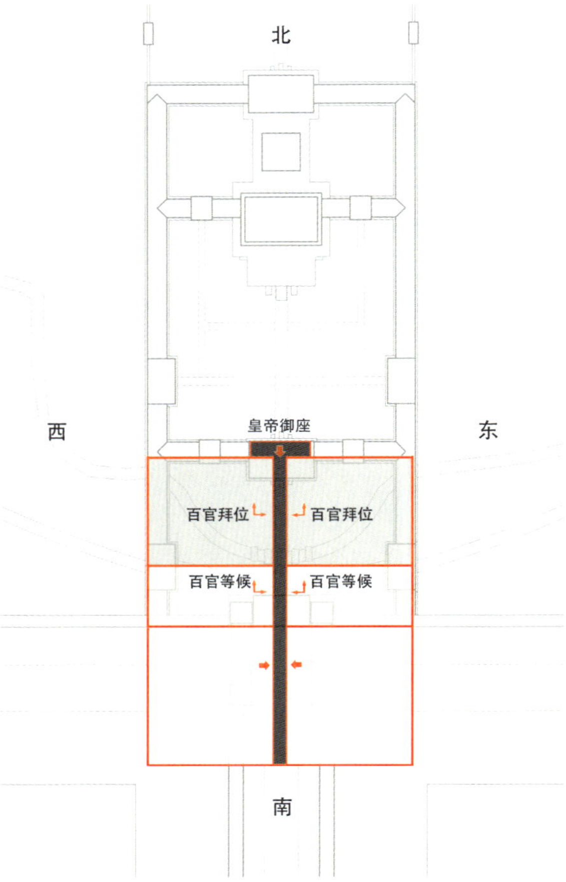

图 14　“御门听政”空间结构示意图

在与天子无涉的礼仪里，居于中心的便是相对地位最高者。例如每年正旦的朝贺，天子在奉先殿接受大臣朝贺，皇后则在坤宁宫接受命妇朝贺。坤宁宫中，以皇后为中心，仍然呈现出这一自北往南倾斜的空间结构。同样的，当太子在文华殿受百官朝贺时，太子便成为这种空间结构的中心。

众所周知，太祖之治以强调礼法为鲜明特色。礼法强调的是等级秩序中上下或尊卑的区别，每个人的言行举止甚至着装都必须符合自己的等级身份。“有礼则治，无礼则乱。居家有礼则长幼序而宗族和，朝廷有礼则尊卑定而等威辨。”[29]

太祖所颁布的礼制既包括各种仪式中行为的规定，也包括日常生活物质方方面面的规范[30]。从而能够时时刻刻提醒在被规定的空间中，穿着被规定的服装、用着被规定的器具，以被规定的言行而言行的人们的身份，以及在社会秩序中所应处的位置。这里行为与建筑衣冠器具始终是个不可分割的整体。具体到洪武时期的宫殿，在建筑场景及其提示的空间差异中，行为本身也已成为构建空间一种手段，从而使行为者清楚地意识到自己的社会定位。因此，在洪武二年（1369）初次施行正旦朝贺礼后，朱元璋便显得相当满意[31]。

在这里，建筑构成恒久的场景，建筑与庭院通过相互位置与色彩、符号以至数字的象征提示基本秩序的存在。更精致的空间结构则随着各种礼仪的展开而周期性重复出现。大多数时候，殿宇与庭院都是一片空旷的场地。但是，当仪式展开的时候，在这一片空阔中，是人与物的排布——这一排布不仅包括人与物的位置，也包括人与物的朝向、姿态、行动路线——对空间作了进一步的细致划分，构筑起一组精巧的空间秩序，使恒定的社会结构被不断地展现。而也正因为人的行为在这一空间秩序构筑中所起到的重要的、不可或缺的作用，使得建立在等级划分基础上的社会秩序内化为人心中理所当然的存在，并最终完成社会秩序的再生产。也正是在这一意义上，宫殿空间不仅仅是事件发生或君臣相会的场所，而且成为诠释君臣秩序、天地秩序，诠释洪武皇帝以礼法治天下的道具。

最后，更进一步地，正如讲究等级尊卑的社会秩序并非太祖的发明，在殿宇庭院中以仪式排布展开空间关系也并非太祖的独创。明太祖时期所制定的各项礼仪都是斟酌古制尤其是唐宋以来的制度，并因时制宜有所创新而来。它延续的是一个以儒家思想观念为主导的具有悠久历史的统治传统。而在太祖的统治下，君主集权以宰相制的废除为标志达到高峰，相应地，朝仪的举行地点、仪式过程中的空间组织也更突出了天子的神圣，反映出政治体制与社会秩序的变化。在太祖之后，南京宫殿所开创的宫殿制度、礼仪制度又由永乐皇帝在北京继承，并延续了500余年，从而使

29 《明太祖实录》卷五十三，洪武三年六月癸亥条。

30 白颖．明洪武朝建筑群规模等级制度体系浅析［J］．建筑师，2007（6）：79.

31 《明实录·太祖实录》卷三十八，洪武二年（1369）正月：“春正月丙申朔，上御奉天殿受朝贺，大宴群臣，宴毕，上见诸功臣进退有礼，召前谕之曰：朝廷之间以礼为主，人之有礼，如衣之有章。……今观卿等虽出身行阵，而进退周旋不失礼度，朕为之喜。卿等能始终如此，何患后世无称道之者。”

太祖时期在这个传统中占据了重要的地位。而在其后的500余年里，礼仪及宫殿内部的空间关系也始终随着政局的变迁、权力的迁移以及皇帝个人统治风格的变化而不断变化调整。因此，对于洪武时期宫殿作为国家礼仪场所体现出的礼仪、空间与社会之间关联的研究，或可使我们获得关于中国古代社会中建筑、空间营造与礼仪、社会之间关系的一种更为普遍的认识。

参考文献：

[1] 胡广，等．明太祖实录[M]. 台北：“中央研究院”历史语言研究所，1962.
[2] 李东阳，等敕撰；申时行，等奉敕重修．大明会典[M]. 南京：江苏广陵古籍刻印社，1989.
[3] 张廷玉，等．明史[M]. 北京：中华书局，1974.
[4] 北京图书馆古籍出版编辑组．北京图书馆古籍珍本丛刊[M]. 北京：书目文献出版社，1990.
[5] 张铉．至正金陵新志[M]// 宋元方志丛刊・第四册．北京：中华书局，1990.
[6] 单士元，王璧文．明代建筑大事年表[M]. 北京：中国营造学社，1937.
[7] 罗冬阳．明太祖礼法之治研究[M]. 北京：高等教育出版社，1998.
[8] 王国奇．南京明故宫午门勘测简报[J]. 文物，2007(12)：66-72.
[9] 无为斋主．明故宫里的柔仪殿和春和殿位置考[EB/OL].（2007-12-07）[2008-03-26]. http://85274285.blog.163.com/blog/static/3991748120071170377884/.
[10] 张泉．明初南京城的规划与建设[D]. 南京：南京工学院，1984.
[11] 李燮平．“五门三朝”与明代宫殿规划的若干问题[M]// 故宫博物院．故宫博物院十年论文选（1995-2004）. 北京：紫禁城出版社，2005.
[12] 白颖．明洪武朝建筑群规模等级制度体系浅析[J]. 建筑师，2007(6)：79-86.

帝都的教化象征
——历代都城孔庙之演变

沈旸

就中国古代社会而言，道统主要指儒者之“道”的传授谱系，也可以理解为借由孔子的学术地位，力争教育学术的自主性——只不过在传统专制王权的环境下不易达成而已。道统是需要教育体制来维护和确保延传的，而这种教育体制的物质载体之最具代表性者即为“庙学”。所谓“庙学”，简单说，就是中国古代传授儒家经义的官方学校和与之相依存的祭祀孔子及其他儒家杰出代表的孔庙。学子于庙学之中，除了学习经典之外，也景仰圣贤，知识教育与人格熏陶均在此地完成，理性研习和精神崇拜的结合也正是东方精神的可贵所在。

在中国古代历史发展过程中，以专制王权建立的政治秩序兴衰不定，而以孔子作为“主神”的道统则屹立不倒。当孔子被认为是“百世帝王之师”时，正是传承道统与彰显权威相结合的最佳说明。那么，是道统重于权威的表达，还是道统反被权威利用?这是个耐人寻味的历史问题。

作为对这个问题的建筑学回应，庙学的空间构成解析可以看作是一个有效的途径。庙与学的结合，发轫于东晋的都城建康（今南京）[1]，基本定型于唐宋，本文选取历代帝都的中央官学和孔庙作为观察对象，一方面，这是帝国管理教育的最高行政机关和国家设立的最高学府[2]，规模最巨，等级最高，除曲阜孔庙外可视作天下庙学的表率，具典型意义；另一方面，道统与权威的象征体现也拥有了历时性比较的可能，在梳理其建设轨迹的同时，还可以尝试厘清部分中国古代都城史研究领域中尚属含混的问题，如都城孔庙的出现时间、建筑布局的考证和简图绘制（尤其是宋及以前）、都城中轴线两侧建筑配置的变化（如文、武庙问题），等等。诸如此等方面的关注和些许收获，又恰恰是对古代都城空间的再认识和可能的补充。

一、庙学制形成的必要条件

自汉高祖刘邦在曲阜以大牢祠孔子，开创帝王祭孔的先河，

1 据［唐］许嵩《建康实录》卷九：太元十年（385）尚书令谢石“以学校陵迟，上疏请兴复国学于太庙之南”，在“御街东，东逼淮水，当时人呼为国子学。西有夫子堂，画夫子及十弟子像，西又有皇太子堂，南有诸生中省，门外有祭酒省、二博士省，旧置博士二人”。又据高明士《东亚教育圈形成史论》第52页：此为孔庙建筑走出曲阜的标志，自此以后，“庙学制”即告产生。

2 北齐首创国子寺，隋代继承之，并更名为国子监。

至南北朝近800年间，中华大地历经朝代更替、国家分裂、佛教兴盛；但祭孔、立庙相沿不废，并借由官方行为逐步建立及巩固了以孔子为代表的儒学在世人心目中和国家统治机器中至高无上的地位。

就行礼言：汉魏时，辟雍、太学行释奠礼各有所重，帝不亲临，由职司礼仪祭祀诸事的太常卿代为释奠，对旧制有所因循而又加以改变，预示帝行辟雍礼与释奠礼可分别举行。而西晋后，释奠行于太学，是汉至晋的最大转折，故自西晋始，可视为在学行礼发展至一个新的阶段。“大学之设，义重太常，故祭于太学，是崇圣而从重也。”

释奠于辟雍，偏重宗教意义；释奠于太学，偏重教育意义。而释奠礼向太学的转移，正是孔庙得以建筑于学进而并立于世的必要条件。

就中央官学及孔庙言：西汉武帝兴太学，经王莽之手付诸真正意义上的建筑形态。自曹魏实施九品官人法后，门阀社会的形成，反映在学制上则以西晋国子学、太学分立为滥觞，东晋国学建“夫子堂”，庙学制即告产生；且东晋建康又专设宣圣庙，由孔子后裔奉祀。

此后，国子与太学的消长，也恰恰印证了贵族社会的盛衰，都城孔庙依附所在亦随着中央教育机构的变迁而屡有变化：

（1）两晋国子学初创时，隶于太学。

（2）南北朝后，地位盛隆日上，尤以北魏平城二学各有专址，皆设孔庙为盛，迁都洛阳后，仍分立，但太学建成与否不详。

（3）北齐设国子寺，统领诸学，为后世国子监前身。

（4）至隋唐，国子学则成为国子监诸学之中地位最高者。

（5）而入宋后，门阀制度凋零，国子监又明显地趋于太学化；但改变只在于学，庙学并立及唐时厘定的孔庙礼仪和从祀制度，为后世累代相传，并不断增制。

综合二者，就都城简言之，西汉至西晋主要分为帝率臣工行释奠礼于辟雍，太学师生行释奠礼于太学两个系统；自东晋设“夫子堂”后则合二而一，经南北朝发展，于中央官学孔庙释奠渐成定制，礼仪亦渐具规模。且东晋庙学制的出现乃为自古以来学制

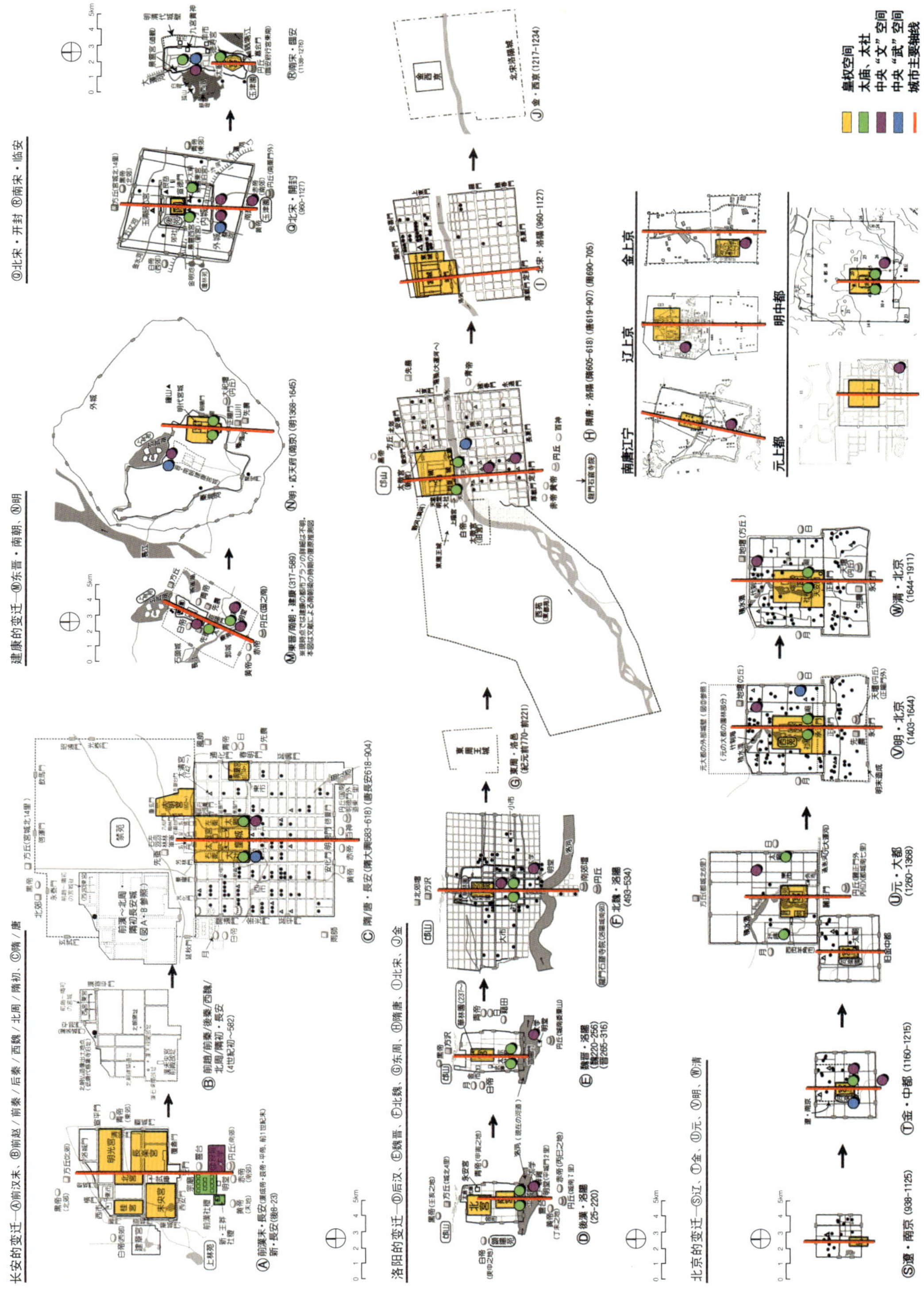

图 1　历代都城城市结构中的中央官学与孔庙

之大变化，从而为唐中央庙学的进一步完备奠定了基础。

二、帝都权力空间中的地位

都城作为皇权中心所在地，自有其独质，在功能上又是极尽复杂的综合性统一体，而作为封建社会国家机器中正统信仰和文化权威的代表——中央官学和孔庙（图 1），担当了怎样的城市构成角色？

据《礼记》及（唐）孔颖达疏：殷制“小学在公宫南之左，大学在郊”，周制“大学在国，小学在四郊”，可知设学在东南或郊。再据《周易》：“万物出乎震，震，东方也。齐乎巽，巽，东南也。齐也者，言万物之絜齐也。离也者，明也。万物皆相见，南方之卦也。圣人南面而听天下，向明而治，盖取诸此也。”或可视作祀先圣孔子的庙宇，选址定位于“皇权空间”东南方的理论注脚。

自西汉末王莽立太学，即遵此制，且至东晋初中央官学一直选址在都城的东南郊。虽然西汉长安的“左祖右社”方位比较明确，但太学及灵台、辟雍等一干礼制建筑皆在其东；而至东汉洛阳，不仅保持了“左祖右社”，并已进入城墙以内，分列于城市主轴线东西的位置设定更加强了这种控制感，但太学的空间地位则明显屈居其下，既在太庙东南方，又隔于城墙之外。

中央官学向城墙以内的空间挺进发生在东晋。东晋初的建康国学仍延旧址，在秦淮水以南；穆帝升平元年（357）可能已将之移往城内的中堂，否则不会有帝“亲释奠于中堂”及“有司议依升平元年（357）于中堂权立行太学”的记载；孝武帝（372—396）时则变得明朗化，“以太学在水南悬远”移于中堂。中央官学不仅成功地进入城市以内，且直接成为中央机构所在的国家权力范围内的一员。太元十年（385）复国学于太庙之南，使得暂借中堂的窘境得以改观，亦说明国学虽由郊入城，更亲近于皇权，但太庙的地位是不可逾越的，如南朝齐高帝即位之初（479）崔祖思言“宜大（太）庙之南，弘修文序”，即为一证。“太元”本为帝王的年号，但在中国古代庙学发展史上却是里程碑式的时间象征，国学开始出现“夫子堂”，都城的中央庙学并立，其意义影响深远；不仅如此，由孔子后裔奉祀的宣圣庙亦于翌年（386）建成，孔姓“家庙”的都城化，明示了尊孔的抬升及异地立庙的官方化，虽后世再无此例，但类似于衍圣公的进京班朝或祭于都城孔庙，其实皆为此现象的衍生。

再观之古制关于“郊”的定义：殷制为“假令百里之国，国城居中，面有五十里，二十里置郊，郊外仍有三十里；七十里之国，国城居中，面有三十五里，九里置郊，郊外仍有二十六里；五十里之国，国城居中，面有二十五里，三里置郊，郊外仍有二十二里”；周制则“近郊各半之”。“郊”与皇权中心的空间距离并不遥远。由是，中央官学虽进城，但与皇权中心之间的空间关系和距离仍符合传统礼制的诉求，只是在新的历史时段有了新的发展，即类似于太庙、太社的空间移动，诸般皇家祭祀空间与中央机构的集聚，正是中央集权的统治方式在都城空间结构上新的投影。

北魏洛阳的国子学地位却显赫非常，凌驾于太庙之上；虽有就东汉、曹魏、西晋三朝太学旧址再立之议，但建成与否，史无明文。那么，国子学紧邻宫城的现象是否为孝文帝积极推行汉化行动的表征之一？不过，此状在其后的历代都城中已悄然匿迹，新的变化则见之唐长安城武成王庙的出现。武成王庙“为姜太公庙也。唐开元十九年（731）令两京诸州各置太公庙，以张良配享，选古名将以备十哲，以二八月上戊致祭。祠武成王庙自此始”。武成王庙与孔庙携手增强了“左祖右社”对城市中轴的拱卫，是为“左文右武”。

但综观中国古代史，“崇文抑武”实为真正主流，武庙也渐渐转为岳飞庙或关帝庙的代称，但对二者的尊奉却不是尊武，而在乎忠义；表之于城市空间，亦然：

（1）唐东都洛阳的武庙位置即随地置宜；明北京亦如是，直至嘉靖十五年（1536）方由兵部议“以武学太窄，请拓其制，改建于大兴隆寺故址”。

（2）北宋初虽有帝幸东京武学、武庙之举，但还是渐渐被逐日扩大的太学所笼罩，更有神宗熙宁四年（1071）“修武成王庙为（太学）右学”，五年（1072）学即成，文、武庙日形悬隔，幸武学、谒武成王庙遂罢[3]。南宋临安虽有武学之设，已无帝幸之举。

（3）金中都亦较类似于唐长安的“文武”设置，上溯至辽，无武庙祭，金人似较重视武庙祀典，惟熙宗皇统元年（1141）已亲诣孔庙奠祭，而迟迄章宗泰和六年（1206）方建武庙，上层建筑视域中的文、武高下立现。

3 据黄进兴《圣贤与圣徒》第220-222页：宋时重文轻武的基本国策，学者皆有定论，唯其理据却是文武合一，其实只是“重文轻武”的变奏。虽太祖建隆三年（962）诏修武庙与文庙相对，乾德二年（964）却以太公曾追封为武成王，取消配享周公庙之制，自是太公只能专祀于武庙，地位实已降低。后，真宗曾追加“昭烈”“玄圣”于武成王和文宣王，徽宗宣和五年（1123）又加爵武庙“十哲”“七十二将”，未有封爵者，也是因为外侮日亟，时事使然，武庙实已今非昔比。另，可参阅：[明]沈德符.万历野获编（补遗卷三）：兵部·武庙[M].北京：中华书局，1959：866-867.

（4）明南京武庙虽位居鸡鸣山麓“十庙”之首，但仅为忝列于一个群体，根本无法与国子监的庞大比肩（图 2、图 3）。

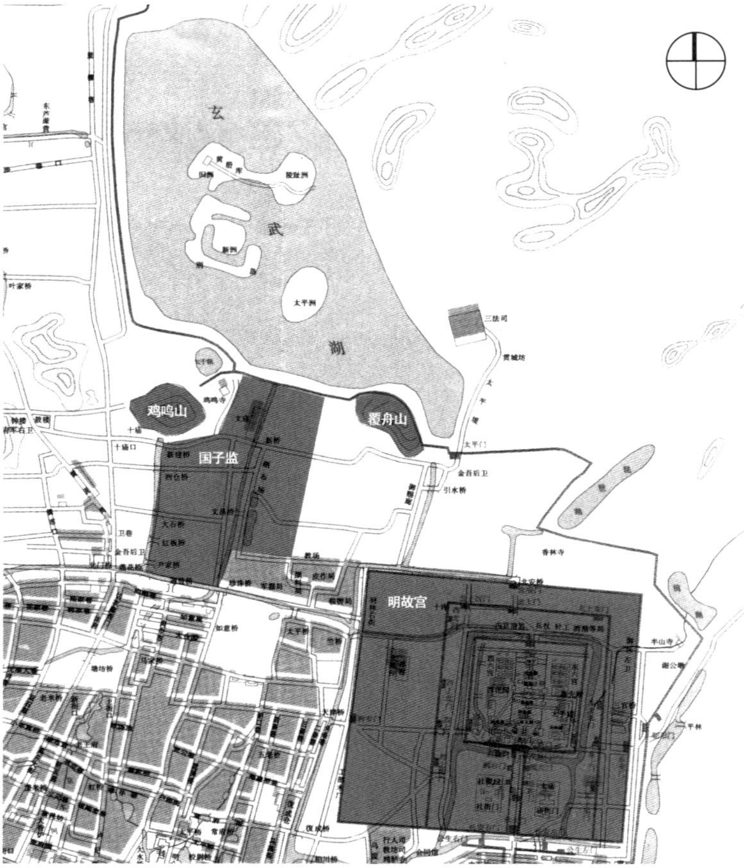

图 2　明南京南雍范围推测（底图为“明应天府城图”）
图片来源：南京地方志编纂委员会. 南京建置志 [M]. 深圳：海天出版社，1994.

北宋的三次兴学大大抬升了太学的地位，并在东京城南门外建设了所谓“辟雍”，虽效仿古时辟雍之制“外圆内方”，不过是太学的预设科，只是借用了古制名称和形式。时蔡京奏：“古者国内外皆有学，周成均盖在邦中，而党庠、遂序则在国外。臣亲承圣诏，天下皆兴学贡士，即国南郊建外学以受之，俟其行艺中率，然后升诸太学。凡此圣意，悉与古合。”以古制外学的方位和地位为辟雍的建立提供理由，却也说明了“天子之学”的地位。不过“大成殿”的命名却是生发于这一事件，如此，北宋辟雍的出现还是有其“纪念价值”的。金中都亦建辟雍，实乃仿于北宋，事在章宗承安四年（1199），早于武庙建设不过 7 年，是否说明了“性好儒术”的章宗在城市空间构成或是相关中央机构的设置上皆在效仿汉人？且，宋、金的这两处辟雍皆建孔庙（图 4）。

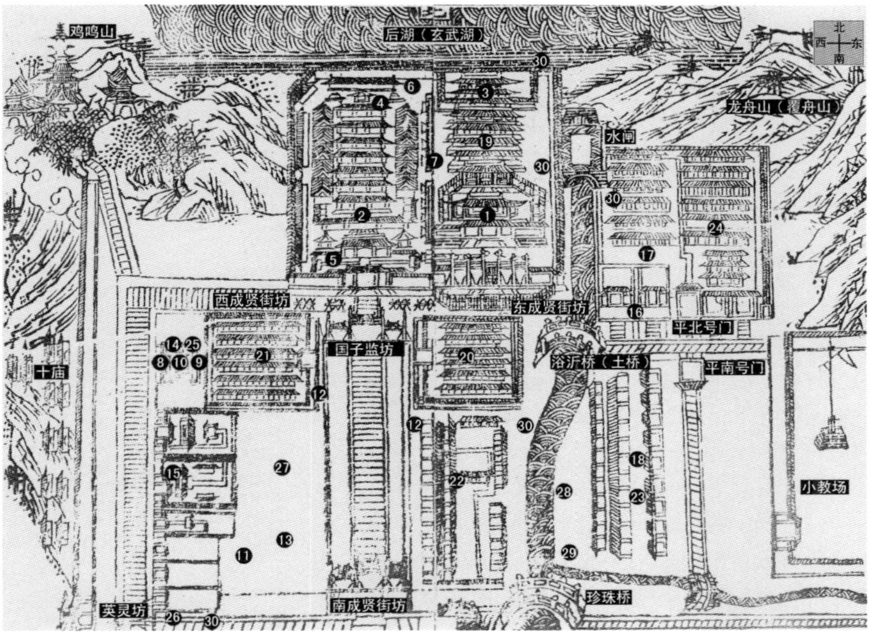

索引号 / 名称：

1. 文庙
2. 太学
3. 启圣祠
4. 敬一亭
5. 土地祠
6. 光哲堂
7. 仓库
8. 讲院
9. 射圃
10. 祭酒宅
11. 司业宅
12. 司业旧宅
13. 旧典簿廨
14. 监西官房
15. 英灵坊官房
16. 浴沂桥东官房
17. 平北官房
18. 平南官房
19. 监内号房
20. 外东号房
21. 外西号房
22. 成贤街号房
23. 平南号房
24. 平北号房
25. 英字号房
26. 英灵坊号房
27. 旧酱醋房
28. 水磨房
29. 晒麦场
30. 种菜隙地
31. 鼓楼号房
32. 聚宝门外园地

图 3　明南雍布局及周边环境

图片来源：［明］黄佐《南雍志 · 卷七规制考 · 上》

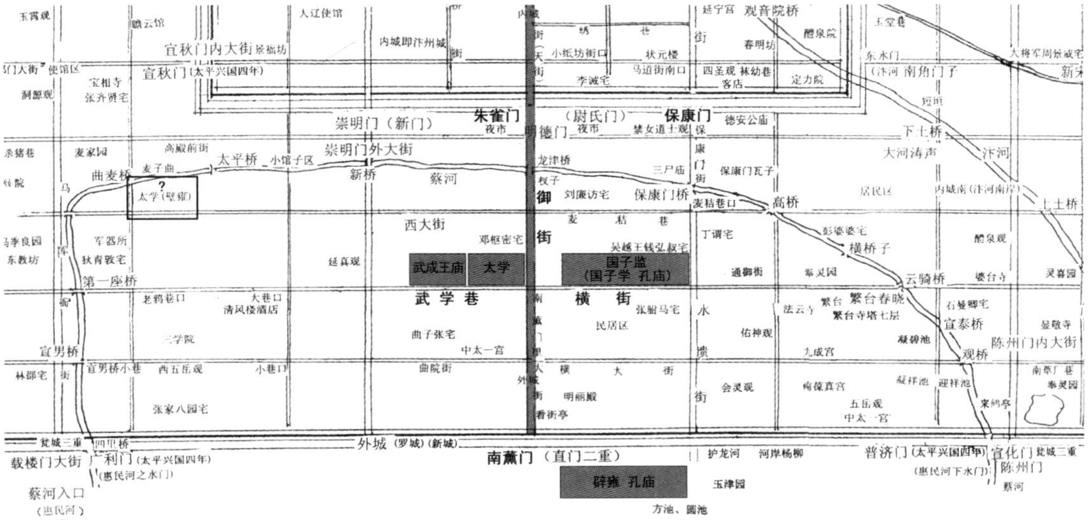

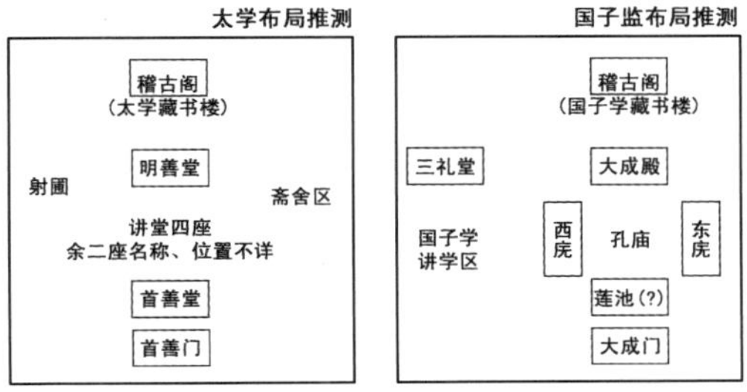

图 4　北宋东京御街两侧官学与孔庙

明之立国，诚如孟森先生言：“明祖有国，当元尽紊法度之后，一切准古酌今，扫除更始，所定制度，遂奠二百数十年之国基……清无制作，尽守明之制作，而国祚亦与明相等，故于明一代，当措意其制作。”体现在国子监建设，亦有诸多创举。从明南京外垣范围看，皇城居于城市的绝对中心，朱元璋的魄力可见；而国子监选址却未袭古，位在玄武湖畔、皇城的西北方，正在原六朝、南唐旧城中轴的最北端，这可能是朱元璋甚为忌讳诸朝“国祚不永”，以国子监规模之巨镇之。又，按古制：“帝入东学，上亲而贵仁；帝入南学，上齿而贵信；帝入西学，上贤而贵德；帝入北学，上贵而尊爵；帝入太学，承师而问道。”故，所谓太学者，“中学也，言太学居中，四学环之，盖帝制也”。明初虽尝有“并立五学之议，然罢而不用，制不沿古”，放弃了辟雍四门学之制，借山川形势，承人工造化，开一代国子监形制之新风。

虽如此，明中都的国子监选址仍在皇城的东南方，即东西向横街——云霁街的东端。可见，在城市条件允许的情况下，仍然遵从古制。中都乃平地起新城，且耗时5年多，规模与工程量远胜南京，至停工时已建成“三朝五门”和都城、皇城、宫城三重城墙的完整形制（图5）。中都虽未发挥京城的作用，但却是明都城和宫殿制度的先行者，对后世有深远的影响。中都不像南京受地理形势的限制，又没有旧建筑的影响，因而规划齐整。城南洪武门以北为南北向洪武街，至大明门止，有东西向云霁街，全长7华里。两端分别以钟、鼓楼结束，则是对元大都钟、鼓楼的继承和发展。中国古代都城一般都有一条南北向主轴线，但不一定都有横贯东西的横街，元大都、明南京均无此设置。云霁街非事先规划，而为中都营建过程中逐渐形成和发展起来的。初，南城东西横街只规划了一条顺城街，洪武六年（1373）十月，建开平王（常遇春）庙，选址与城隍庙相对称，其后又发展为开国功臣庙；同年十一月，又在其西建历代帝王庙；八年（1375）在大明门东，与历代帝王庙相对称的位置上建中都国子监，以南京国子监官员兼管[4]；同年，又在国子监东建鼓楼，在历代帝王庙西建钟楼，及东西金水桥，云霁街最终定型，大大加重了明中都皇城前的空间规模和礼仪分量，开阔了东西两侧的视野，使之更为宏阔大气（图6）。这样的规划布局在历代都城建设中尚属首创。

---

4 据《明太祖实录》卷九十八、卷一百零五、卷一百一十九、卷一百五十八，潘谷西《中国建筑史·元、明建筑》第8页：洪武八年（1375）中都国子监置，同年中都罢作，但太子、诸王习武练兵、宗室有罪幽禁、勋臣致仕，均往中都安置，城内外还驻扎八卫一所的军队。中都国子监以南京国子监官员兼管，从一个侧面也反映了中都仍然作为陪都使用。九年（1376）“令凤阳武臣子弟肄业于中都国子监”，并委贝琼为“中都国子学助教，教勋臣子弟”，十一年（1377）赐贝琼致仕。可见中都国子监的设立，乃为教养凤阳的武臣子弟。毋庸置疑，其地位显然不及南京国子监。十六年（1382）又将“生员中式上等者送国子监（南京）”，而“次等送中都国子监”。二十六年（1393）中都国子监废，其师生并入国子监。洪武以后，中都日趋荒废，中都国子监亦然。

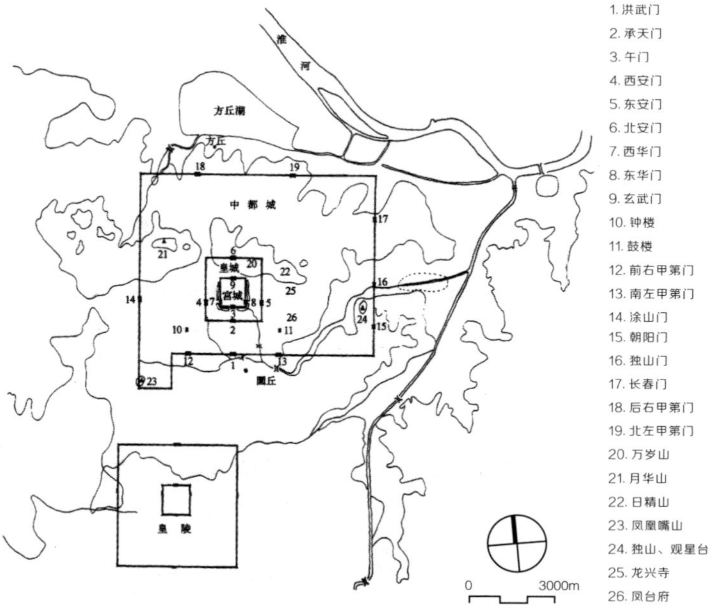

图 5 明中都

图片来源：潘谷西. 中国建筑史 第 4 卷 元、明建筑 [M]. 北京：中国建筑工业出版社，2009：28.

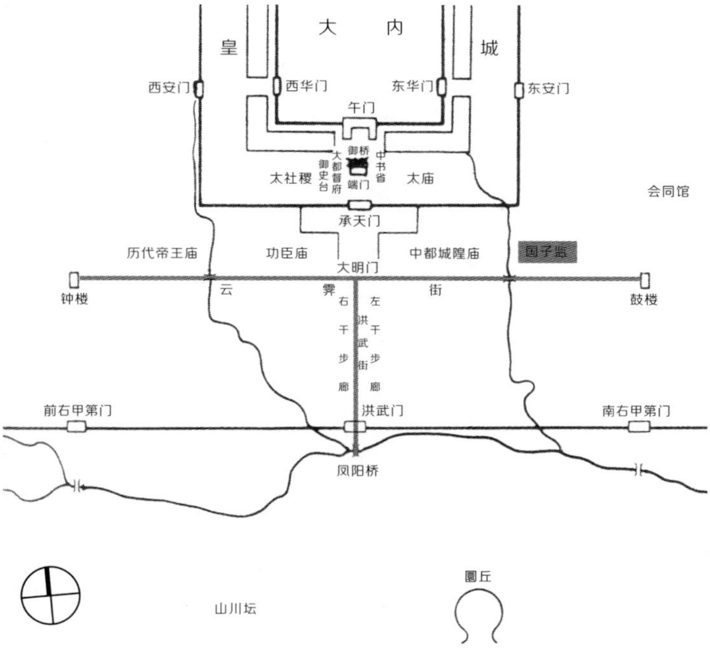

图 6 明中都皇城礼仪空间中的国子监（原图标注为国子学，作者以为国子监更为妥帖，改之）

图片来源：郭湖生. 中华古都 中国古代城市史论文集 [M]. 台北：空间出版社，1997：105.

后改建南京和营建北京，囿于城市既成条件，皇城前方缺少广阔余地，均未如此。唐长安、洛阳，宋东京虽有东西横街，却又缺乏足够分量的重大建筑加强空间气势。不仅如此，中都云霁街上的国子监、城隍庙、功臣庙、帝王庙及钟鼓楼形成的东西序列，并与太庙、太社形成了拱卫皇权的、稳定的空间三角。

明清北京国子监相延元大都，并留存至今。元国子监原在金中都旧城，今址是在大都城经数十年发展，城中部及南部已为民居等用地占满的情况下，选择了城北部偏东较为空闲之地。在参考历史先例方面，大都城的营建与其说是以儒家经典《周礼·考工记》为蓝本，不如说是汲取了宋东京和金中都的布局形态及建设经验，大都城市规模与宋东京相近，而宫城偏于城南和都城东、南、西各设三门则较接近金中都模式。既然大至城市的营建尚且从实际出发，那么，国子监选址不在东南方亦可理解。选址过程中是否有礼制的考虑，未见史载，但与太庙同样位于城市轴线东侧的现象是否暗示了什么？更何况在大都之前的元上都遗址中，可以清晰地判断出宫城外东南方的国子监所在。

明代宗景泰（1450—1456）中，确有“请于东长安街改创国子监”，理由为“国子监为天下学校之首，偏在京城东北隅，乞敕工部……改创基图，革胡元之旧址，增辉丹垩，立当代之新规”；可能是出于国子监位在宫城东北，于古制不符之虑，或仿明中都之制，时议者“以水旱相仍，役非其时，遂不果行，深得可惜也”。至武宗正德八年（1513）又有上言：“宫殿将成，惟太学尚仍元旧，且土木有像不称，亦非古制；请择地改建。”仍未果。此事说明国子监选址中的礼制考虑，确是时常萦绕在皇权空间构成意识中的。

再返至辽、金，初期选址的“随意性”是可见的，这可能是基于少数民族身份对礼制空间的一知半解；但在政权的重心逐渐移往辽南京或金中都后，随着汉化的深入，城市空间的各个角落渐至显示出与汉人的趋同，且庙学制本源出汉文化，故从整体上言，少数民族统治下的中央官学和孔庙选址，在王朝日渐成熟的情况下仍是受制于汉制的。

亦即，基于礼制诉求，作为鼎立国家机器的基石之一，都城中央官学和孔庙的选址当在皇权空间的东南方。观于历代都城，虽时有不同，但在可能的情况下，趋近于理想状态的努力则明白地表征于帝都的空间模型之中（图 7）。

谨借郭湖生先生关于都城变迁的一段话：“王朝变迁，都城也变迁。一般说来，大都在参照传统经验的基础上，有因袭，也

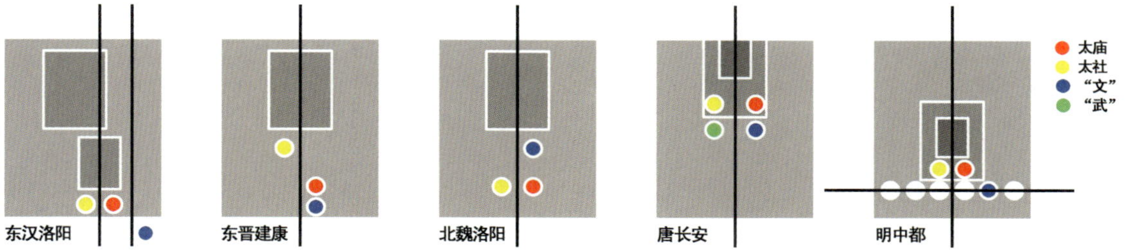

图 7　中央官学与孔庙空间地位的几个阶段

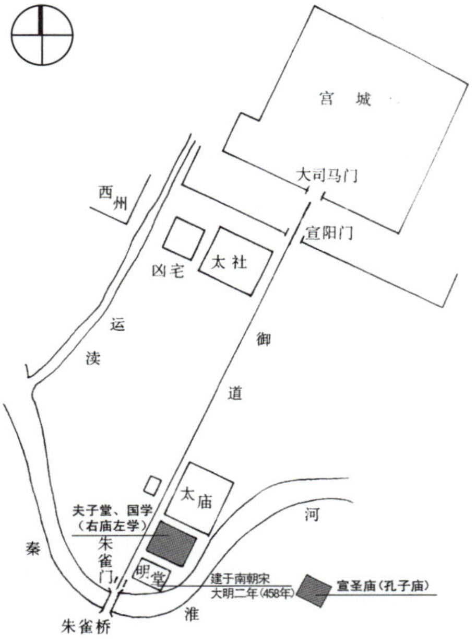

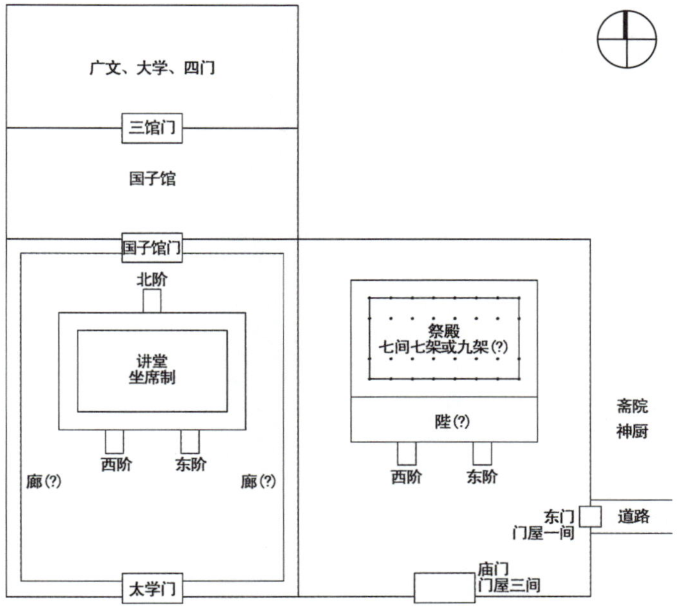

图 8　东晋建康太元后国学、宣圣庙位置（原图标注为太学，作者以为应为国学，改之）

图片来源：贺云翱．六朝瓦当与六朝都城 [M]. 北京：文物出版社，2005：162.

图 9　唐长安国子监布局推测

图片来源：沈旸．唐长安国子监与长安城 [J]. 建筑师，2010（3）：32-43.

有革新。但往往又是革新多于因袭，没有一个千古不变的先验的模式。当然，在封建制度未变的前提下，因循守旧，追慕三代，以恢复《周礼》为理想的保守倾向始终存在。”都城如是，中央官学和孔庙亦然。

三、庙学的关系及地位荣替

就中央官学和孔庙的布局方式而言，东晋建康国学的夫子堂建在学西，即“右学左庙”，其布局方式受制于原有用地的可能性较大；又或是因于晋人遵殷制，以西为上，此时尚处庙学制产生的萌芽阶段，恐不会有太多礼制方面的征诸，也不足以形成巨大的影响力（图 8）。

为历代都城所采用最多的则是“左庙右学”的布局方式，最早可见的乃为唐长安国子监（图 9）。“左庙右学”是否基于礼制限定，未见史载，学界一般认为受“左祖右社”的影响较大。

有学者解释南宋临安太学“右庙左学”“可能是受曲阜孔庙、孔林中尚右的影响，孔子为殷人后裔，而殷制尚右，其后代在墓葬和立庙时都遵循这一原则”。似有附会之嫌。姑且不论孔族是否尚右，两宋皆为赵氏王朝，但为何东京（左庙右学）、临安未一脉相承？临安太学实乃据岳飞故宅为之，“右庙左学”并非刻意。不过，临安宫城在城市南端，若更换一个观察视角，假设以之为城市起点，从坐南朝北的感受出发，再将御街视作城市轴线，则不仅太庙在“左”、太社在“右”，太学与武学的相对空间关系亦为“左文右武”，那么，临安太学也就成为主观感受中的“左庙右学”了（图 10、图 11）。

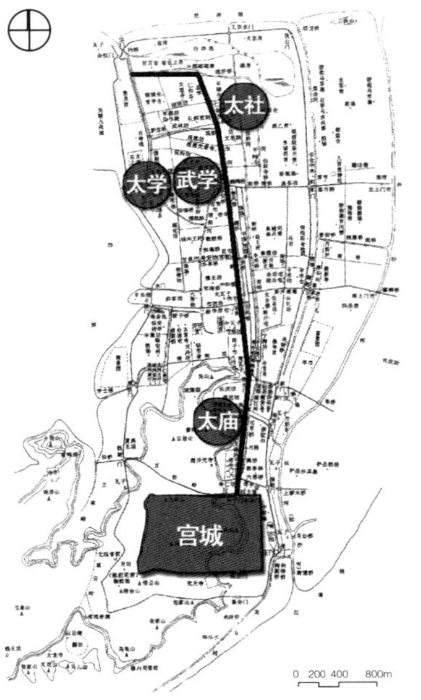

图 10 南宋临安城市空间概况
图片来源：郭黛姮．中国古代建筑史 第 3 卷 宋、辽、金、西夏建筑 [M]. 北京：中国建筑工业出版社，2003：43.

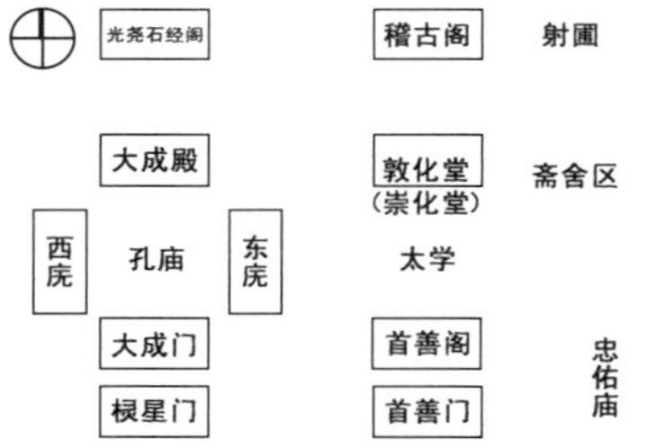

图 11 南宋临安太学、孔庙布局推测

此外，尚有一例与众不同，即辽上京，孔庙在国子监北，与汉人都城的国子监庙学并列不同（图 12）：毕竟该城是一座带有浓厚契丹民族习俗并反映民族矛盾的都城，“前学后庙”可能并无太多礼制的诉求，因地制宜罢了；抑或是入乡随俗，在建筑布局及朝向等方面有少数民族建筑特征的注入。

蒙古人亦尚右，直至泰定元年（1324）方依周礼传统，改为左尊右卑；且明初仍习元旧，俱尚右，吴元年（1367）朱元璋始命“百官礼义俱尚左，改右相国为左相国，余官好之”。但无论是元上都还是大都，中央庙学配置皆为左庙右学，这可能是受汉传统布局的影响。

元自上都至大都南城，再至大都北城，中央官学和孔庙凡三立，皆先建庙而后兴学（和林城孔庙有之，设学与否不详）。虽庙学相邻，然似更为独立。曲英杰先生的总结性陈词为：“元武宗加封孔子为大成至圣文宣王，这是后世追谥中的最高礼遇。其对于皇帝与圣者之间的名分高下，似不像历代统治者那样过多计较。但在另一方面，元代皇帝对于孔子及儒学，却又始终是崇拜大于理解；对于儒生的重用也往往局限于已有的知名者，而不注意兴学培养，于是就表现出一种重庙轻学的倾向，这可能与元代历时较短（不足百年）有关。”大都国子监孔庙的面积大过国子学，其巨大与空旷超越以往任何时期的都城孔庙（图 13），且孔庙的建筑与规划设计中有意采用“九五之数”，具至高无上之皇权象征[5]，亦暗示了元统治者的“崇拜大于理解”，即所谓“我国家郡县无大小，皆得建学，而尤重庙”。

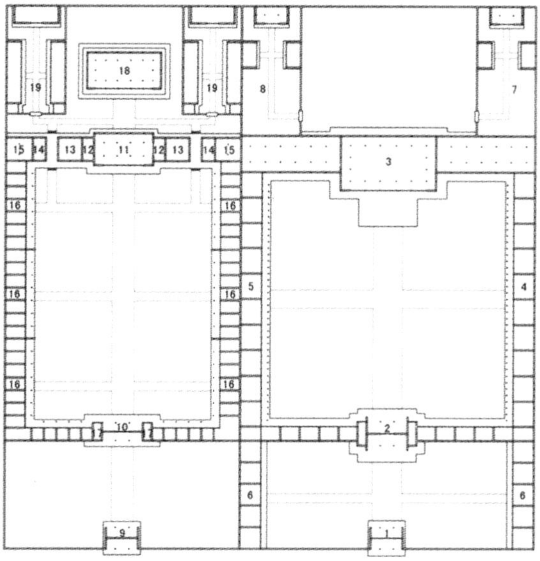

图 13　元大都国子监规模

图片来源：姜东成．元大都孔庙、国子学的建筑模式与基址规模探析 [J]. 故宫博物院院刊，2007，130（2）：23.

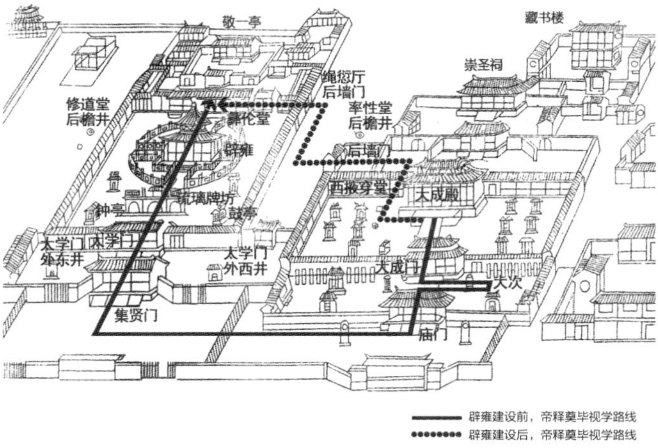

图 14　清北京国子监辟雍建成后的空间变化

图片来源：文庆，李宗昉，等．北京古籍丛书 钦定国子监志 上 [M]. 北京：北京古籍出版社，2000：350.

5 孔庙、国子学用地范围东西方向长度为 144 步，其中孔庙占 80 步，其比例关系为 9：5，孔庙南北方向长度 150 步，与东西长度的比例同样近似 9：5。可见孔庙设计中使用九五之数并非巧合，而是借以象征至尊地位，具有与皇家同样的权威。见姜东成．元大都孔庙、国子学的建筑模式与基址规模探析 [J]. 故宫博物院院刊，2007（2）：21.

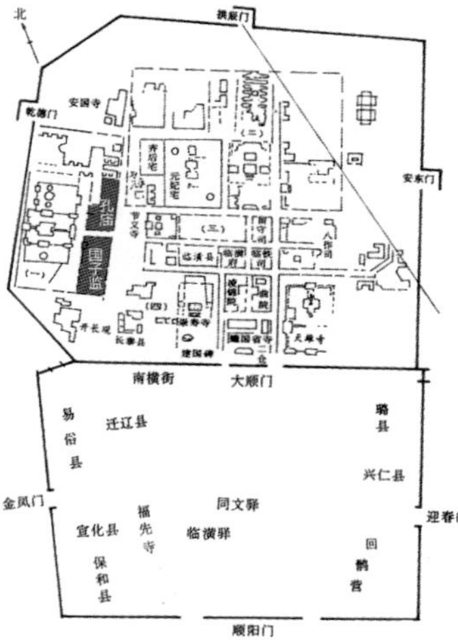

图 12　辽上京国子监及孔庙位置推测

图片来源：“辽上京遗址示意平面图”，政协巴林左旗委员会．临潢史迹 [M]. 呼和浩特：内蒙古人民出版社，1999：20.

从明南京国子监的建筑布局中，却可以强烈地感受到太学在空间构成中的绝对领导地位，庙学地位的荣替也从侧面反映了与元统治者重庙轻学相反，明帝更多地倾向于重学轻庙，尤以嘉靖帝大改制为甚。特别是敬一亭的出现。敬一亭之建虽稍早于孔庙改制，但各地建亭和孔庙改制基本是相辅而行的，敬一亭之建改变了庙学空间，在加强了学部分空间构成的同时，与孔庙形成对峙和抗衡。世宗意欲通过立敬一亭来重建道统象征，从而否定儒士构建的道统，对孔庙祀典的降杀亦为突出敬一亭的象征地位，即权力对孔庙祭祀象征性的操纵。

入清之后，则是庙学并重，最明显的表现为：孔庙建筑等级的攀升有目共睹，而金碧辉煌的辟雍则赫然伫立于太学中心（图 14）。

四、建筑规模中的礼制诉求

两汉太学生数量庞大，西晋以后人员数量骤减，其后虽有明初南京国子监多至万人，但持续不久即剧缩。其实，两汉太学的壮观，主要反映了游学增盛的状况。任何系统的正常运作皆须控制在一个较为合理、可以操作的范围之内。随着中央官学制度的逐步完善，人员数量基本保持在一个数量级，即为实事求是的约束。如此，中央官学和孔庙的规模也当受制于实际功能的使用，从唐长安至元明清北京，皆未突破百亩，60~80 亩为常态(表 1)。

若以等级考量，千亩作为天子宅的规模至迟在战国晚期的观念中已经存在，其他建筑的占地规模必不会突破此限。观之明初不同等级建筑群的占地——北京故宫 1192.6 亩、王府 492.6 亩、府衙 62.5 亩，上述数据约与明府衙规模持平或略高 [6]。不过，宋元明宫殿规模远小于唐两京，其他等级建筑群的规模理应随着一起变小。但元明清北京及明南京国子监规模皆与唐长安相去不远，笔者推想这可能与孔庙建筑配置的增多有关，最明显的特征在于宋以后殿庭之中两庑建筑的出现，及祭祀时仪式人员的增多对于空间扩展的需求。

孔庙作为列入国家祀典的庙宇，不论建筑开间、屋顶形式、斗栱踩数、屋瓦的颜色质地、彩画的颜色图案、建筑的高低大小等等，必然受到礼制规定的约束。清末以前，孔庙祭祀皆属国家祀典的中祀级别，唯见南宋高宗绍兴十年（1140）“以释奠文宣王为大祀”，不过，宁宗庆元元年(1195) 又恢复为中祀。以清中

6 白颖 . 明洪武朝建筑群规模等级制度体系浅析 [J]. 建筑师，2007（6）：79-86.

祀的规定，正殿最多面阔七间，可用重檐歇山顶、绿琉璃瓦，斗栱为七踩，彩画可用旋子点金。

曲阜孔庙大成殿在宋时已为七间重檐歇山；金时将屋顶改作绿琉璃瓦剪边，且换作石龙柱；元时不仅使庙宅相分，使孔庙系统更加独立，又增加四隅角楼；明时将大成殿升为九间；清时更换作黄琉璃瓦，规格更高。

再观都城：

（1）唐长安，大成殿虽为七间，但规格实类于士庶家庙，门列“十戟”即为一证，相当于三品官左右。

（2）北宋东京，孔庙建筑的升级莫过于太祖建隆三年（962）诏“国子监庙门立戟十六，用正一品礼”，徽宗政和元年（1111）又将之升为二十四戟，制同太庙，且后世一直相延。

（3）元大都，大成殿为七间重檐庑殿，崇文阁则五间三重檐庑殿，二者等级之高，皆令观者咂舌。

（4）明南京，大成殿初为三间重檐歇山，后改作五间，规模不比元。

（5）明清北京，又为七间重檐歇山。

（6）清光绪三十二年（1906）祭孔升为大祀，成为和天地宗庙一样享受最高祭祀规格的祠庙，则大成殿可以“九楹、三阶、五陛”，即面阔九间，三层台基，前、东、西出五道石阶，并可进深五间，重檐庑殿黄琉璃瓦顶，斗栱九踩，金龙和玺彩画。国子监旋即据之改作，直至1916年方告竣，但露台未改为三层五出，室内仍为旋子彩画。

比较曲阜和都城，孔庙建筑规模的发展脉络大约保持一致（表2）：唐以后逐步升级，且在元时已达至一定高峰，这可能与元统治者对孔庙的崇拜大于理解有关；而明初南京国子监孔庙大成殿却只有三间，巨大的反差是否与朱元璋初始对孔孟的降杀有关？[7] 不过，其旋即调整了统治策略，尊孔势头大增，大成殿亦升为五间。

7 朱元璋初始曾企图撼动孔、孟权威，但均以失败告终。滕新才．朱元璋的孔孟情结与明初民本政策[J]．西南师范大学学报，2004（2）：105-107；黄进兴．优入圣域：权力与信仰与正当性[M]．北京：中华书局，2010：169-173；赵克生．试论明代孔庙祀典的升降[J]．江西社会科学，2004（6）．

从屋顶、开间等方面看，虽元和清末的国子监孔庙皆有逾越曲阜的表现，但始终没有在根本的体量上超过曲阜本庙（图 15），仅以空间感受而言，曲阜孔庙的至尊地位不言而喻。

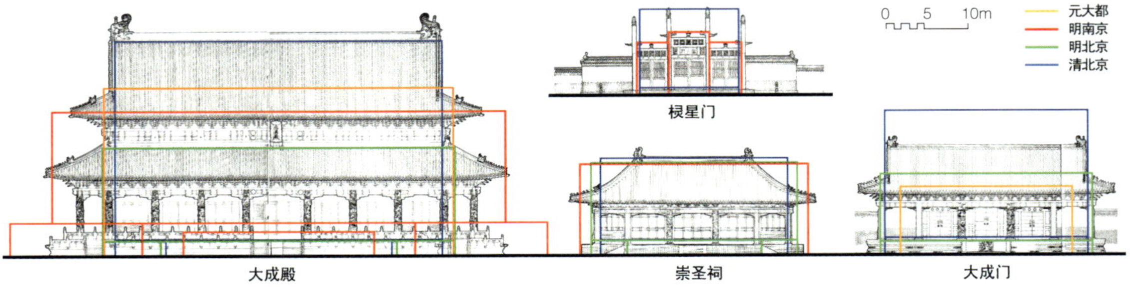

图 15 元明清国子监孔庙与曲阜主要建筑规模比较
图片来源：潘谷西．曲阜孔庙建筑 [M]. 北京：中国建筑工业出版社，1987.

五、结语

其实，“庙学”本无庙，庙筑于学的必要条件在于儒学作为正统学术地位的确定，以及在学校祭祀孔子仪式的完善和场所的需要。一旦孔庙与学校发生关联，并渐至普及于天下，其象征意义也就盖过了学校教学的本质目的。

“庙学”名称的指代不仅模糊了有学无庙的原始概念，且庙学之间的地位高下立见，虽曾有例如明嘉靖帝试图通过增加“学”部分的建筑在一定程度上平衡庙学空间关系的表现，但真正意义上的等同视之并未实现。若无自汉武帝起始的“罢黜百家，独尊儒术”，儒学逐步获得专制王权认可和提倡的正统学术地位，庙学系统是否能够形成，恐是一个偌大的疑问；而历代对于道统的解读（特别是韩愈和朱熹），则是为后世先验地诠释或假定了诸般崇儒尊孔的象征性方式。

庙学作为树立所谓正统文化信仰的工具，正是专制王权出于帝国统治的需要，在“素王”孔子身后建立的存在于现实世界的理想系统。这种儒家体系的国家机构化行为，将儒家道统外化为官方的意识形态。经由对历代帝都中央官学和孔庙的历史演变解读，虽呈现出重庙轻学、重学轻庙和庙学并重的不同历史现象，但其中始终贯穿着帝国将工具主义和象征主义相结合的做法，庙学二者的受关注度皆是由适时性的官方统治策略所决定的。

由是观之，庙学是一个开放而又封闭的建筑系统，开放的是基于儒家人本关怀的空间可变性，封闭的则是国家权威的绝对主导地位。这种矛盾也决定了不能将庙学看作庙(精神崇拜)和学(理性研习)二者的简单结合，而是一个处处体现着被权威操纵的道统象征体。

表 1 历代中央官学和孔庙规模的零星数据

都城	规模的零星数据
西汉长安	博士 30 人，太学生 10 800 人；博士舍 30 区（博士每人一区），加上职员（主事等职员 72 人）宿舍，共筑舍万区
东汉洛阳	太学生增至 30 000 余人，240 房，1800 余室。讲堂呈长方形，约长 23 米，宽 7 米。今有遗址两处：（1）在开阳门外大道东，东西约 200 米、南北约 100 米；（2）其东北部另有一处，东西约 150 米、南北约 220 米
西晋洛阳	初太学生 7000 余人，后减为 3000 人；咸宁四年（278）定置国子祭酒、博士各 1 人，助教 15 人
东晋建康	增造庙屋 155 间
北魏平城	增国子太学生员 3000 人
唐长安	国子监占地约 62 500 平方米，约为边长 250 米的方形地块，屋舍 1200 间
北宋东京	始入太学为外舍，初无定员，后定额 700 人；由外舍升内舍，定额 300 人；有内舍升上舍，定额 100 人。太学扩大后：讲书堂 4 所；学舍 80 斋，每斋 5 间，斋 30 人为额，通计 2400 人。其中上舍生 100 人，内舍生 300 人，外舍生 2000 人。后建辟雍，外圆内方，为屋 1872 楹，讲堂 4，斋 100，每斋 5 楹，可容 30 人
南宋临安	学斋减为 6，后又扩大为 8 斋（另加小学 1 斋）。太学弟子员不断增多，至南宋末发展至 1716 人
辽上京	现已考古发掘出遗址。（1）国子监：一横一竖的两个长方形台基，及有一方形的台基所组成的“下”字形建筑。其北 45 米又有一长方形庭院，东西 106 米，南北 60 米。（2）孔庙：国子监北略偏东 60 多米处，有一凹字形的缺口向南的建筑台基，东西 72 米，南北 8 米
西夏兴庆	人庆元年（1144）国学扩充至 3000 员
金中都	皇统二年（1142）修孔庙圣殿，费钱 14 000 贯。太学校舍原在城内，承安四年（1199）在城南扩建，总为屋 75 区
元上都	孔庙遗址：东西约 100 米，南北约 150 米
元大都	庙 50 亩，学 40 亩，国子监共占地 90 亩
明南京	庙占地南北约 180 米，东西约 80 米，合 21.6 亩。学略大之，但斋舍广大

表 2　元至清国子监孔庙重要建筑规模数据

	■ 元大都
大成殿	七间重檐庑殿。斗栱高 126 分、约 5.5 尺，出跳 92 分、约 4 尺。面阔七间 130 尺 / 41.60，共用 20 朵斗栱、19 个攒挡，标准面阔 20.52 尺 / 6.57；进深 75 尺 / 24.00。屋顶举高 15.4 尺 / 4.93，上檐前后檐柱间距 40.8 尺 / 13.06。殿东西耳房各面阔 130 尺 / 41.60
东西庑	南北 70 步 / 112.00
大成门	面阔 16 步 / 25.60
讲堂	居中五间，两旁博士堂二间，夹室、室、过道各一间，通面阔 64 步 / 102.40
崇文阁	五间三重檐庑殿。面阔 100 尺 / 30.30，进深 50 尺 / 16，高 65 尺 / 20.8
	■ 明南京
大成殿	三间两掖，台高一丈二尺九寸 / 4.13、阔一十丈一尺六寸 / 32.51。斜廊各五间。洪武三十年（1397）文庙重新改作，增为五间，高四丈三尺 / 13.76、深四丈七尺 / 15.04，墀宽二十丈 / 64.00、深三十七丈 / 11.84
月台	高九尺四寸七分 / 3.03、阔七丈一尺二寸 / 22.78，上有石栏杆、前有石阶级
东西庑	各三十一间，每间阔一丈四尺五寸 / 4.64、高一丈六尺九寸 / 5.41，台高一尺三分 / 0.33。洪武三十年（1397）增为各三十八间
大成门	三间，东、西列戟
启圣祠	五间，阔八丈五尺 / 27.20、深四丈 / 12.80、高三丈五尺 / 11.20
彝伦堂	十五间，每间阔一丈九尺 / 6.08，深五丈四尺二寸 / 17.34，高三丈三尺四寸 / 10.69
棂星门	三座，中座高二丈三尺五寸 / 7.52、阔一丈五尺 / 4.80，东、西两座各高一丈九尺五寸五分 / 6.26、阔一丈二尺 / 3.84。初用木为之，景泰四年（1453）祭酒吴节奏请改用石造，加云管火朱朵云石抱柱，八字红墙
	■ 明北京
大成殿	七间，高三丈六尺 / 11.52、广十三丈一尺 / 41.92、深七丈一尺 / 22.72
月台	东西八丈八尺 / 28.16、南北四丈五尺 / 14.40，基高六尺 / 1.92，上有石阑，前有石阶级，左、右石阶级各一
东西庑	各十九间，高一丈六尺 / 5.12，每间广一丈三尺 4.16、深一丈八尺 / 5.76，基高二尺 / 0.64
大成门	五间，中门三，东西各列戟十二，门高二丈六尺 / 8.32、广七丈九尺 / 25.28、前后深四丈八尺 / 15.36，基高五尺 / 1.60，周环石阑，前后各石阶级三
启圣祠	南向，正堂五间，高三丈 / 9.60、广七丈八尺 24.96、深二丈五尺 / 8.00。露台高五尺五寸 / 1.76、长二丈五尺 / 8.00、广五丈 / 16.00，前有石阶级

续表

■ 清北京	
大成殿	七间，高七丈六尺三寸 / 24.42、中广一丈八尺五寸 / 5.92、次二间各广一丈六尺 / 5.12、又次四间各广一丈五尺 / 4.80、深八丈 / 25.60，围廊重檐，覆黄琉璃瓦。殿东西掖各十间、南向，高二丈五尺一寸 / 8.03、中一间广一丈九尺五寸 / 6.24、深如之 / 6.24，余各广一丈二尺七寸 / 4.06、深一丈九尺五寸 / 6.24
月台	高六尺五寸 / 20.80、广八丈四尺一寸 / 26.91、深四丈三尺九寸 / 14.05，周以石阑，三出陛，前及左右各一阶，十有七级
东西庑	各十九间，高三丈一尺八寸 / 10.18、各广一丈二尺五寸 / 4.00、深二丈九尺 / 9.28
大成门	五间，高四丈九寸 / 15.68、中广一丈五尺七寸 / 5.02、左右各广一丈五尺 / 4.80、深三丈二尺 / 10.24，基高六尺五寸 / 2.08，覆黄琉璃瓦，周以石阑，中三门，前后三出陛，阶各十有四级。门左右翼以墙，饰红黄色。左右门各一。门内左右列戟二十有四
崇圣祠	正殿五间，高三丈一尺八寸五分 / 10.12、中广一丈六尺五寸 / 5.28、左右各广一丈三尺三寸 / 4.26、深二丈六尺 / 8.32。基高五尺七寸 / 1.82，前有月台一，高五尺五寸 / 1.76、广四丈九尺 / 15.68、深二丈五尺三寸 / 8.10，三出陛，前及左右各一，阶十有一级
庙门	三间，高三丈 / 9.60、中广一丈三尺七寸 / 4.38、左右各广一丈一尺七寸 / 3.74、深一丈九尺 / 6.08。基高二尺四寸 / 0.77，覆黄琉璃瓦，墙饰红黄色，楹柱门扉皆丹饰，梁栋施五彩

注：①据［明］黄佐《南雍志》卷七《规制考上》；《钦定国子监志》卷一《庙制一・庙制图说》、卷九《学志一・学制图说》；姜东成《元大都孔庙、国子学的建筑模式与基址规模探析》（《故宫博物院院刊》2007 年第 2 期）整理。
②关于古代尺长多有讨论，本表依据丘光明《中国历代度量衡考》，元 1 尺合今约 0.3157 米、明清营造尺 1 尺合今约 0.32 米，为计算便，统一以 1 尺 =0.32 米计算；“/”后为换算后数据，单位为米。

参考文献：

[1] 房玄龄，等．晋书 [M]. 北京：中华书局，1998.
[2] 王弼，等注；孔颖达，疏．周易正义・卷第九・说卦 [M]// 阮元，校刻．十三经注疏．北京：中华书局，1980：93,94.
[3] 萧子显．南齐书・卷二十八 [M]. 北京：中华书局，1972.
[4] 郑玄，注；孔颖达，疏．礼记正义・卷第十一・王制第五 [M] // 阮元，校刻．十三经注疏．北京：中华书局，1980：1321.
[5] 程穆衡．水浒传注略 [M] // 孟元老，撰；伊永文，笺注．东京梦华录笺注上．北京：中华书局，2007：111.
[6] 沈德符．万历野获编 [M]. 北京：中华书局，1959.
[7] 脱脱，等．宋史 [M]. 北京：中华书局，1985.
[8] 宋继郊，编撰．东京志略 [M]. 王晟，等点校．开封：河南大学出版社，1999.
[9] 孟森．明史讲义 [M]. 北京：中华书局，2006.
[10] 潘谷西．中国古代建筑史・第四卷：元、明建筑 [M]. 北京：中国建筑工业出版社，2001.
[11] 黄佐．南雍志 [M]. 南京：江苏省国立图书馆，1931.
[12] 王剑英．明中都 [J]. 故宫博物院院刊，1991(2)：61-69.
[13] 文庆，李宗昉，等．钦定国子监志（上）[M]. 北京：北京古籍出版社，2000.
[14] 余继登．元明史料笔记丛刊：典故纪闻 [M]. 北京：中华书局，1997.
[15] 郭湖生．中华古都：中国古代城市史论文集 [C]. 台北：空间出版社，1997.
[16] 魏星．广东孔庙建筑文化研究 [D]. 广州：华南理工大学，2004.
[17] 郭黛姮．中国古代建筑史・第三卷：宋、辽、金、西夏建筑 [M]. 北京：中国建筑工业出版社，2003.
[18] 曲英杰．孔庙史话 [M]. 北京：中国大百科全书出版社，2000.
[19] 赵承禧．永和县重修庙学记 [M]// 李修生．全元文：第十九册．南京：江苏古籍出版社，1999.
[20] 赵克生．试论明代孔庙祀典的升降 [J]. 江西社会科学，2004, 24(6)：104-110.
[21] 南京工学院建筑系，曲阜文物管理委员会．曲阜孔庙建筑 [M]. 北京：中国建筑工业出版社，1987.
[22] 潜说友．咸淳临安志・卷十一 [M]// 宋元方志丛刊・第四册．北京：中华书局，1990.
[23] 朱剑飞，边沁，福柯，等．明清北京权力空间的跨文化讨论 [J]. 时代建筑，2003(2)：104-109.

明代庙学建制的“变”与“不变”及国家权威的呈现

沈旸　宝璐

所谓“庙学”，即中国古代传授儒家经义的官方学校和与祭祀孔子及其他儒家杰出代表的礼制性庙宇相结合的场所。唐贞观四年（630）诏“州、县学皆作孔子庙”[1]，凸显了普及孔庙的官方意旨，原则上百姓不得任立孔庙，且祀礼位列国家大典，亦反映了孔庙的政治权威性。孔庙建筑于学校，明确了二者并立的不可分割，即所谓“庙学制”的真正确定和推行。宋时“庙学”的使用频率已颇高，入元后更出现了收录窝阔台至成宗大德年间（1297—1307）与之相关的奏章专辑——《庙学典礼》，证之已明确制度化。诚如北宋大中祥符三年（1010）真宗所言：“讲学道义，贵近庙庭。”[1] 孔庙是学校的信仰中心，学校是孔庙的存在依据。

明初立国的施政纲领中最为重视两件事，一为农业生产，二为学校教育。表之于庙学建设，相得益彰。十年不到，即制定了从中央到地方直至乡村的各级各类建设规章，其后又屡有重大举措。太祖以后的继统诸君皆兴学崇儒有加[2]，延至世宗嘉靖九年（1530）改制，有破（谥号变，大成殿改称孔子庙，毁塑像、用木主[3]、去章服，减祀仪）有立（圣师之祭、立启圣祠、立敬一亭）[4][2]，明确了国家权威凌驾于儒学道统之上，庙学的空间格局亦随之忽明忽暗地变化着。

正如孟森所言：“明祖有国，当元尽紊法度之后，一切准古酌今，扫除更始，所定制度，遂奠二百数十年之国基……清无制作，尽守明之制作，而国祚亦与明相等，故于明一代，当措意其制作。”[3] 有明一代庙学空间格局的变化，实基于建制之变化，且更加规范了统治需要在作为树立正统信仰的载体——庙学上的象征性呈现，

---

1 据《旧唐书》卷三《本纪第三·太宗下》。其他如［唐］张九龄、李林甫《唐六典》卷二十一《国子监》：国子监“庙干”职责为“掌洒扫学庙”；《全唐文新编》（第10册）刘禹锡《许州文宣王新庙碑》：“洒扫有庙干”；［唐］韩愈《韩愈集》卷三十一《碑志八·处州孔子庙碑》：“惟此庙学”等等，均将庙、学相提并论。

2 明太祖洪武年间（1368—1398）的一系列举措详见《明史》卷一《本纪第一·太祖本纪一》、卷二百八十四《列传第一百七十二·儒林三》，《明太祖实录》卷四十六、卷九十六，《洪武御制全书》卷一《农桑学校诏》，［明］俞汝辑《礼部志稿》卷二十九《先师孔子》，［明］余继登《典故纪闻》卷四，《明史》卷五十《志第二十六·礼四·至圣先师孔子庙祀》等。

3 其实，改木主之议，世宗嘉靖前（1522前）已多有之。参见［明］余继登《典故纪闻》卷十五，［明］陆容《菽园杂记》卷十二，［明］沈德符《万历野获编》卷十四《礼部·孔庙废塑像》等。

4 具体举措详见《明史》卷五十《志第二十六·礼四·至圣先师孔子庙祀》，［明］黄佐《南雍志》卷十一《礼仪考》。

国家权威的呈现也由此形成。

一、并未普及的庙学地位荣替

明初立国，旋即将学校教育的社会功能提到了同国家命运息息相关的高度，基于对治国人才的渴求，不断扩大招生，并在南京鸡鸣山下新建国子监（南雍）。其规模之巨、建造速度之惊人，超乎想象，诏建至落成未有 2 年，且建设顺序是先“学”后“庙”。

虽然无论从位置还是建筑高度来比较，南京国子监的孔庙都比太学为尊、为高 [5][4]，但实际的空间构成却是以学为中心展开的。整个建筑群的主轴线起于南侧的成贤街坊，街两侧是槐、榆、冬青、椿、杨等树 300 余株，北上抵国子监坊，再北即学之所在。虽然庙学空间均以纵深的方式展开，且庙居学左之尊位，却是偏于一侧；而学经由成贤街轴线及街上二坊的空间元素强调，赫然处于整个建筑群的扛鼎位置。庙前有栅栏拒人于千里之外，其肃杀和幽深不言而喻；孔庙作为“精神空间”的中心地位似乎更加崇高，但其对于建筑群的统领和控制却一朝丧失。由是观之，学的空间地位已冉冉升起（图 1）。

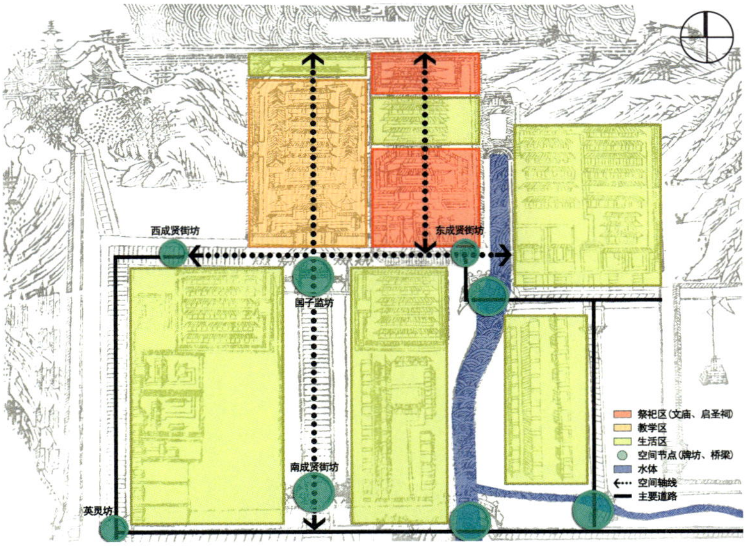

图 1　明南京国子监空间结构（作者绘制）
图片来源：［明］黄佐《南雍志》卷七《规制考上》。

5 庙在学左，而明代尚左，以左为尊；洪武三十年（1397）将大成殿从三间两掖、台高一丈二尺九寸、阔十丈一尺六寸，改建成六楹、高四丈三尺余、深四丈七尺，墀宽二十丈、深三十七丈的宏壮建筑，比太学彝伦堂（高度为三丈三尺四寸）高了一丈左右，可以说是国子监中最高的建筑。

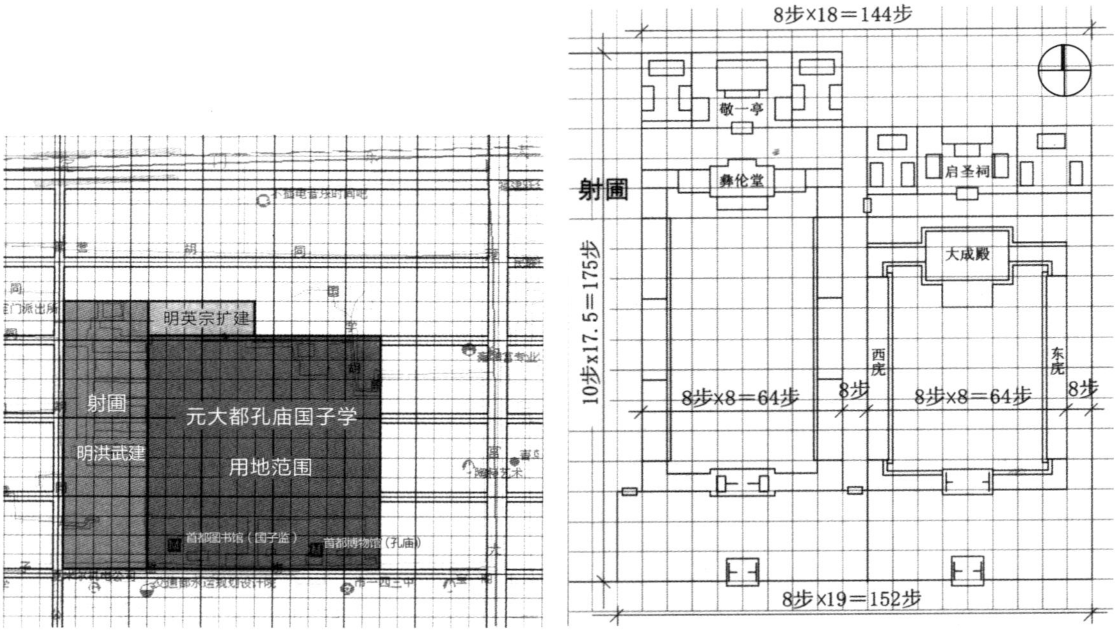

用地范围（采用11步X12.5步的平格网） 总平面（采用8步X10步的平格网）

图 2 明北京国子监占地规模

图片来源：姜东成.元大都孔庙、国子学的建筑模式与基址规模探析 [J]. 故宫博物院院刊，2007（2）：26，27.

迁都北京后，国子监沿用元之旧基（图2），此后又历嘉靖改制，其主要变动为[5]：孔庙东西廊庑向内收进，大成殿前空地面积相应减少，其后建启圣祠；太学前院空间扩大，监西又辟空地作射圃；敬一亭位置在元用地范围以外，太学之北垣已向外拓展。至少从占地规模上看，“庙”已难以与“学”比肩。

嘉靖改制，将孔子及从祀者的塑像撤除，转而改置木主。但毁像的社会反响，却仅止于朝廷士大夫的愤愤难平，并未波及下层民众，特别是孔庙塑像替换为书写圣贤姓名的木主，对于不识字的庶民，道统的形象愈加玄远莫测了[6]。不过，此举必然节余出大量空间，直接导致了孔庙从祀人物的居处空间——两庑建筑纵向的缩短。

两庑是在宋以后大量涌现的，但建筑规模（主要指间数、长度）并无定制，直至清末，一直是以容纳从祀人物的空间足够为准。自唐代始，从祀制的确立构建了一个庞大且可不断生长的文化权威信仰体系，后世历朝皆不断增之，目的为尊儒和激励当代。孔庙祭祀有分祭从祀者一环，不仅位序严格，祭器供奉亦须与之对位，如是，祀主不可能按行列式层叠，只能一字排开。因从祀人物众多，倘局于大成殿，空间甚为逼仄，而两庑建筑特有的纵向生长性，恰符合了这一功能需要。若将大成殿比之帝王，庭院中绵深的两庑则恰似文武列班；大成殿居中立于月台之上，在空间构图中的统领地位亦为两庑的水平延展直接导向和强调：俗世的等级观念在孔庙大成殿院落得到最为具象的体现。

以儒家思想主旨及皇权统治需要综目之，儒学作为立国之本、教化之源，纲常有序表之于建筑空间是必然的[6]。由于廊庑的设立，庭院相对独立于外界，而殿堂遂形成这一“闭合空间”之焦点，其作用是“控制客体间的相互关系及提供视觉以尺度和标准”[7]。明以后，廊庑式的院落布局已鲜见，唯孔庙殿庭千余年来始终保持这一遗制，但并非拘泥或致敬于古，而是遵从了实际需要——无论使用功能抑或精神象征。两庑建筑纵向的缩短，使得孔庙大成殿前的空间广阔度明显屈于学之讲堂之下，实际上仍是以此降杀作为道统象征的孔庙地位。

然而，与受到帝都权威直接影响的最高学府国子监不同，地方庙学并未呈现出“庙”“学”二者明显的地位荣替。

明儒朱之瑜（号舜水）曾作“学宫图说”[8][7]，其叙事结构为：大成殿—尊经阁—两庑—戟门—大门—明伦堂—钟楼—鼓楼—中军厅—旗鼓厅—学舍—仪门—进贤楼—金鼓亭—射圃—监箭—报鼓—举旗掌号—馔房（实笾所、酒醴所、蒸饎所、鼎俎所、烹饪所、洁牲所）—頖水（泮池）—棂星门—牌位—孔庙总图—礼器图—启圣宫图—改定释奠仪注（图 3）。很明显，庙学布局分别以大成殿和讲堂[9][8]为统领，亦即功能与空间两个层面的范围界定标准。以先论各部分重要建筑再及于次要建筑和空间转换节点（门）的表述方式观之，泮池与棂星门的逻辑顺序在后，恰说明了此二者

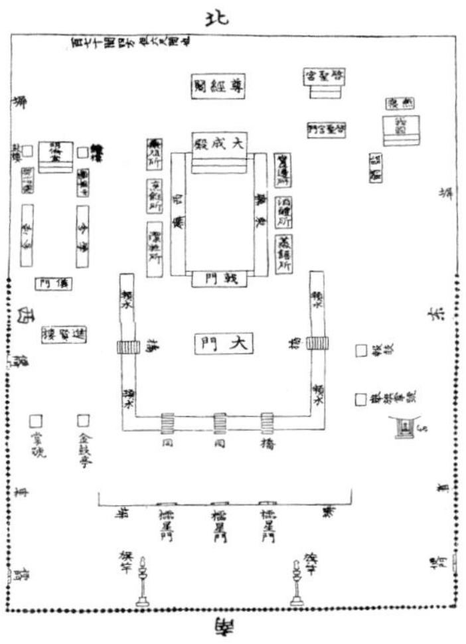

图 3　［明］朱舜水“孔庙总图”
图片来源：朱之瑜，上海文献丛书编委会．朱氏舜水谈绮 [M]. 上海：华东师范大学出版社，1988：213.

6　儒家思想对孔庙建筑的影响，参阅：潘谷西．从曲阜看儒家思想对建筑的影响 [J]. 孔子研究，1986（2）：67-70；李炳南．儒家学说对中国古代建筑的影响 [J]. 云南社会科学：1999（3）：88-94.

7　［美］鲁道夫·阿恩海姆称这种空间概念为“人为空间体系”（extrinsic space）。

8　朱舜水于 1659 年（南明永历十三年、清顺治十六年、日本万治二年）东渡日本，初在长崎；后，水户藩主德川光国聘其移居江户（今东京），待以宾师之礼，舜水学说影响广大。其并允日人之请，绘图制型，传授中国工程设计、农艺知识等，汤岛“圣堂”即按其“学宫图说”建造而成。

9　据《全宋文》（第 50 册，225-226 页）陈襄《天台县孔子庙记》（皇祐元），讲堂是讲习经典和教育学生明人伦的礼堂，是学中最重要的建筑，且“图古之儒服、礼器于其两壁”。可见其教化之功用。明伦是儒学的基础，因此，明代以后，讲堂大多以明伦堂呼之。也有他称，如明南京和明清北京国子监的彝伦堂，又或南京夫子庙的明德堂，坊间传闻乃（宋）文天祥题写“明德堂”匾额之故。句容县学如是，据《全宋文》（第 300 册，第 147-149 页）刘宰《句容县重建县学记》，“古之学者必至大学而后成，大学之道在明德，……以‘明德’名堂而手书以揭之”。

并非专属于“庙”或“学”，而是整个庙学系统的表征元素。舜水先生生活在明末清初，此时的庙学建制已基本定型，“学宫图说”基本明示了这种内在结构[9-11]。

唐时法律文书定为四类——律（正刑定罪）、令（设范立制）、格（禁违止邪）、式（轨物程事），并影响后世，如宋《营造法式》即为“式”的代表。据之，有学者通过明地方志记载中“一遵颁降成式”用词的多次出现，判断：“明初对建筑群的范本规定亦包括儒学，但具体规定未见记载。”[12]其实，“颁降成式”确有其事，为洪武二年（1369）十月二十五日颁布的《学校格式》[13]，但皆集中在学制、俸禄、考核等方面，除“学内设空阙地一所以为射圃”一则，对于庙学布局及建筑规模等却只字未提。

表 1　明地方庙学重要建筑开间统计

建筑名称	一间		三间		五间		七间		实例数
	数量	比例/%	数量	比例/%	数量	比例/%	数量	比例/%	
大成殿			73	37	120	60	6	3	199
大成门	7	4	122	75	29	18	5	3	163
启圣祠	1	3	33	92	2	6			36
明伦堂			128	59	88	41			216

注：编制基础为《天一阁藏明代方志选刊》及《续编》。

仅就明地方庙学的建筑开间及屋顶形式看：大成殿以五间居多，大成门或启圣祠偏重三间，三间的讲堂数量亦多于五间（表1）。而礼制的约束也是存在的：比照于其他建筑，始终未有突破大成殿规制者，等级有别亦蕴含于建筑之间[11]。总之，明之地方庙学中“庙”的建筑等级高于“学”的现象颇为明显。

二、庙与学轴线上的幕起幕落

嘉靖改制后，庙与学轴线上“尊经阁”幕落与“敬一亭”“启圣祠”幕启的现象，并不仅限于折射了不同时期统治者的政治意图那么简单，更隐含了庙以大成殿、学以讲堂为空间主导因素之外的一大变化。

1. 尊经阁之于庙学

藏书建筑本为学校必备，唐以前即已常见。虽建筑功能较为单纯，但经书典籍乃为求学之根本，“尊经”“六经”之类的阁名即为尊崇之意，不过，表意方式仍颇为朴素，而两宋时期则对其施予了愈来愈多的象征意义，观于东京、临安孔庙即明[10]。都城如是，地方自当群起而效之，更何况有徽宗之诏令布于天下。

其中最甚者莫过于曲阜孔庙的奎文阁。宋时其上即为藏书，其下作为中路殿门之一，且位在大成殿之前，兼为祭孔祀典的演习场所。今阁为明时重建，规制宏伟，赫然于主轴。而在极为有限的涉及庙学建筑规模数据的宋、元《学记》中，尊经阁却备受关注，不输大成殿、讲堂，其地位不容小觑。经整理归类，尊经阁所在位置约有8种（图4），其中可见讲堂和尊经阁的组合现象。

再综合元至清时曲阜孔庙及国子监藏书类楼阁的规模数据[11][5, 14-16]，宋元时期地方庙学中的尊经阁[12][1, 17]，无论象征意义，抑或建筑规模及群体空间的统领作用，皆不言而喻；阁，或在大成殿前，或在讲堂正前或东南，或于空间轴线之末，对空间氛围的烘托强调、序列轴线的高扬收束，皆其义自现。

但同样是在宋元时期，尊经阁的空间位置与象征意义也在悄悄地发生着变化[13][1]。无论是迫于地势移址，还是对阁之命名意义的不同理解，尊经阁位置移向庙学轴线终端的趋势（图5）及规

10　真宗景德五年（1009），于东京国子监“文宣殿北建阁，藏太宗御书”。参见《宋史》卷一百五《志第五十八·礼八·文宣王庙》。徽宗大观三年（1109），赐天下州学藏书阁名“稽古”，阁亦更名。参见《宋史》卷二十《本纪第二十·徽宗二》。高宗绍兴十二年（1142），临安太学正门内中有首善阁，悬高宗御书“首善之阁”额，内藏南宋历朝皇帝幸学诏书等。参见《咸淳临安志》卷八。孝宗淳熙四年（1177），在孔庙后建光尧石经阁，置高宗及吴皇后手书《周易》《尚书》《诗经》《礼记》《左氏春秋》《论语》《孟子》等墨本于上堂，刻石碑立于阁下，供太学生观学。同时，“议者以旧像无福厚气象，合改塑。……其（孔庙）旧像经两朝祭奠，宜奉安首善阁，诸公以为然，议遂定，自是绘像一变，与古不同矣”。参见［宋］赵彦卫《云麓漫钞》卷六。

11　元至清曲阜孔庙与国子监藏书楼规模数据参见［明］黄佐《南雍志》卷七《规制考上》，《钦定国子监志》卷九《学志一·学制图说》，南京工学院《曲阜孔庙建筑》，姜东成《元大都孔庙、国子学的建筑模式与基址规模探析》（《故宫博物院院刊》2007年第2期）。

12　宋、元一些地方孔庙尊经阁的规模数据，南宋的平江府学、建康府学参见郭黛姮《中国古代建筑史·宋、辽、金、西夏建筑》第583页；元的吴县学参见《全元文》（第25册，第570-571页）杨载《尊经阁记》，新城县学参见《全元文》（第26册，第474-476页）虞集《建昌路新城县重修宣圣庙学记》，分宜县学参见《全元文》（第26册，第512-515页）虞集《袁州路分宜县学明伦堂记》，袁州路学参见《全元文》（第26册，第516-518页）虞集《袁州路儒学新建尊经阁记》；新会县学参见《全元文》（第26册，第521-522页）虞集《新会县学观海阁记》。

13　据《全元文》（第25册，第570-571页）中杨载《尊经阁记》，如宋时吴县学尊经阁位在讲堂前，“前距大池仅半步，后迫明伦堂”，入元后移之，“倚槛而望，郡郭之内，浮屠老子之宫，虽楼观相连，凌虚特起，其势皆诎伏在下，无敢与之争，其创制之奇伟如此”。又据《全元文》（第9册，第425-427页）姚燧《澧州庙学记》（大德三），再如澧州学，为阁在大成殿南的案例，初名“六经阁”，元大德三年（1299）因语校官张公绶言：“《易》《书》《诗》《春秋》，其系定删作，实出夫子之手。《周官》虽云周公之书，《冬官》篇亡，当以《考工记》与《小戴记》。礼者皆汉儒，岂可与是四经班而为六？且今四海礼殿，皆名大成。”遂改书“金声玉振之阁”。

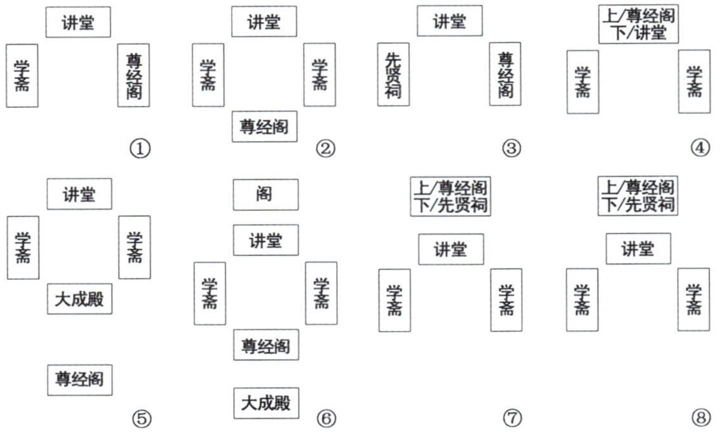

图 4　宋元地方庙学尊经阁位置
图片来源：据曾枣庄、刘琳主编《全宋文》（360 册），李修生主编《全元文》（60 册）整理。

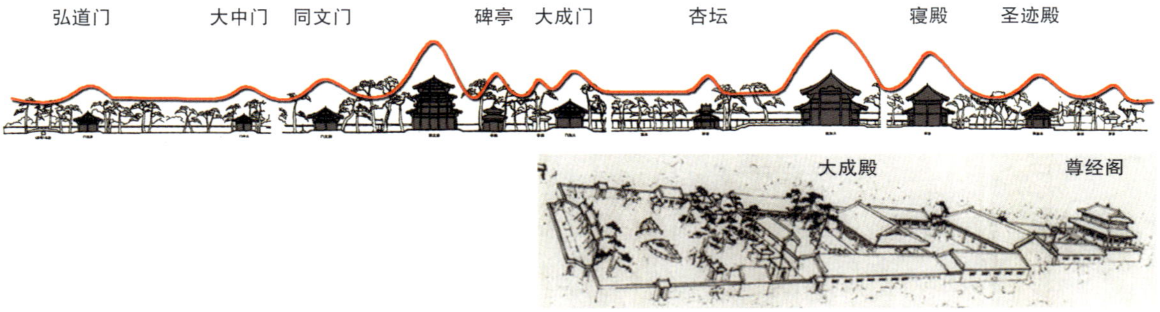

图 5　尊经阁位置的变化对空间轴线的影响
图片来源：上：《曲阜孔庙建筑》第 316-313 页图版二七○“孔庙纵剖面”；下：李铁夫《韩城文庙建筑研究》第 50 页图 5.3“韩城文庙鸟瞰图”。

模缩小的现象是存在的（图 6）。虽然有元大都国子监崇文阁这般的庞然大物出现，但明北京国子监因其已毁旧址建彝伦堂即证：藏书之楼阁历有元一代，已落下殿堂之前的显赫位置，并明朗为明以后扮演庙学空间主轴的收束或形成次轴的角色，否则明地方庙学布局中无一例位于殿堂之前的事实，如何解释？

2. 敬一亭与启圣祠

至明中叶，自上而下，几乎所有庙学都设立了敬一亭、启圣祠（清改称崇圣祠）。

刘章泽认为《礼记 · 祭法》“天下有王，分地建国，置都立邑，设庙、祧、坛、墠而祭之，……远庙为祧”，乃为启圣祠选址的

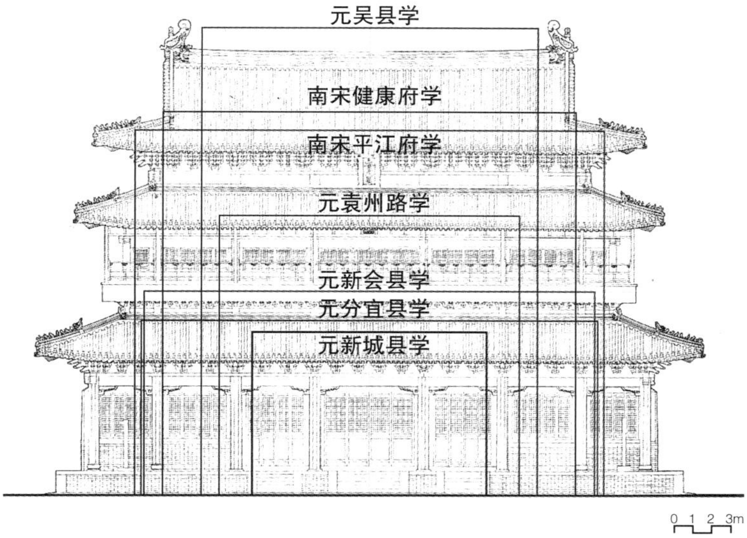

图 6 宋元地方庙学尊经阁规模与曲阜孔庙奎文阁比较
图片说明：①吴县学“凡三间、两翼、三檐、二十八楹，为高八十尺，东西一百尺，南北五十六尺”。规模甚巨，是否史料记载有误，抑或包括基座高度，不详；东西向虽为正面，但包括两翼，故面宽居南北向。②分宜县学、袁州路学包括基座高度。③数据据郭黛姮《中国古代建筑史 · 宋、辽、金、西夏建筑》、李修生主编《全元文》（60 册）整理。④底图引自：《曲阜孔庙建筑》第 328 页图版二九九。

理论依据，并有如是推论[18]，括其为三：

（1）魏晋以来的太庙制度为庙内两厢别立夹室安置已祧神主，曲阜孔庙的启圣殿、崇圣祠［清雍正元年（1723）改孔子家庙为之］分别位于孔庙东西两路，基本是源于早期太庙制度。

（2）明清另立祧庙制，将庙置于殿后，如北京太庙寝宫以北隔出一区为祧庙，明万历年间（1573—1620）北京国子监孔庙殿后建祠即为新制的影响。

（3）地方孔庙中启圣祠的位置变化有一个缓慢的过程，初期受太庙或曲阜孔庙影响较大，多在殿东，四川德阳孔庙即为自殿后改作东的案例；但最终，祠位殿后则成为各地文庙的基本形制。

征诸今人基于不同地域的庙学研究[19-22]，上述后二点皆得以印证，即清中后期祠多居殿后，且建筑规模较之明时为甚。皇帝诏建启圣祠，地方不敢不从，但庙学基址已定，添建工程受制于原有用地，初期祠在孔庙中的定位模糊是常见的，且是必然的。

宋时尊经阁常与讲堂合为一体，位居堂上，入明后此现象已

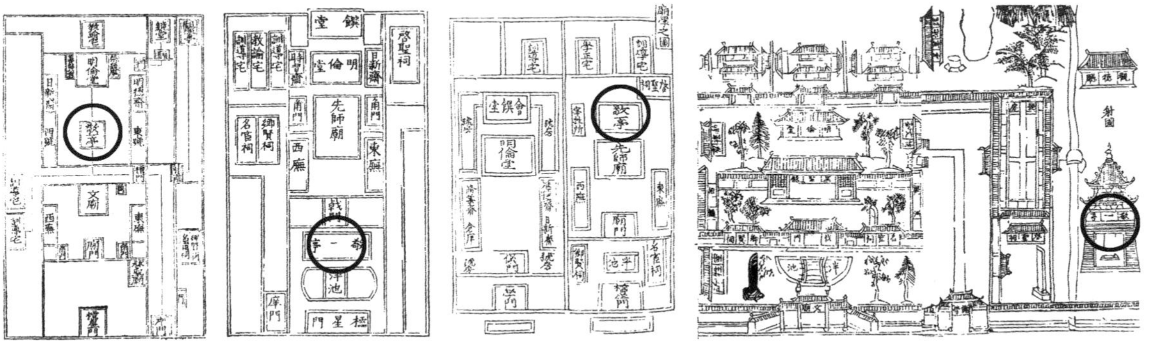

雄县学　内黄县学　归德州学　固始县学

图 7　明地方庙学敬一亭位置列举

图片来源：散见于《天一阁藏明代方志选刊》《天一阁藏明代方志选刊续编》。

颇为少见；但启圣祠的诏建及其逐步向大成殿后移位的趋势，却带来了新的建筑组合方式，即祠阁一体，下为启圣祠，上则藏书[14]，并再次高扬起主轴线的结束，空间构成方式的轮回耐人寻味。

敬一亭之建虽稍早于嘉靖改制，但各地的建造基本与启圣祠同步。其设置只是为了安放嘉靖五年（1526）御制的《敬一箴》碑，建筑形式较为随意，选址亦四处游弋（图 7）。嘉靖帝本欲通过敬一亭之立来重建道统象征，从而否定儒士所构，对孔庙祀典的降杀亦为突出其地位，即权威对孔庙象征性的操纵[2]。

基于理想状态，敬一亭当建在明伦堂之后，强调学的空间轴线，明两京国子监皆然，但地方上敬一亭选址的随意，却证之全国性的、学对庙的有效对峙和抗衡并未形成。

三、崇祀近贤：从学向庙移动

时人崇祀近贤，目的很单纯，无外乎“善风俗、表忠孝，所以厚纲常”[1]或“为祠，使此邦之为士者有以兴于其学，为吏者有以法于其治，为民者有以不忘于其德”[8]等，此传统极为久远[15][1]。从本质上看，所谓先贤、乡贤、名宦，其实并无泾渭分明

14　如云南楚雄文庙、宾川文庙，山西静升文庙等。启（崇）圣祠供奉孔子先祖，当肃穆有加，但堆放儒家典籍于上，可以接受。通常阁之下层各柱等高，用料工整，典型的“殿堂”结构；其上则较近于“厅堂”类，亦为不同功能影响下的建筑等级表现。

15　据《全元文》（第 18 册，第 574-583 页）熊禾《三山郡泮五贤祀记》，若问：“所在郡国学校，各祀乡之先贤，或郡之良牧，于礼亦有稽乎？”答案是肯定的：“《礼》有祀先贤于东序、及祭乡先生于社之文。……若以一国一乡论之，各有先贤、乡先生，其节行足以师表后进、轨范薄俗者，固在乡国之所当祀矣。”又据《全元文》（第 9 册，第 249-250 页）阎复《乡贤祠记》，如董仲舒之于广川、东方曼倩之于平原、羊叔子之于泰安、马宾王之于茌平，或孔明之在南阳、宣公之在吴江、管幼安之在东海、阳城之在晋鄙，又或蜀之文翁、闽之常衮，“在在莫不有祠”。

的界限，试问宦若不贤，何以为名？如宋时地方庙学中虽无名宦祠，但先（乡）贤祠的崇祀对象实已纷杂，主要包括：乡之名德为后进尊慕者，如建宁府学二公祠之游酢、胡寅；有惠政于地方者，如韶州学濂溪先生祠之周敦颐；有功于州县学者，如湖州学林公祠之的林公，唯名讳不详；学问道术足堪师法者，如南雄州学四先生祠之周敦颐、二程及朱子[23]。

问题在于：由宋元入明，地方庙学普遍设祠的社会意义及其空间表征方式。

1. 祠先贤于城市或学

从古制的延传方面考量，学中“乡贤有祠”，其“权舆于古先生殁而祭于社，与今天下学庙先圣祠先贤，有自来矣”[1]。不过，这并不能解释地方庙学的普遍设祠现象。检阅宋元之际的史料记载，地方城市及庙学设祠的概况约为：城市及庙学设祠多处；城市中已设有专祠，庙学再添建之；多祠散处于城市，且祀者不一，遂合祠于庙学；尤其是庙学祠祀对象或建筑数量时有增加，但绝大多数围绕“学”部分展开，昭彰对“庙”的敬而远之。

孔子、四公、十哲、七十子及先儒，“盖天下通祀也”[1]。先（乡）贤则仅止于地方，与当地接近，更为诸生所熟识。但两者又存有密不可分的联系：被列入孔庙从祀班序者，先须具备被尊为先（乡）贤的荣耀，如宋代九儒自逝后至被列从祀的时段内，在其生前讲学之所，或仕任之地，或过往之途，或影响所及，皆普遍地被当地先（乡）贤祠供奉。皇帝下诏从祀近代九儒其实是对其影响广大这一现实的承认，地方上亦随之纷纷改作16[8]。

入元，仁宗重申此诏，则加速了程朱理学对北方社会的渗透，许衡的从祀即为代表。从凡人到先贤再从祀，表明在儒学的膜拜世界中依然为世人架设了等级的阶梯，庙学对时人亡灵的接纳，实乃现实社会法则的演绎[23-26]。

而这种演绎的受众首先就是接受儒学教育的人群，虽然儒化的方式及载体皆繁多，如民间书院、书塾等，但最能代表官方权

16　据《全宋文》（第310册，第259-261页）魏了翁《成都府学三先生祠堂记》，三先生（周敦颐、程颐、程颢）之祠迟至南宋开禧年间（1205—1207）就已“遍天下”。又据《全宋文》（第301册，第36-38页）于柔《新城县增置学粮记》（嘉熙元），更有如新城县学设四先生祠（濂溪、明道、伊川、晦庵），乃因“汉唐经生犹登祀列，四公挺出，道接洙泗，而不班焉，可乎？为之祠以次群祀，示当升而未升也”这般的预言。再如安庆府学，据《全宋文》（第288册，第382-383页）黄榦《安庆府新建庙学记》（嘉定六）“以侍讲朱文公先生所定新仪悉厘正之，郡之先贤与周、程三先生，旧祠学门外，至是迁之以亚从祀”。

威的则非庙学莫属。

城市中先（乡）贤祠向庙学合拢的态势或庙学自身的纷建行为，实际出于其空间磁场的吸引。此处为城市中儒学的最高精神代表，是所有读书人梦想进入的殿堂，所谓祠“不于庠序，非所以风励学者”[8]。祠置于庙学以外的城市空间中，懵懂的下层百姓虽可仰感其名，被泽其贤，但绝不会看到官方刻意设置却又隐含不见的“等级的阶梯”。如此，政治意图的理解和体现就大打折扣了。

此外，先（乡）贤祠的空间位置不仅与孔庙大成殿庭院拉开距离，且祭祀规格亦有异。一者等级有别；二者孔庙除了祭祀，平时严闭，儒生日常活动皆集中于学，祠设于学中，可使“学者游是学，拜是祠，庶几想像诸贤之为人，以无负国家之倚赖”[1]，起见贤思齐之功。如元时兴国县学“旧有二程祠，伯子、叔子立侍，仿先师位改侍坐焉”[1]，一方面是模仿孔庙的尊崇，另一方面也是让儒生时时熏染到不得轻易入其内的大成殿陈设的庄严。

同样，人物地位的抬升，虽会带来使用空间的属性替换，如安庆府“郡之先贤与周、程三先生，旧祠学门外”，南宋嘉定六年（1213）“迁之以亚从祀”[8]，但空置的祠室迅速地会有新鲜血液的补充，如此，又兼具了榜样的时效性。

2. 乡贤名宦二祠分立

明代不仅继承并发展了前代庙学祠贤的传统，且将其制度化，如清代毛奇龄曰：“惟明制，建学自成均以下遍及州县，较前代之建置无常格者最为周悉，于是哲配递降，由廊庑以外特设名宦、乡贤二祠于宫门左右。”清代宋荦曰：“前明之制，凡郡邑乡贤名宦，各附祀于学宫，守令岁以春秋二仲率官属行礼，（礼）典纂重矣。”[26]事在洪武二年（1369）朱元璋下诏附祭乡贤名宦。

不过，乡贤、名宦二祠是经过洪武（1368—1398）至弘治（1488—1505）的长时间推广才逐步普及的，赵克生对此作了精要的厘清[17][26]：明初，天下学校建先贤祠，左祀贤牧，右祀乡贤，春秋仲月附祭孔庙后；先贤祠后更名为名宦祠和乡贤祠；弘治年间（1488—1505）再次推广，令郡县“各建乡贤祠，以祀邑之先贤有行义者”，令郡邑“各建名宦乡贤祠以为世劝”[18]，

17 详见赵克生《明代地方庙学中的乡贤祠与名宦祠》，发展阶段的顺序为笔者所加。另，该文对祠室的管理、祀主的选择、祭祀的规格、教化的意义等方面，皆有详论，兹不具论。

18 详见《嘉靖威县志》卷五《文事志》，［明］蒋冕《湘皋集》卷二十一《全州名宦乡贤祠碑》。

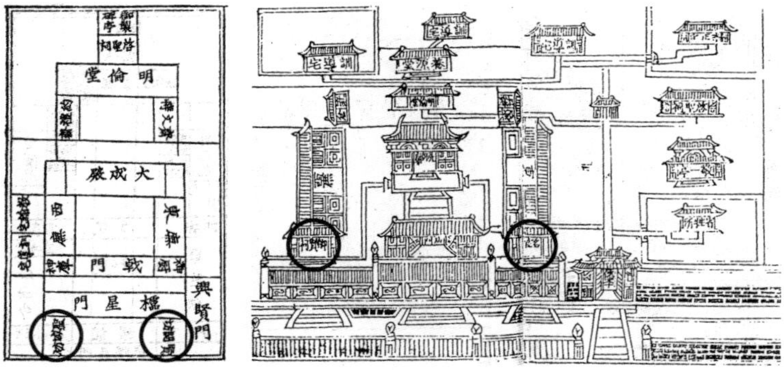

图 8　明地方庙学名宦乡贤二祠列举
图片来源：散见于《天一阁藏明代方志选刊》《天一阁藏明代方志选刊续编》

虽未全面付诸实施，但为正德（1506—1521）、嘉靖（1522—1566）以后地方兴建二祠提供了依据。

就空间表现而言，正德、嘉靖前后也有显著不同。赵氏亦有论，且与笔者检出的明地方庙学中祠室的分布状况甚为契合，仍援引之[26]：其前，多承旧制，采用“同堂合祀”的方式，通常将一祠划为左右二室，左祀名宦，右祀乡贤，名宦、乡贤各以时代先后序列；其后，“二祠分祀”成为主要形式，由合到分，各地时间亦不一，但趋势极为明显。

分祀制下，二祠分布位置多变，无特定规律可循。常制是庙之戟门（大成门）“左（东）名宦，右（西）为乡贤”；或在庙之侧分立；或附于启圣祠，前后不定，通常仍是左宦右贤；也会出现在学之侧，或学之后的前名宦、后乡贤分立……不一而足。

出现以上多样性的原因在于：孔庙之建在先，而二祠附祀在后，可建设用地的大小、位置皆有不同，建筑选址也就差异颇大。笔者本拟将各种布局方式汇总，但实际困难重重，盖因随地置宜在处有之，更有如广平县学的名宦、乡贤二祠建于城隍庙侧的案例。

二祠分立的空间意义体现在东西并列，主要是对孔庙主轴线的拱宸；而尊卑等级则表之于孔庙殿庭之前的位置选择，或大成门两侧，或棂星、大成二门之间，或棂星门两侧（图 8），甚至殿庭高垣之外。

不过，至少可以提炼出两点现象：其一，明时的二祠分立制带有浓厚的“官本位”色彩，名宦位在乡贤之东或之前的高出现率，即为明证。其二，新建、重建，或在已有条件允许的情况下，二祠向“庙”空间的移动趋势是极为明显的，较之前代对“学”的青睐，该现象可能暗示了先贤名宦榜样意义的时效性已被官方意旨的权威性取代。

四、射圃：象征性的匡正汉典

依《礼记·射义》19，以射圃为之射仪，当为取法三代，借射弓观德行而选士耳，亦为射亭常以“观德”名之的来由，诚如《孟子》所云：“仁者如射，射者正己而后发。”

早在西汉太学即有射宫之设，唐长安国子监亦有射堂。及至北宋神宗熙宁年间（1068—1077）行“三舍法”，武学附选，庙学纷建射圃，又似以熙宁十年（1077）东京太学“西门修筑射圃，听诸王遇假日习射”20为滥觞。后“三舍法”罢，武学废，射圃亦渐荒颓。再至南宋孝宗淳熙年间（1174—1189）又见射圃之重振21[23]，然皆为临安太学事，未必及于地方。

元时的重要变化是：射圃完全荒废，挪作他用。此为擅长骑马射箭的蒙古人在天下尽入彀中之后，对汉人习射讳莫如深的必然反应。原南宋辖内，偌大如城墙，尚遭蒙古人摧枯拉朽的毁城政策[27]，庙学中小小的射圃，更是难逃厄运。射圃的废弛势所难免，也折射出蒙古人对儒家繁文缛节的反感，“凡近世学官，一切无用之虚文，悉以罢去。学问必见践履，文章必施之政事，使圣人全体大用之道，复行于世”[1]。故延祐年间（1314—1320）有识者云：“饮射礼废久矣，朝廷之礼又非远民得瞻，其可见者学校释奠耳。”22 [24] 反观前代少数民族“以武功定天下”[1]的辽、金，庙学的射圃记载亦为寥寥。

---

19 据《礼记正义》卷六十二《射义第四十六》，“射者，进退周还必中礼。内志正，外体直，然后持弓矢审固。持弓矢审固，然后可以言‘中’。此可以观德行矣。……射者所以观盛德也。是故古者天子以射选诸侯卿大夫士。射者，男子之事也，因而饰之以礼乐也。故事之尽礼乐，而可数为。以立德行者，莫若射，故圣王务焉。……天子将祭，必先习射于泽，泽者，所以择士也。已射于泽，而后射于射宫，中者得与于祭，不中者不得与于祭。不得与于祭者有让，削以地；得与于祭者，益以地；进爵绌地是也”。

20 ［清］宋继郊《东京志略》第 320 页，引《玉海》卷一百七十五。

21 据［清］宋继郊《东京志略》引《玉海》卷一百七十五。又据周愚文《宋代的州县学》注 107，《宋会要·崇儒》载：淳熙元年（1174）诏“太学置射圃”；先是知道州楼源上言：“乞依旧法许太学诸生遇旬假日，过武学习射。”国子监以“太学生员数多，欲早晚习射，以武学射圃狭，兼太学生过武学与告假人混杂，乞就太学自置射圃”。又据《宋史》卷一百五十七《志第一百十·选举三》，“命诸生暇日习射，以斗力为等差，比类公、私试，别理分数”。

22 据《延祐四明志》卷十三《学校》，《宋元方志丛刊》（第 6 册）。元代庙学射圃的荒废，参见胡务《元代庙学——无法割舍的儒学教育链》。

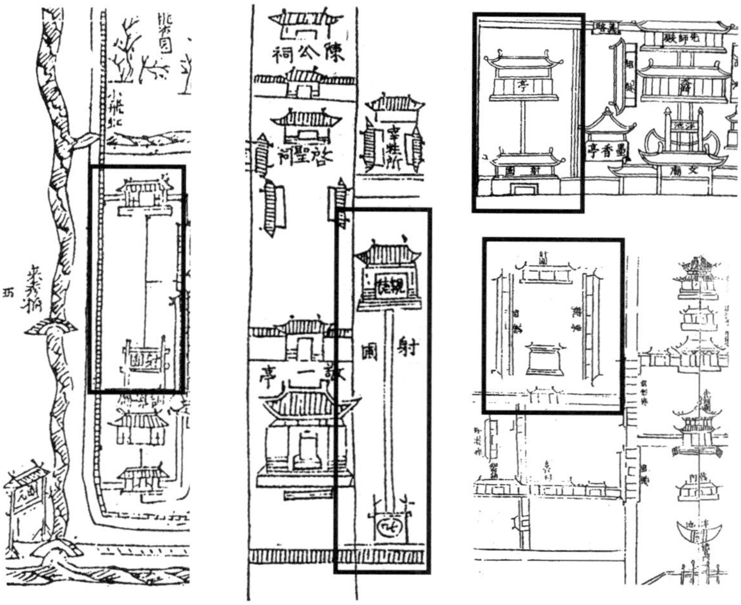

图 9　明地方庙学射圃列举

图片来源：散见于《天一阁藏明代方志选刊》《天一阁藏明代方志选刊续编》。

明初立，朱元璋致力匡正汉典，射圃再受重视（图 9）。洪武二年（1369）颁学校射圃规[23][13]，朱元璋与国子生曾有一段对话，其意昭然：

帝曰："尔等读书之余，习骑射否？"对曰："皆习。"曰："习熟否？"对曰："未也。"乃谕之曰："古之学者，文足以经邦，武足以戡乱，故能出入将相，安定社稷。今天下承平，尔等虽务文学，亦岂可忘武事？诗曰'文武吉甫，万邦为宪'，惟有文武之材，则万邦自以为法矣。尔等宜勉之。"[14]

地方上的响应较为迅捷。以苏州府为例，据胡务统计：苏州府、长洲县、吴县、吴江县、震泽镇、昆山县、常熟县、嘉定县等地方学的射圃均在洪武三年至八年（1370—1375）间创建[24]。

自学有射圃始，其位置皆不定，随地之宜，庙学之前、后、左、右皆有案例；圃中一般设观德亭，或曰射亭、观射亭等，一间、三间、五间例有，以前者为数众多，朝向亦不定。洪武二十五年

23　据张林《平山县志料集·学校格式碑》：学内设空阙地一所以为射圃，……教学生习射，但遇朔望的日子要试演过，其有司官办事闲时也与官一体习射，若与有司官、学官不肯用心教学生习射的，定问他要罪。

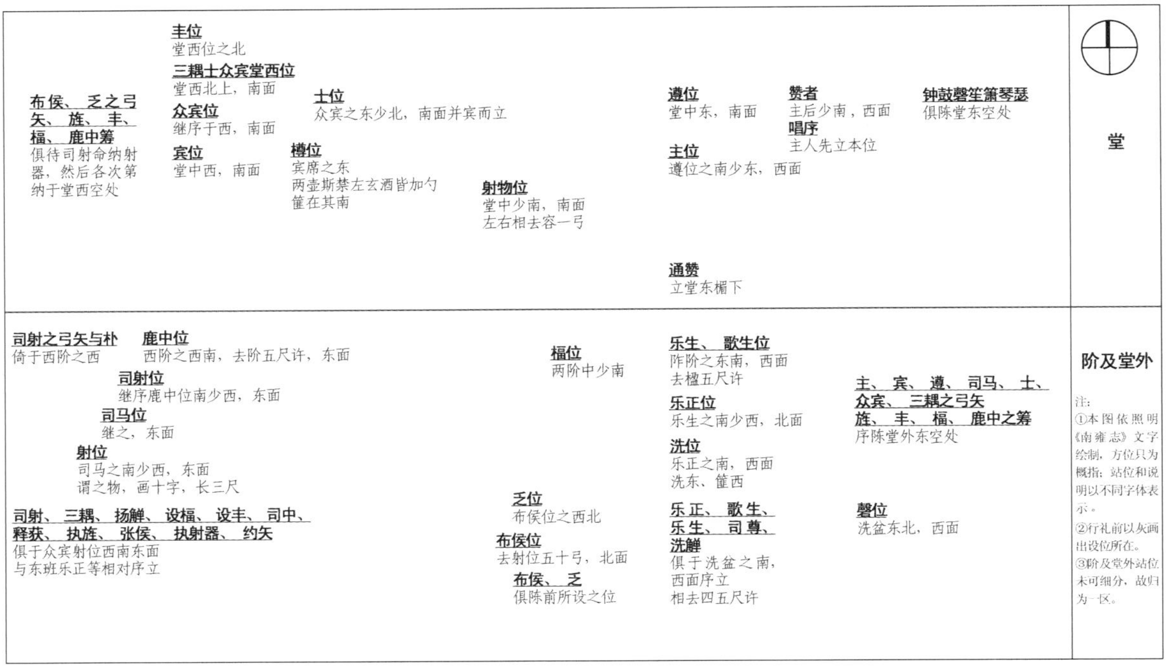

图 10 明《南雍志》“合射仪”站位

图片来源：据［明］黄佐《南雍志》卷十二《礼仪考·下篇》绘制

（1392）又颁射仪，射圃的空间使用亦明：“射，凡府州县儒学生员，遇朔望于射圃先立射鹄，置射位，初三十步，自后累至于九十步，射用四矢，二人为耦，各以次相继，长官为主射，中的赏酒三爵，中采赏二爵，司射射毕，自下而上。其间，暇日习射，不拘此礼。”[14]（图 10）

虽有制度之厘定，但取士多恃科举，读经书写八股为首要，习射自然备受冷落，射圃颓态难挽。至嘉靖改制，恢宏习射又提上日程，但仍是上行而下不效。胡务的论断切中肯綮：“‘每遇朔望，邑长贰率厥师生习射于其中，射必以耦而进，胜者赏，负者罚，周旋进退于威仪礼让之间，观者莫不赞之。’这样的景象只有在皇帝刻意强调，或地方官雅兴所至的时候方可看见；礼、乐、射这些上古就有的礼制，只是儒家的理想境界，距离尘世毕竟太远。随着时间的推移，许多射圃亦都逃脱不了废弃的覆辙。”[24]

所谓“诸生合射，非籍于学、非齿于乡而徒以艺进者不与”[8]，射圃的象征性不言而喻。但虽有物质空间的存设，却徒为一个虚荡的躯壳，习弓射箭的健身本意绝少见到，偶尔的心血来潮也仅限于对古时礼仪的遥指怀念而已。

五、结语

明代是庙学的增制和规范化时期，其后的清只是在明的基础上缓慢地升级。本文所论明代庙学建制的几个变化，在丰富空间、扩大规模和加强轴线的同时，完成了一个主次分明、井然有序的建筑系统的营构。如此诸般，皆表明庙学是一个可以不断生长的建筑系统，但变化之中亦有不变之主线："变"主要指庙学建筑系统在纵向时间维度上的生长，随着时代荣替，应统治需要或官方旨趣，在形制、规模、内容上的变化，落脚点在之物质形态，总的趋势是象征意味愈发叠加和复杂；"不变"的则是对以孔子为代表的儒家文化和思想的推崇，在乎精神的传承，始终保持着一种学人之祖的本色。

专制皇权出于帝国统治的需要，将庙学塑造为"素王"孔子身后存在于现实世界的理想系统。这种儒家文化体系下的国家机构化行为，将儒学道统外化为官方的意识形态，使得庙与学二者的受关注度恰恰是由适时性的统治策略所决定的。不过，有明一代，虽曾有诸般手段试图在"庙""学"之间取得一定程度上的平衡，但真正意义上的等同视之并未实现。

参考文献：

[1] 李修生．全元文 [M]. 南京：江苏古籍出版社，1999.
[2] 赵克生．试论明代孔庙祀典的升降 [J]. 江西社会科学，2004, 24(6)：104-110.
[3] 孟森．明史讲义 [M]. 北京：中华书局，2006.
[4] 徐泓．明南京国子监的校园规划 [M]// 赵毅，林凤萍．第七届明史国际学术讨论会论文集．长春：东北师范大学出版社，1999：561-576.
[5] 姜东成．元大都孔庙、国子学的建筑模式与基址规模探析 [J]. 故宫博物院院刊，2007(2)：10-27.
[6] 黄进兴．圣贤与圣徒 [M]. 北京：北京大学出版社，2005.
[7] 朱之瑜．朱氏舜水谈绮 [M]. 上海：华东师范大学出版社，1988.
[8] 曾枣庄，刘琳．全宋文 [M]. 上海：上海辞书出版社，2006.
[9] 孔祥林．中国和海外近邻文庙制度之比较 [J]. 孔子研究，2006(3)：45-56.
[10] 彭蓉．中国孔庙研究初探 [D]. 北京：北京林业大学，2008.
[11] 张亚祥．江南文庙 [M]. 上海：上海交通大学出版社，2009.
[12] 白颖．明洪武朝建筑群规模等级制度体系浅析 [J]. 建筑师，2007(6)：79-86.
[13] 张林．平山县志料集 [M]// 石刻史料新编：第三辑（24）．台北：新文丰出版公司，1982.
[14] 黄佐．南雍志 [Z]. 江苏省立国学图书馆影印本，1931.
[15] 文庆，等．钦定国子监志 [M]. 郭亚南，等点校．北京：北京古籍出版社，2000.
[16] 南京工学院建筑系，曲阜文物管理委员会．曲阜孔庙建筑 [M]. 北京：中国建筑工业出版社，1987.
[17] 郭黛姮．中国古代建筑史 · 第三卷：宋、辽、金、西夏建筑 [M]. 北京：中国建筑工业出版社，2003.
[18] 刘章泽，隗瀛涛．德阳孔庙布局及其与各地孔庙形制的比较研究：关于孔庙形制演变的探讨 [M]// 孔学孔庙研究．成都：巴蜀书社，1991：389-401.
[19] 四川省文物考古研究院．四川文庙 [M]. 北京：文物出版社，2008.
[20] 邹律姿．湖南文庙与书院：儒家文化的载体 [M]. 北京：文物出版社，2004.
[21] 胡炜．云南明、清文庙建筑实例探析 [D]. 昆明：昆明理工大学，2003.
[22] 李轶夫．韩城文庙建筑研究 [D]. 西安：西安建筑科技大学，2004.
[23] 周愚文．宋代的州县学 [M]. 台北：台湾编译馆，1996.
[24] 胡务．元代庙学：无法割舍的儒学教育链 [M]. 成都：巴蜀书社，2005.
[25] 成一农．唐末至明中叶中国地方建制城市形态研究 [D]. 北京：北京大学，2003.
[26] 赵克生．明代地方庙学中的乡贤祠与名宦祠 [J]. 中国社会科学院研究生院学报，2005(1)：118-123.

“二重城”的再现与明太祖的制度建构
——明初亲王宫殿与地方城市

白颖

在地方城市中营建亲王宫殿是明代历史上的重要事件，并对地方城市产生了巨大影响。如果将这一事件放到地方城市史的链条上，从“二重城”图式的视角看，它成了其中非常有趣的一环。本文以二重城为切入点，探讨明初王国都城的二重结构的来源，及在明洪武朝地方城市中重现的二重形式背后的意义。

一、“二重城”的历史与明代的再现

在中国古代地方城市的历史上，两重城墙的城市平面形式曾多次出现，本文简称其为“二重城”。二重城的形式，在功能分配上来看，一般来说内城为宫，是统治者的住所，外城为城，是百姓的住所。二重城的制度源于西周，在周代、南北朝、隋唐时期与明初的城市制度中都明显地浮现出来。

1. 明代之前的二重城制度

东周时期的城市，《春秋》中有鲁国都城“城中城”的描述，《左传》《史记》中也有齐都城是郭内中心有宫城的模式。曲阜鲁城的考古发掘也证实，东周时期的鲁城是大城圈套小城圈的形式，内为宫城，外为郭城[1]。“内为之城，城外为之郭”[2]，“城”（内城、小城或宫城）与“郭”（大城或郭城）是这种二重城模式的反映。筑城以卫君，造郭以守民，城内是国君的宫殿，郭在城外，是居民的居住区以及手工业作坊，甚至墓葬等等。

郭湖生先生注意到从南北朝开始，经隋唐至宋，地方州、军一级的城市，普遍都为子城—罗城二重城的结构。从地方志的图文记载来看，隋、唐、宋时期几乎所有的州军城市都建有子城，而县城几乎无子城的设置[3]。所谓的子城，即罗城内的小城。子城四周筑有城墙，内为州、军的衙署机构，是地方城市的政治核心。罗城又称罗郭，是子城周边的外城，主要为居民居住的场所。子城正门又称谯楼，在子城消失后很多地方城市仍有谯楼存在。从城市图式来说，子城—罗城制度是历史上比较明确的第二次二重

1 田岸，曲阜鲁城勘探[J]. 文物，1982(12)：1-12.
2 李山，译注 . 管子[M]. 北京：中华书局，2009：313.
3 郭湖生 . 中华古都：中国古代城市史论文集[M]. 台北：空间出版社，2003：145-164.

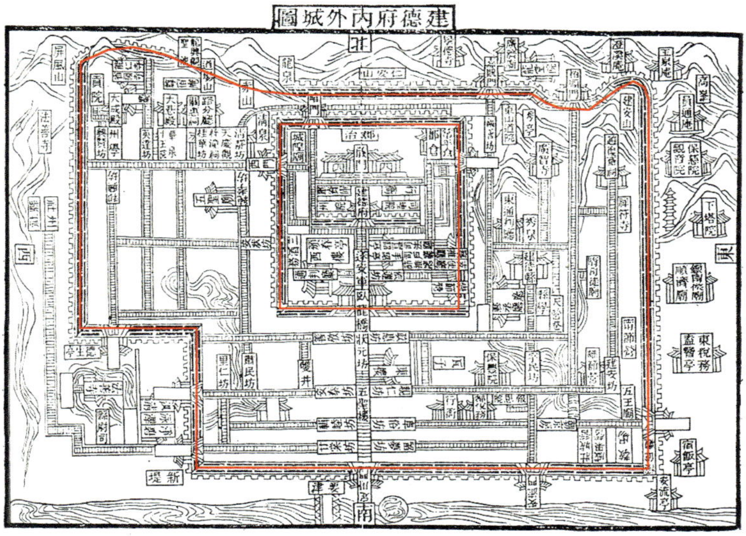

图 1　南宋淳熙《严州图经》建德府内外城图（内为子城，外为建德府城墙）
图片来源：[南宋] 淳熙 . 严州图经 [M]// 郭湖生 . 中华古都 中国古代城市史论文集 . 台北：空间出版社，1997.

城制度，与先秦时期的城—郭制度有一定的延续关系（图 1）。

元代是中国传统礼制废弛的时代。对于城市制度来说，最大的变化是城墙的消失。国家下令各地隳毁城垣，禁止修城，罗城、子城毁弃殆尽，打破了从南北朝至唐宋建立起来的帝都—州（军）城市的礼制制度。外城虽然后来修复，子城却就此消失。子城—罗城的二重城格局不复存在。

元代对礼制制度的破坏，成为明代替元之后便重建礼制的重要原因，从城市制度来说，导致了诸侯的二重城在中国历史上再次昙花一现。

2. 明初的王国与亲王宫城

明代立国之初，洪武三年（1370）便首封第一批亲王，根据所封的封地，以相应的古代诸侯名称命名 [4]。明初的亲王均手握兵

4 “四月七日，封第二子樉为秦王，第三子棡为晋王，第四子棣为燕王，第五子橚为吴王，第六子桢为楚王，第七子榑为齐王，第八子梓为潭王，第九子杞为赵王，第十子檀为鲁王，从孙守谦为靖江王，皆授以册宝，设置相传。”胡广，等 . 明太祖实录 · 卷五十一 [M]. 台北：“中央研究院”历史语言研究所，1962：1000-1002.

权[5]。亲王还具备地方的管辖权，设相傅官，兼任地方行省的左右丞、参政或者都司、卫所的军事官员。亲王分封至地方之后，按照规制建造规模宏大的建筑，由国家统一派遣修造和督工的负责人前往封国所在地建造，银两由国家责令各地供给，工役由地方政府派遣。

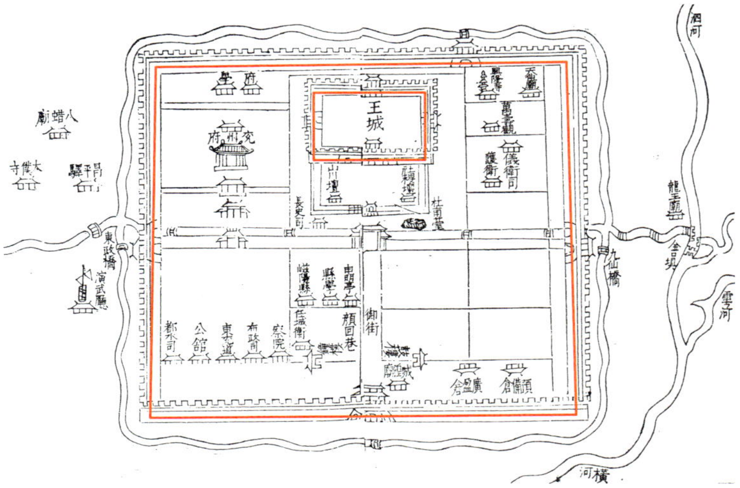

图 2　明万历《兖州府志》兖州府图（内为鲁王城，外为兖州府城）
图片来源：万历《兖州府志》

朱元璋分封诸子为亲王，在府、州、县城市体系之上，出现了一批诸侯王国的都城。亲王宫殿周围建造城墙，亲王宫城规模巨大，“按照明初的规定周围三里三百九步五寸，东西一百五十丈二寸五分，南北一百九十七丈二寸五分”[6]，约为 479 米 ×629 米（按 1 明尺 =31.9 厘米）。宫城墙与城市城墙一起构成二重城的模式再次出现（图 2）。

各个历史时期的二重城，在地方城市的图式上是类似的构成关系。如果将春秋时期、南北朝至隋唐宋时期和明代初年联系起来看，尽管内城的称呼不一，性质有差异，但相似的“二重城”构图在地方城市的历史上反复出现。

那么为何在明初又再次出现二重城的格局？本文将从地方城

5 洪武年间的《皇明祖训》规定：“凡王国有守镇兵，有护卫兵。其守镇兵有常选指挥掌之。其护卫兵从王调遣。如本国是险要之地，遇有警急，其守镇兵、护卫兵，并从王调遣。”见：朱元璋 . 皇明祖训 [M]// 四库全书存目丛书编纂委员会 . 四库全书存目丛书（史 264）. 济南：齐鲁书社，1996：185.

6 胡广，等 . 明太祖实录・卷一百十九 [M]. 台北：“中央研究院”历史语言研究所，1962：1938-1939.

市的二重城的来源和意义出发，探讨明初二重城制度背后的政治意义，并阐释明初是如何通过空间手段的建构来实现和加强这种意义的。

二、“二重城”的意义与明太祖的礼制革新

在中国历史上反复出现的二重城，其最原始的意义是周代封建制在国家与城市制度上的反映。《周礼》中记载:“上公九命为伯，其国家宫室车旗衣服礼仪皆以九为节；侯伯七命，其国家宫室车旗衣服礼仪皆以七为节；子男五命，其国家宫室衣服礼仪皆以五为节。……公之城盖方九里，宫方九百步；侯伯之城，盖方七里，宫方七百步；子男之城，盖方五里，宫方五百步。”[7]这段记载是等级分明、秩序井然的周代封建制度投射到城市模型上的反映。公、侯伯、子男是帝王的支脉延伸到国家各地方的一种象征，身份等级与车旗衣服对应，与所居的城市、宫殿对应。国家的城市体系，包含着与身份对应的不同等级的城市。从上公到侯伯、子男，城市规模逐级递减，但三个等级的城市都为外城内宫殿的二重的模式。不同等级二重城的相似同构，是帝王的权力在地方的代表，而二重城规模的数字减杀，则是相应的等级身份的象征。通过二重城的级差与同构，将整个国家连接在“礼仪和家族的网络”之中，并且“在世俗和超现实的层面都能发挥功用”[8]。

在元代摧毁子城制度之后，明太祖为何要恢复二重城制度？这其实与明初的制度建构和礼制复兴有密切的关联。明代替元，为了表明从蒙古人手中夺回天下的礼制正统性，明太祖以“礼法”为开国第一要务，进行了一系列的制度革新，宗室的分封制度也在其列。在古代国家制度中，分封是重要的礼制活动。明太祖的分封，相较于防御边患，更具备派皇室血脉镇守天下的礼制意义[9]。

明太祖要进行礼制革新，重新追溯古代国家的礼制，于是古代的礼制文献，特别是《周礼》，及汉代、唐宋的礼法制度记载成为恢复中国传统礼制的基本参照。明初分封诸侯之时，先前时代诸侯国都的样本早已湮灭，制度亦无明确记载，明太祖唯有依靠上古时代关于诸侯礼制的记载，去构想自己帝国内的诸侯之城，

---

7 郑玄，注；贾公彦，疏．周礼注疏，卷二十一·四部备要·经部[M]．上海：上海中华书局．

8 柯律格（Craig Clunas）引用梅晨曦（Tracy Miller）和巫鸿等对中国上古时期建筑制度的研究，阐述明代藩王国都在整个国家礼仪制度中的意义。见：柯律格．藩屏：明代中国的皇家艺术与权力[M]．黄晓鹃，译．郑州：河南大学出版社，2016：10．

9 关于明代分封亲王的目的，明代以来的学者多认为是出于抑制元代残余势力的入侵和西北边患，派诸子镇守防御。而事实上，明初的分封制度更是国家礼制的重要组成。参见：张德信．明代诸王分封制度述论[J]．历史研究，1985（5）：76-91．

借助二重城的模式，来赋予诸侯之城礼制上的意义。二重城的象征性格局继唐宋子城之后再次在地方城市中出现，不过同样的城市模式背后的意义和国家制度已经发生了根本的改变。

三、《周礼》文本的空间阐释：明代诸侯之城的建构

对照《周礼》文本与明初“二重城”的空间特征，明初的亲王二重城的建构是来自明太祖及其大臣们对《周礼》的理解与阐释的，是对《周礼》文本所记载的城市空间、身份等级与统治秩序之间关系的空间建构，可以从国家城市体系的级差关系、都城与王城的二重城同构关系、皇宫与王宫作为“二重城”之内城的级差与同构关系三个方面来分析。

1. 国家城市体系中诸侯之城的空间地理与规模等级

在城市体系的等级制度上，明代在元代城市体系的基础上，形成了都城、府、州、县的城市等级又在其中选择了一批城市作为诸侯国都，这些城市在全国的城市体系中，因而获得了次于都城的崇高地位，这种地位集中体现在被选择作为诸侯之城的城市的历史、行政等级与规模上。

明代城市的行政等级与规模之间，有着大概的对应关系，总体来说从府到州到县，城市的行政等级依次降低，城市规模一般来说也依次减小。根据陈正祥对明清城市规模的研究[10]，明代的都城规模大约在50里以上，府城的规模变化较大，在5~50里之间，其中布政司所在地府城与其他一些重要的城市，规模都在10里以上；州城的规模大约在5~10里之间，县城的规模大约在5里以下。

被选择作为诸侯之城的城市，从行政级别上看多集中在府一级的城市，在整个明代封藩的50余个城市中，有38个是府城，占全国总府城数量的24%，占分封城市总数的73%。这些府城中，有相当数量的府城是布政司的所在地，是一省之中最大的城市，如洪武年间封王的西安、太原、武昌、长沙、成都、开封、北平等。分封亲王的城市，绝大多数在5里以上，洪武年间的诸侯城绝大多数为20里以上的大城，如西安、太原、武昌、成都、开封、北平等。这些城市中很多还是前朝旧都，是具有战略意义的城市。

在明代诸王中，明初分封的“十王”地位超然，“十王”的国都也最引人注目。万历《兖州府志》第三卷，在谈及兖州鲁王宫殿时候提到其“备极宏敞，埒如禁苑”，乃是因为鲁王是洪武

10 陈正祥.中国文化地理[M].北京：生活·读书·新知三联书店，1983：73.

年初分封的十王之一[11]。在明代的文献中，明初分封的十王屡被提及。洪武年间，朝鲜使臣权近奉使京师，到达应天之时，恰逢十国亲王朝京师，在其文集中作诗纪事[12]。

图 3　明初十王分布图（作者图示）
图片来源：谭其骧．中国历史地图集 精装本 第 7 册 元 明时期 [M]. 北京：中国地图出版社，1982：40-41.

“十王”包括秦王（西安）、晋王（太原）、燕王（北平）、周王（开封）、楚王（武昌）、齐王（青州）、潭王（长沙）、鲁王（兖州）、蜀王（成都）、湘王（荆州）。洪武三年（1370）与洪武十一年（1378）为洪武朝最早的两次分封[13]（图 3）。所封之地多为上文提及规模大、地位重要的大城市，西安、开封、北平为前朝旧都，西安、太原、开封、武昌等为明代一省之会城，荆州为春秋战国时期的楚国国都，长沙在汉代也曾为诸侯国都。

11 “王城在府治正中，洪武十八年建宫阙城垣备极宏敞，埒如禁苑，盖国初上十王封国制也。”见：朱泰，游季勋，包大爟．万历兖州府志·卷三 [Z]// 天一阁藏明代方志选刊续编（53-56）.

12 权近．奉使录 [Z]// 阳村先生文集·卷之六．刻本，1707.

13 前两次分封者还包括靖江王和赵王，靖江王为明太祖侄孙，地位较低不能与十王相比，赵王分封一年后去世，封除。关于洪武朝分封的情况，详见：白颖．明洪武朝分封制度下王府建筑群基址规模初探 [J]. 古建园林技术，2007（4）：16-24.

十王之国名中，秦、晋、燕、周、楚、齐、鲁、蜀均为春秋战国时期的大诸侯国。在明帝国的版图上，十王的国都的礼制意义毫无疑问超越其他府城，更具有皇权礼制上的象征意义。初封诸王传及后世，在明代诸藩中，始终享有较高的待遇。

2. 都城与王城的二重城同构关系

明初分封亲王的地方城市，区别于一般的府州县城，出现了两重砖城的格局。通过对都城空间关系的模仿，成为王国的礼仪中心。在地方城市中建构起符合礼制规定的、与国家都城同构的二重城是规划诸侯之城的追求。通过明初“十王”之都重要案例的研究，同构的追求体现在各方面的空间策略上。

首先表现在对都城的二重城相对关系的追求。为了让规模巨大的内城合适地存在于城墙之内，相当多的诸侯之城在建设内城之时，也进行了相应的外城扩建，一方面是补足亲王宫殿占据掉的城内大量土地，另一方面是为亲王国都的营造提供更多礼制改造的可能性。

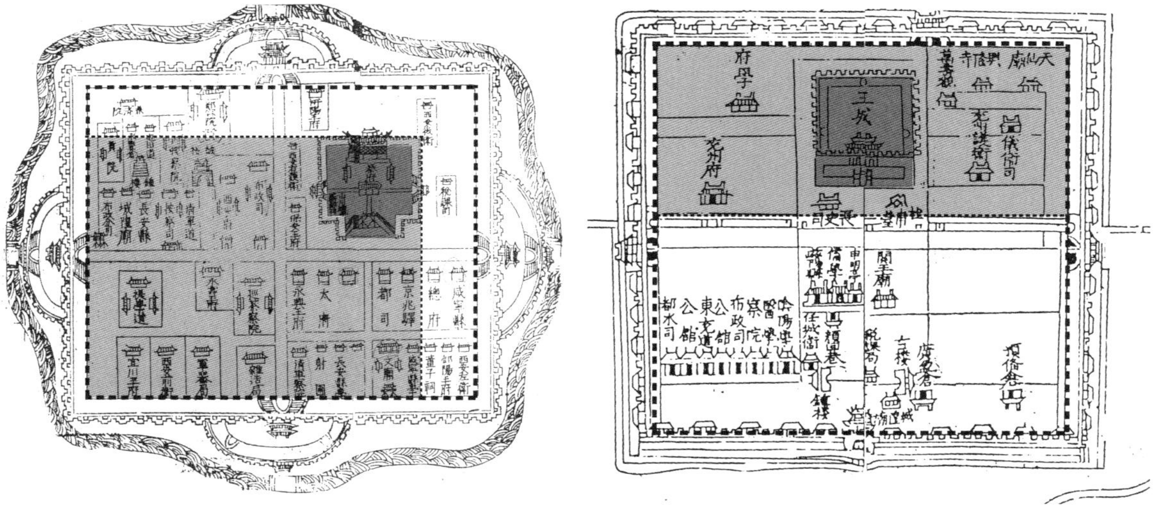

图 4　明初西安（左）与兖州（右）的拓建及其与亲王宫殿的关系
图片来源：左：嘉靖《陕西通志》；右：万历《兖州府志》

秦王宫殿选址于元奉元城的东北角，当洪武三年（1370）左右秦王宫殿选址确定以后，城市的扩建便围绕着秦王宫的位置向北向东展开。秦王宫尽管仍位于十字街的东北，但随着城市的向东扩建，相对而言，王宫居于城市更为中心的位置。兖州明初属济宁府，洪武十八年（1385）鲁王分封至兖州，兖州升州为府，降济宁为州。随着王宫建设和城市级别的提高，兖州城也进行了扩建，原外城南墙南移 2 里 30 丈，鲁王宫殿便居于城内正中北，原南城河现在宫殿门前穿府城中而过，河上东西对称架御桥三座，中御桥与鲁王宫城的正门正对。城南沿中轴对称，建钟楼鼓楼，这样形成以鲁王宫殿为中心的贯穿全城的中轴线（图 4）。

其次，体现在对都城空间模式的模仿。明初营建的三都南京、中都和北京，都选择以山为宫城倚靠。营建北京宫城时，北侧无自然山峰，特地堆筑了万岁山作为宫城的镇山。明代亲王宫殿选址，倾向于取山阳之地，如楚王宫在蛇山中峰高观山南，蜀王宫选址在武担山之阳，靖江王宫殿在桂林城中独秀峰前。在很多无自然山体的城市中，通过人工的方式堆筑镇山，并延长亲王宫殿在城市空间中的轴线序列。周王后宫北侧有煤山，“蓄积煤炭，以备有警中供爨，山高五丈”[14]。亲王宫殿建筑群的中轴线，会在城市空间中延伸，形成与城门对应的空间轴线。如楚王宫、晋王宫等，宫前都有大道，连通城市南门，城市南门与宫门之间，形成宫前的空间序列。

被作为洪武年间规制标准的晋王宫，选址于宋元太原城外东北，是一座相对来说受旧城限制较小、按照理想模式建造的宫殿。新建的晋王宫西萧墙位于宋元太原城东墙的位置，明代太原城向东、向北进行了扩展，把晋王宫包入城内，并且在其中轴线南端开辟了东南城门，形成了与都城空间类似的宫前空间序列。这样的规划手法，与明初在南京旧城外东北择址建宫，并扩建城墙将宫城包围在内，且在宫殿中轴线南端新辟正阳门的规划如出一辙（图 5）。

蜀王宫对成都城的空间改变，是洪武朝对王国都城进行礼制改造的特殊案例。蜀王国都通过对二重城方位的强调，与都城产生空间联系。蜀王朱椿，太祖第十一子，洪武十一年（1378）受封，洪武二十三年（1390）治国，其宫殿位于成都城中武担山之阳，是明初“十王”所封城市中距离明代帝国行政中心最远的王国都城。成都是西南的大都会，至明太祖分封蜀王时，成都已有 1700 余年的建城史，且城址中心部分的位置始终没有迁移，明清成都城的轮廓也基本在唐代就已奠定。蜀王宫所用的基地，为唐子城的核心区域，也是前后蜀时期的蜀王宫苑。然而明代建造时，蜀王宫却刻意扭转了轴线方向，采取了正南北向的轴线，与成都城街道路网南北偏移大约 30° 的走向完全不同。蜀王宫的设置，被认为“一改过去历代成都城主轴偏心的布局，确立正南其北的中轴线来定位，这在成都形态史上，是一个重要的转折点”[15]。蜀王宫的轴线扭转，打破了原先城门的对应关系，打破了唐代以

14 孔宪易，校注．如梦录·周藩纪第三 [M]．郑州：中州古籍出版社，1984：9.

15 应金华，樊丙庚．四川历史文化名城 [M]．成都：四川人民出版社，2001：23.

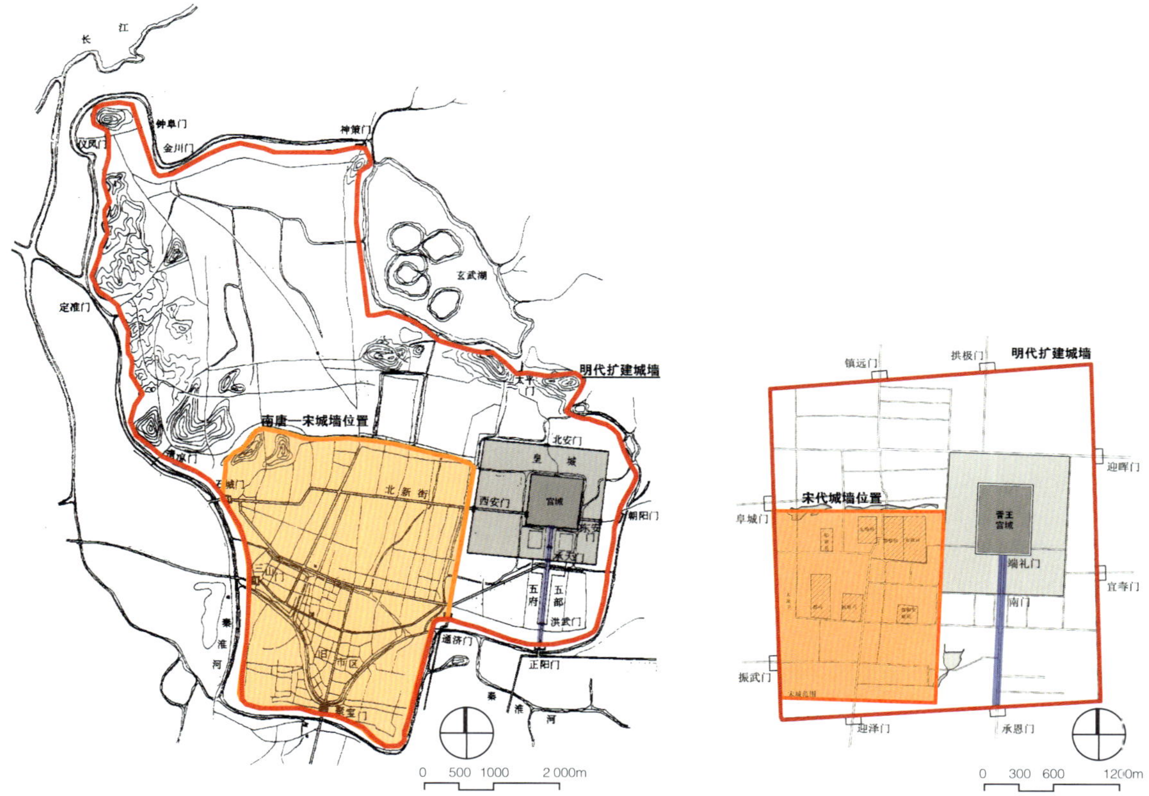

图 5 宫殿建设与城市扩建规划分析：明初南京（左）与太原（右）（图中橙色为旧城的位置，红色为拓建后城墙，灰色为宫殿。作者绘制）

图片来源：左：潘谷西．中国古代建筑史 第 4 卷 元明建筑 [M]. 北京：中国建筑工业出版社，2001：23.

来的成都城斜向的统一肌理。轴线的扭转，使得地处西南的成都城，与明代都城产生了某种跨越地理的空间和意义上的联系，将远在西南的王城纳入帝国的礼制格局中（图 6）。

3. 王宫与皇宫的同构级差关系

明代二重城的内城即为宫城。明初皇宫与王宫的制度文献反映了二者作为明初创制对象的同构级差关系。

明代的皇帝宫殿规制，是明初礼制创制的重点。洪武初年的京师（南京）和中都（凤阳）的宫殿制度的创制，集中体现在“左祖右社”“三朝五门”等制度上。

明洪武四年（1371）起，随着第一批亲王的分封，国家相继颁布了一系列亲王宫殿的建造制度。按照明洪武年间的规制，亲

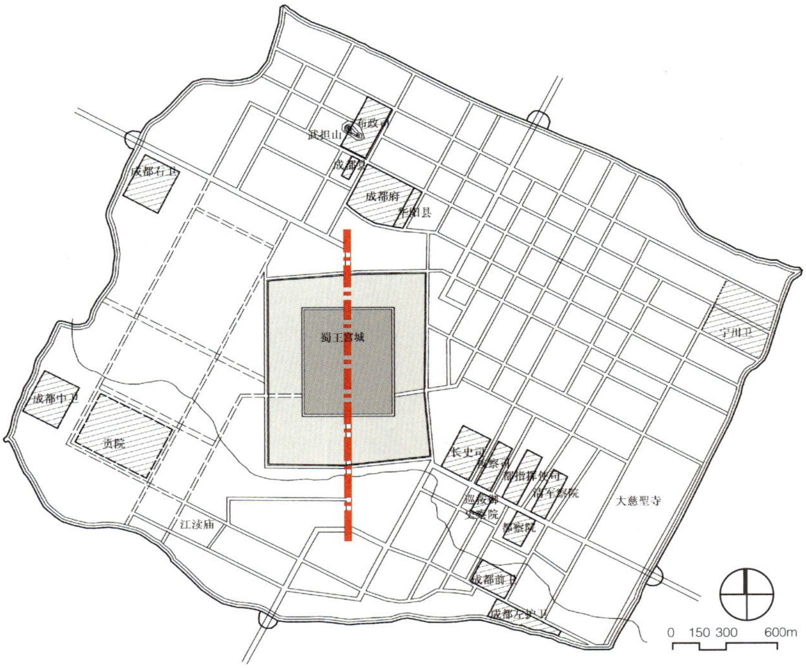

图 6　成都城与蜀王宫城的不同轴向

图片来源：根据《成都城坊古迹考》所载光绪三十年（1904）成都城图自绘

王宫殿有内外两重墙垣，内垣之内亦称为王国宫城，外垣称萧墙。内垣为上下有收分的城墙形式，顶部有女墙，宫城周边有环绕的城河。宫城内正殿有前后三座，前殿曰承运，中殿曰圜殿，后殿曰存心殿，三殿前为承运门，殿周围两庑环绕；正殿后为三宫，前为宫门。王城周围开四门，南门为端礼门，东西为体仁门、遵义门，北为广智门。萧墙南门为棂星门。立社稷山川坛于王城内之西南，宗庙于王城内之东南[16]。

对照亲王宫的规制，其与同时建设的皇宫有着明确的对应，王宫的左宗庙右社稷、三殿三门的制度，与皇宫是同构与减杀的

16　胡广，等．明太祖实录·卷六十[M]．台北：“中央研究院”历史语言研究所，1962：1170；胡广，等．明太祖实录·卷八十七[M]．台北：“中央研究院”历史语言研究所，1962：1547；胡广，等．明太祖实录·卷一百二十七[M]．台北：“中央研究院”历史语言研究所，1962：2024-2025.

关系。亲王宫占地规模为皇宫规制的一半[17]。

通过上述空间策略，二重城格局让诸侯国都在明初府州县的城市体系中脱颖而出，诸侯国都成为皇权在地方的代表，诸侯也在实际上行使着管理地方的权力。这是太祖对照《周礼》文本对明代国家制度的构想，与《周礼》的对应关系创造了一种礼制上的合法性。

四、二重城的消失与明代制度变化

明初的封建制复兴很快带来了巨大的问题。亲王手握兵权，导致了多次的叛乱，燕王朱棣起兵夺得了天下。所以在洪武、永乐二朝之后，分封制度就发生了巨大的变化。亲王的权力被大大削弱，“分封而不锡土，列爵而不临民，食禄而不治事”[18]。实行严格的“藩禁”政策，亲王不再领兵，不再掌握实际权力，终身不得离开所封城市，不得参政，不得授京职[19]。亲王的地位显著下降。

从亲王府邸的实例来看，在永乐朝之后，府邸的规模就大大缩小，已不复洪武年的规制。弘治八年（1495），再次颁布了一次亲王府邸的制度，并被收入《明会典》作为新王府制度。此次制度的记载非常详细，列举了几乎每一建筑的间数，但其中洪武制度中的亲王宫城的砖城与城壕已消失不见；在文献中，建筑的称法也从洪武年间的“亲王宫殿”改为“王府”，由宫殿降为府邸[20]。

因此，大约在永乐朝之后，随着亲王权力的削弱，分封制度再次沦为纯粹的形式。在城市制度上，除了明初诸王的国都继续延续之外，地方城市中不再有新的二重城出现，二重城的格局成为历史，再次从地方城市中消失。

五、结语

本文探讨明初地方城市制度的突变及其背后的礼制意义。这是明太祖在封建制度上结合前代的制度和明初的实际情况，对《周礼》的一次重新阐释。与先前的子城制度相对照，明初二重城制

---

17 白颖．明洪武朝建筑群规模等级制度体系浅析[J].建筑师，2007(6)：79-86.

18 张廷玉，等．明史·卷一百二十·列传第八·诸王五[M]．北京：中华书局，1974：3659.

19 暴鸿昌．明代藩禁简论[J]．江汉论坛，1989(4)：53-57.

20 弘治八年的王府制度，见：申时行，等．明会典·卷一百八十一[M]．北京：中华书局，1989：919.

度尽管形成了同样的二重城空间图式，背后却有着不一样的礼制涵义，在空间的建构上也有着不同的追求。

在中国古代城市史研究领域，常常将都城与地方城市看作二元对立的关系，尤其是明清以来的城市史研究，都城与地方城市研究的关注点和研究方法都有非常大的差别。都城是国家礼制制度的载体，由于丰富的制度记载与考古资料，被格外关注；地方城市的关注主要在其多样性及地方性上。本文的研究，尝试从城市体系及其象征意义来阐释明代初年的地方城市，并以此案例说明对于中国古代城市来说，无论都城还是地方城市，政治特征与礼制意义都是其最突出的属性之一。

参考文献：

[1] 郑玄，注；贾公彦，疏．周礼注疏 [M] // 阮元，校刻．十三经注疏．北京：中华书局，1980：631-940.
[2] 胡广，等．明太祖实录 [M]. 台北：“中央研究院”历史语言研究所，1962.
[3] 张廷玉，等．明史 [M]. 北京：中华书局，1974.
[4] 陈正祥．中国文化地理 [M]. 北京：生活·读书·新知三联书店，1983.
[5] 郭湖生．中华古都：中国古代城市史论文集 [M]. 台北：空间出版社，2003.
[6] 柯律格．藩屏：明代中国的皇家艺术与权力 [M]. 黄晓娟，译．郑州：河南大学出版社，2016.

明代早期跨区域建筑的匠作传承
——以瞿昙寺与南北两京建筑石作为例

孙晓倩　陈薇

瞿昙寺隐匿于中国西北的群山之中，距离青海省乐都县（现海东市乐都区）20公里，是明代敕建于边陲地区的寺庙群体。瞿昙寺的突出价值是完整保存了明早期官式建筑特征，包括建筑布局、单体设计、多种材料应用等方面，是研究明初官式建筑的珍贵实例。瞿昙寺瓦石营造结合了明代南北两京的特征，填补了南方做法的空白，对研究明早期官式建筑石作具有极高价值。特别是，敕建的瞿昙寺在建造过程中带来皇家工匠体系在不同区域的扎根生长，是研究工匠系统对传播建筑风格和营造工艺的经典样本。本文从瞿昙寺石作营造特征着手，结合其敕建背景，说明工匠体系对传播建筑特征的意义。

一、时间：跨越两京的营造时机

瞿昙寺的营建始于南京宫殿建设后期，主体工程和北京宫殿同期，跨越了明初南北两京的重要建设时段（图1）。瞿昙寺中最早的瞿昙殿由当地三罗喇嘛建于明洪武二十五年（1392）[1]，逢南京明故宫营建的第三个阶段——扩建大内，增加宫前建筑[2]。洪武二十六年（1393），三罗喇嘛赴京师朝贡，请求朝廷护持[3]。因其写书招降罕东部族、创寺聚集地方民众，明太祖从其所请，以佛祖释迦牟尼的姓氏乔达摩（Gautama）特赐“瞿昙”寺名，立西宁僧纲司，授三罗喇嘛僧纲司都纲之职，主管西宁卫地区宗教事务。这是瞿昙寺与朝廷的首次联系。

西宁位于联系中外的交通要道中，从汉代丝绸之路到元蒙大军东征西伐的版图扩张，安定西宁能有效遏制边疆动乱；同时，对此地区的控制可以隔断蒙藏势力联合。因此，朝廷对西宁的招安早已有之。明代在西北河湟洮岷地区，先后设立“西番诸卫”，其中西宁卫设于洪武六年（1373），成为湟水流域中心，辖6个千户所，兼辖“塞外四卫”（安定、曲先、阿瑞、罕东卫）。西宁卫由数位大将及上万重兵驻守，兵士多调遣自南京一带。驻兵除守城之外，更负责屯田供给军粮，同时“移民实边”的内地农

1　谢佐．瞿昙寺[M]．西宁：青海人民出版社，1998：17.

2　潘谷西．中国古代建筑史·第4卷：元明建筑[M]．北京：中国建筑工业出版社，2009：102.

3　胡广，等．明太祖实录·卷二百二十五[M]．台北：“中央研究院”历史语言研究所，1962：3300.

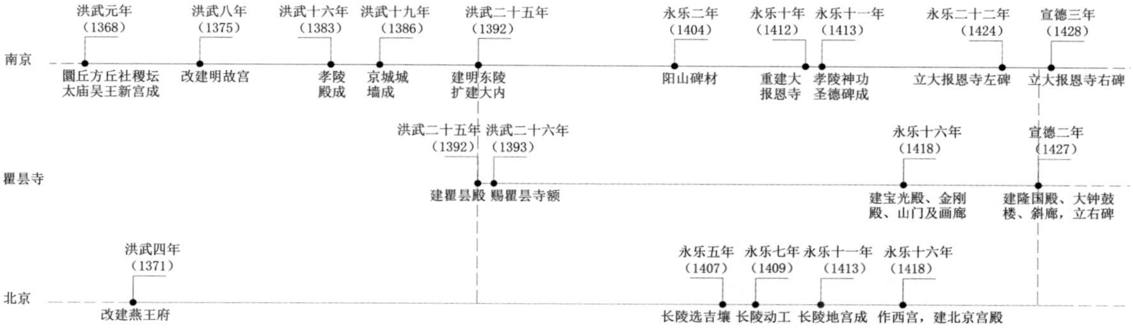

图 1　瞿昙寺与明初南北两京都城营建时间

民迁往青海，发挥了实际作用[4]。

尽管实行驻兵屯田政策，明初西宁地区指挥同知和指挥佥事等官员仍以土官为主。洪武、永乐二朝，西宁指挥使李南哥、朵尔只失结、祁贤等归附的土司，或初授职务或世袭官职[5]，当地力量强势。“不习土语，土司桀骜难驯”使得汉官“调遣无济”。因此，洪武二十六年（1393）三罗喇嘛请求护持瞿昙寺迎合了明早期借宗教稳定和招抚当地民众的心意，创造了从洪武至永乐跨越南北两京建设时间的营建契机。

二、营造：跨越区域的匠作技艺

瞿昙寺是典型的院落式对称布局，地势前低后高，轴线上的屋顶与案山的起伏遥相呼应（图 2）。寺内瞿昙殿建于洪武后期，轴线上山门、金刚殿、宝光殿及壁画廊建于永乐十六年（1418），隆国殿、两侧抄手斜廊和大钟鼓楼建于宣德二年（1427）。山门后左右御碑分别立于洪熙元年（1425）和宣德二年（1427），碑亭则建于成化二年（1466）。寺院营建前后跨越 70 多年，整体属于明早期建筑。

寺院所有建筑立于砖石之上（图 3），其中，隆国殿为石造须弥座，其钩阑云栱和束腰纹样同明早期南京官式建筑石作纹样有很高的关联性，而佛台式样又更接近北方做法；画廊、金刚殿

4 青海省文物管理处，青海师范学院政史系．青海历史概况（初稿）[Z]，1979：103.

5 中国地方志集成·青海府县志辑：卷二十四 [M]．南京：凤凰出版社，2008：315-319.

图 2 瞿昙寺山门与靠山的关系

当心间采用“削铺”[6]做法，所有石作表面凿痕丰富，是明早期南方铺地的特征；瞿昙殿、宝光殿和隆国殿室内均有雕琢精致的须弥座佛台，用石和雕琢独具匠心，呈现了明早期北方官式石作的特征。整体上，瞿昙寺建筑用石继承和融合了明代早期南北方官式建筑石作的做法。

1. 隆国殿须弥座及须弥座佛台体现的明早期南北方石作特征

隆国殿是瞿昙寺最宏伟的建筑，重檐庑殿顶，七间五进，总面阔 33.3 米，通进深 19.2 米，坐落于凸字形须弥座之上，正面无踏道，东西各设台阶九级。

作为敕建寺院的主殿，隆国殿石造须弥座承托 18 米高的木构主体，是全寺最高等级的石造台基。隆国殿和明代皇家建筑长陵祾恩殿、太庙享殿相比，三者须弥座高度、建筑下檐高度及脊檩高度比例（接近 1: 2.5: 7.7）有非常高的一致性（图 4，表 1）。

敕建寺院的身份使得隆国殿须弥座须以单层高度达到三层须弥座协调立面比例之效果，其组成各部分相应有所拉伸。和明初南京宫殿须弥座相比，隆国殿须弥座上枋及上下枭增大，束腰减小，但束腰雕镌的卷草方胜纹为明南京官式石作纹样之典型。隆国殿

6 《园冶》是明代关于造园理论的一本专书，书中对造园铺地有较为系统的阐述。陈植先生对原书作了详细的注释。“削铺”指的是将废瓦片当作湖石“削之成形，用以铺地”。详见：计成 . 园冶注释 [M]. 陈植，注释 . 北京：中国建筑工业出版社，1981：187.

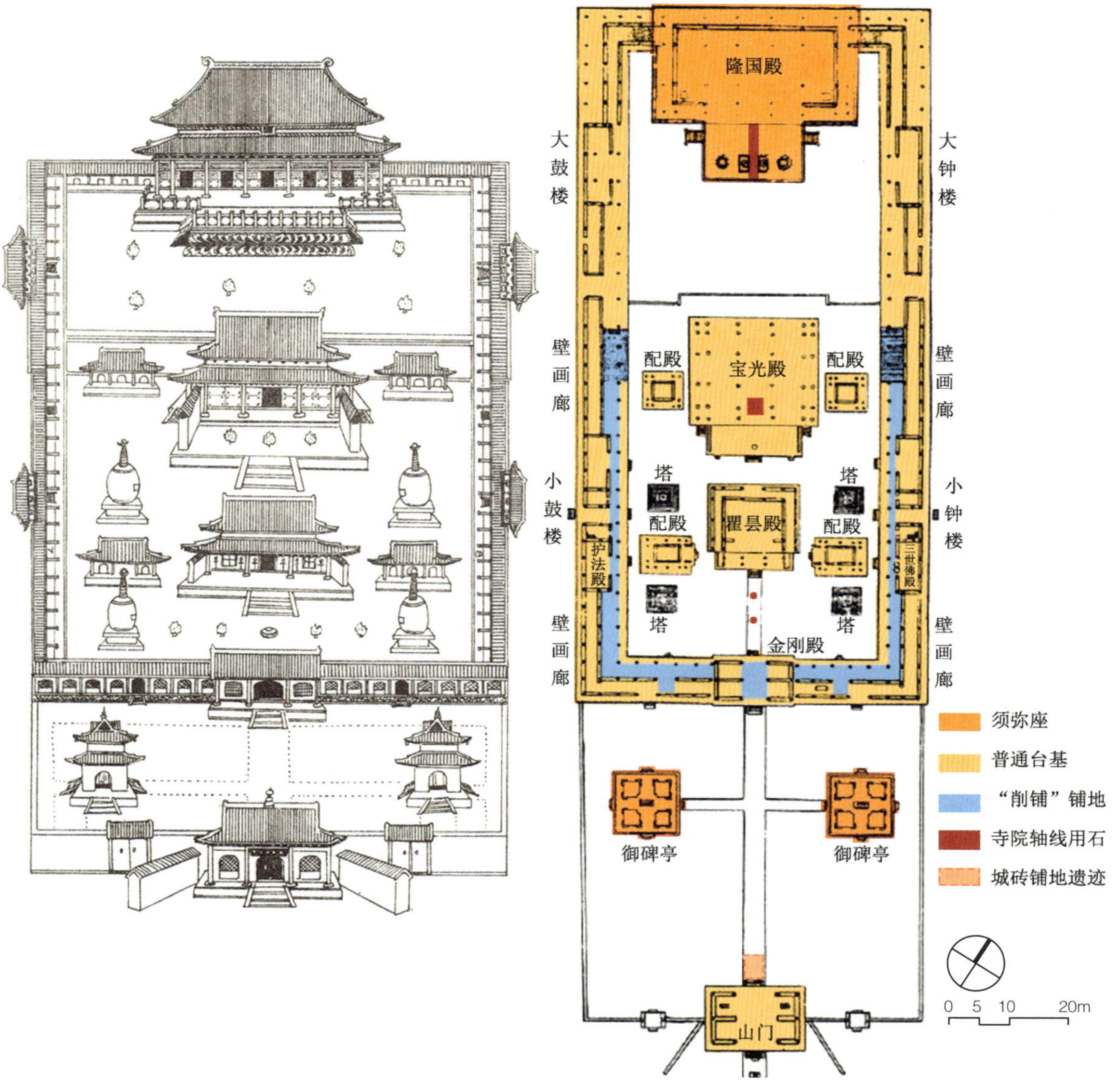

图 3　瞿昙寺整体布局及地面用材示意

图片来源：左：谢佐 . 瞿昙寺 [M]. 西宁：青海人民出版社，1998；右：张驭寰，杜仙洲 . 青海乐都瞿昙寺调查报告 [J]. 文物，1964(5)：48.

表 1　明代重要大殿须弥座与立面比例

名称	时期	屋顶	须弥座层数	须弥座总高度 / 米	下檐高度 / 米	脊檩高度 / 米	比例
				不含钩阑	自台基表面算起		
瞿昙寺隆国殿	宣德二年（1427）	重檐庑殿顶	单层	2.335	5.810	17.970	1: 2.49 : 7.70
长陵祾恩殿	永乐十四年（1416）		三层	3.110	7.830	23.975	1: 2.52 : 7.71
太庙正殿	始建于永乐十八年（1420），重建于嘉靖二十四年（1545）		三层	3.460	8.643	26.487	1: 2.50 : 7.66

图片来源：参照傅熹年《中国古代城市规划建筑群布局及建筑设计》、郭华瑜《明代官式建筑大木作》及作者测绘的数据整理。

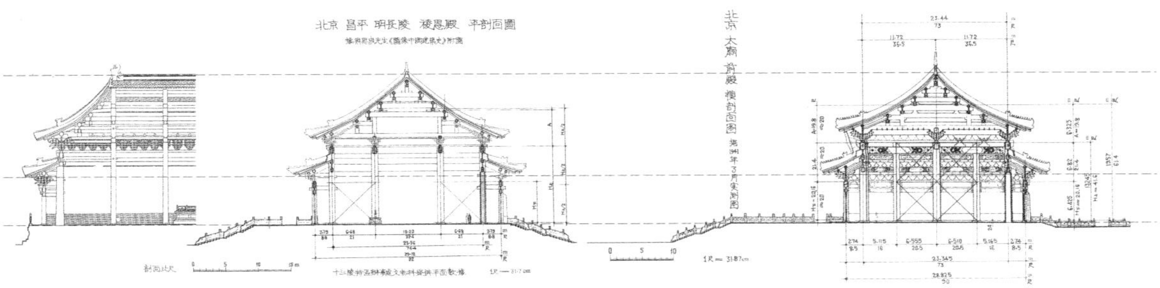

图 4　隆国殿、祾恩殿、太庙正殿须弥座与木构建筑比例关系
图片来源：左：郭华瑜 . 明代官式建筑大木作 [M]. 南京：东南大学出版社，2005：123；中，右：傅熹年 . 中国古代城市规划建筑群布局及建筑设计方法研究 [M]. 北京：中国建筑工业出版社，2001：174，201.

钩阑做海棠池子纹，瘿项做宝瓶样，云栱雕荷叶净瓶，和南京孝陵享殿钩阑云栱接近（图 5），纹样呈现了明早期南方官式石作特征，说明南方工匠体系的影响到宣德年间依然存在。

和建筑的须弥座相比，殿内须弥座佛台钩阑做镂空海棠池子纹，雕卷云纹云栱，有别于明初南京的石作遗存，而与明北京官式建筑石作——长陵祾恩门钩阑、太庙享殿钩阑有更高的关联性（图 6），接近永乐至宣德年间官式钩阑之范式。隆国殿石造须弥座体现了明早期南北方官式石作双重特征的糅合。

2. 寺院铺装与江南的联系

瞿昙寺石作的另一特征是地面铺装的丰富性。与南京明故宫石造御路表面的凿痕异曲同工，瞿昙寺画廊及金刚殿地面“削铺”[6]做法是典型的江南铺装传统。集适用性与装饰性于一体的地面做法在相隔千里的两个地域同时期出现，工匠系统的迁移与传承发挥了巨大作用。

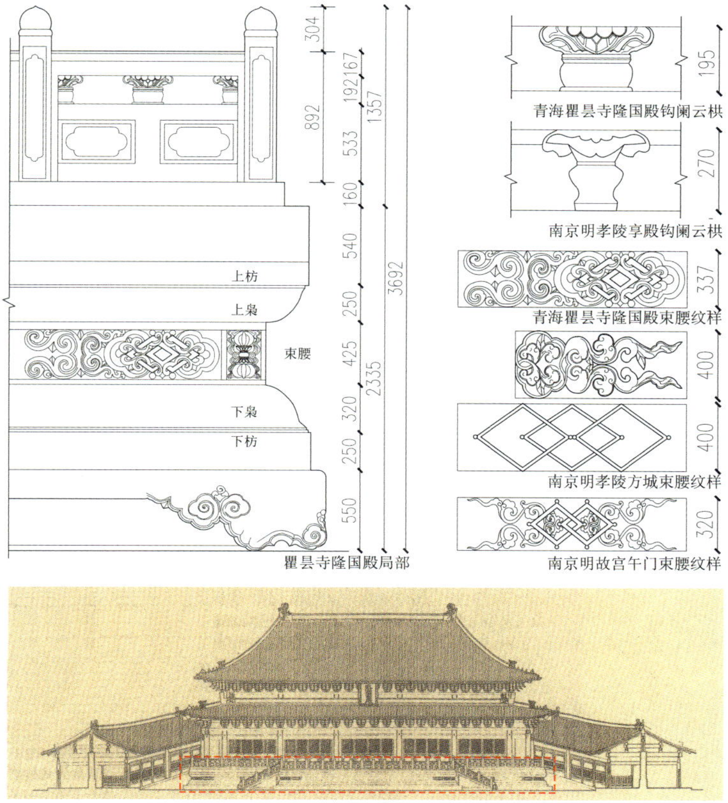

底图：青海乐都瞿昙寺隆国殿立面（天津大学建筑学院测绘图）

出自：郭华瑜著. 中国古典建筑形制源流[M]. 武汉：湖北教育出版社，2015：209.

图 5 隆国殿须弥座与南京明初官式石作纹样对比

图片来源：下：郭华瑜 . 中国古典建筑形制源流 [M]. 武汉：湖北教育出版社，2015：209.

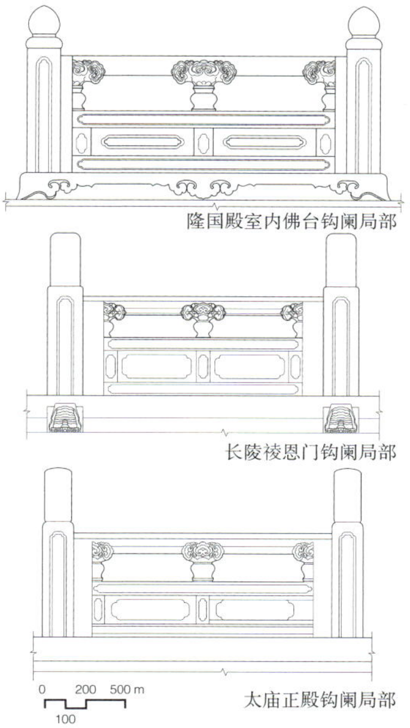

图 6 隆国殿佛台钩阑与明早期北京石作钩阑对比

瞿昙寺块石表面有整齐的三角形剁斧痕迹，呈现在普通台基的阶沿、角柱、踏道、垂带、砚窝石和隆国殿须弥座正中御路表面，凿痕间距 1.5 厘米。以宝光殿当心间入口处石板纹样最为讲究，图案为几何形套叠，向心对称（图 7）。瞿昙寺铺装的南方特征还体现在画廊和金刚殿的地面，以瓦石竖砌拼合出套钱式、鱼鳞式、波纹式等图案，起伏的地面暗示停留空间，限定人的行为，减缓信众行进的步伐，引导观赏者驻足壁画前。瞿昙寺的“削铺”图案与后世《营造法原》中的瓦花墙洞图样颇有相似（图 8），后者是瓦花图样在竖向空间中的运用。此外，瞿昙寺山门后第一进院落中残存的城砖铺地，和明初城墙顶部铺装方式一致，所用砖尺寸和明代南京城砖一样（40 厘米 ×20 厘米 ×10 厘米），是南方工匠参与瞿昙寺建设的另一条线索[7]。

7 瞿昙寺明代铺地用砖和南京明城墙用砖尺度相等，应是建设瞿昙寺而专门就地建窑烧制。详见：金萍 . 瞿昙寺壁画艺术研究 [M]. 北京：中国藏学出版社，2014：54.

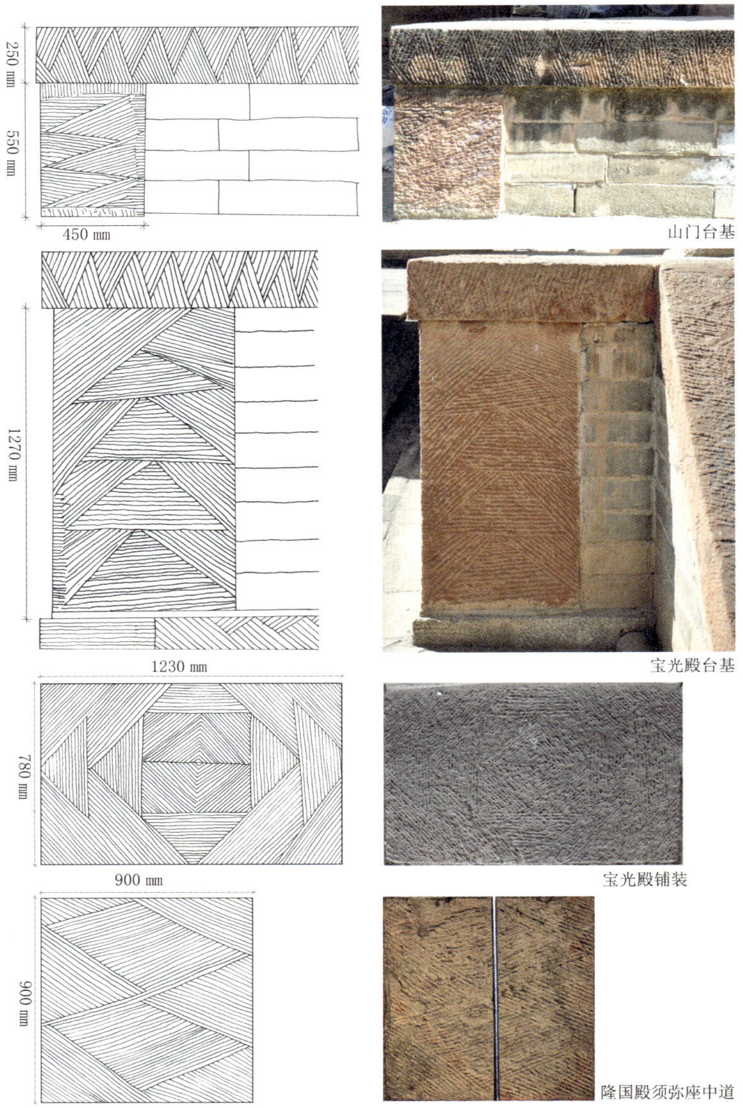

图 7 瞿昙寺石作表面凿痕

对铺装的重视是江南地区的传统。明初江南，百废待兴，一派从简之风，但从南京明故宫现存午门遗址可以看到，宫殿中轴御路仍采用了装饰性的铺装做法。明故宫御路宽 1890 毫米（合 6 尺），每块石板长度在 1500~1920 毫米不等。石板的尺度彰显了明初皇家营造的“坚壮安固”，其上的纹样雕琢是江南工艺在皇家营造中的呈现。每一块石板都凿有精心设计的纹样，包括人字形、席纹式、间方式、波纹式、鱼鳞式、勾纹式等多种，与后期《园冶》所附铺地图式有很高的重合度（图 9）。编纂于明末的《园冶》融合了作者游历所识，也参详了如南宋杜绾《云林

壁画廊

金刚殿

瞿昙寺“削铺”式样一

瞿昙寺“削铺”式样二

瞿昙寺“削铺”式样三

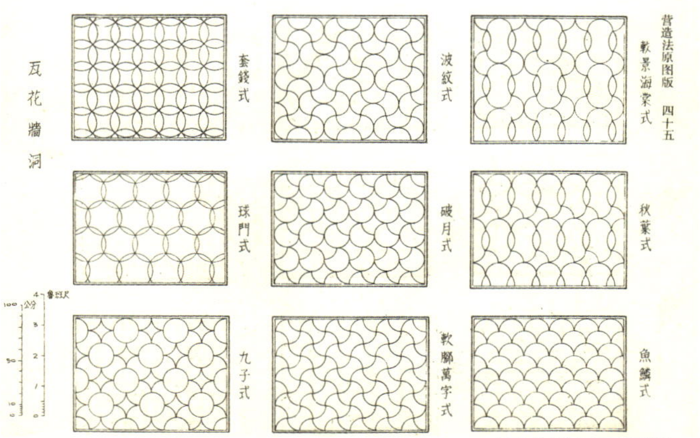

《营造法原》瓦花墙洞图版

金刚殿及壁画廊

图 8　金刚殿、壁画廊削铺式样与《营造 法原》瓦花图案

图片来源：（《营造法原》图版）姚承祖 . 营造法原 [M].2 版 . 北京：中国建筑工业出版社，1986：217.

石谱》等前人著述，所列属江南铺地精粹。《园冶》载，“路径寻常，阶除脱俗，莲生袜底”，精心设计的铺装使空间层次更加饱满，寻常路径得到升华。明初南京石匠多出自江南，吴中之地能工巧匠辈出，可作宫殿寺院，也可为园林宅院。尽管明后期花式铺地多以砖瓦卵石见于私宅园林，但在明初甚至更早，纹样丰富的铺地既出现在宫殿中，又因敕建而见于远离内地的瞿昙寺中，是江南地方特色工艺在皇家建筑的渗透，并跨越距离影响了边陲地区的铺装做法。同为洪武年间初建的西宁东关清真大寺，寺内建筑历经重建，但台基多为明初原物，阶沿表面凿痕和瞿昙寺如出一辙，大殿后檐铺地每一块方石都凿有层次丰富的规则纹理（图 10），与瞿昙寺对地面铺装的重视一脉相承。

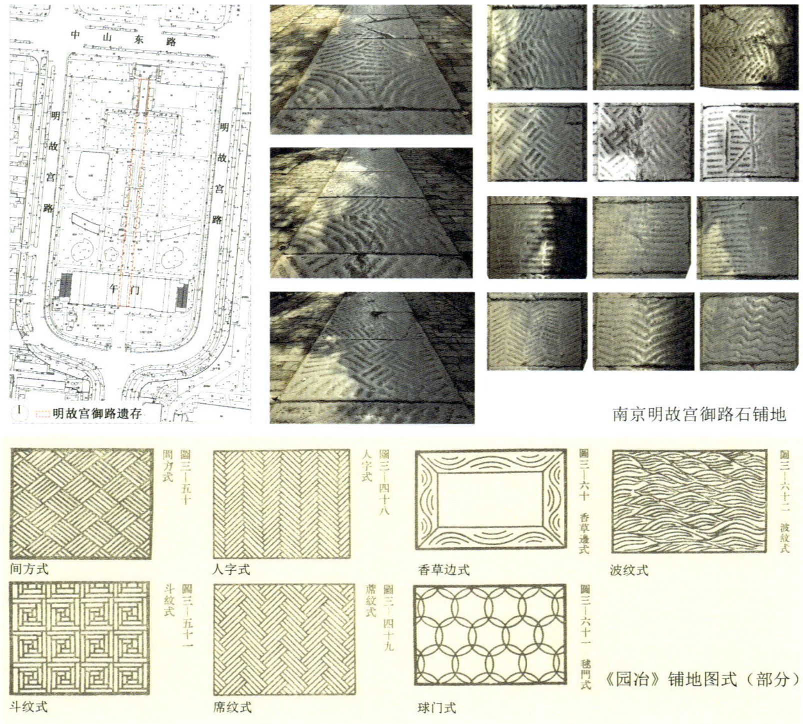

图 9　南京明故宫御路凿痕纹样与《园冶》图式

图片来源：（《园冶》图版）[明]计成．园冶注释[M]. 陈植，注释．北京：中国建筑工业出版社，1981：191-196.

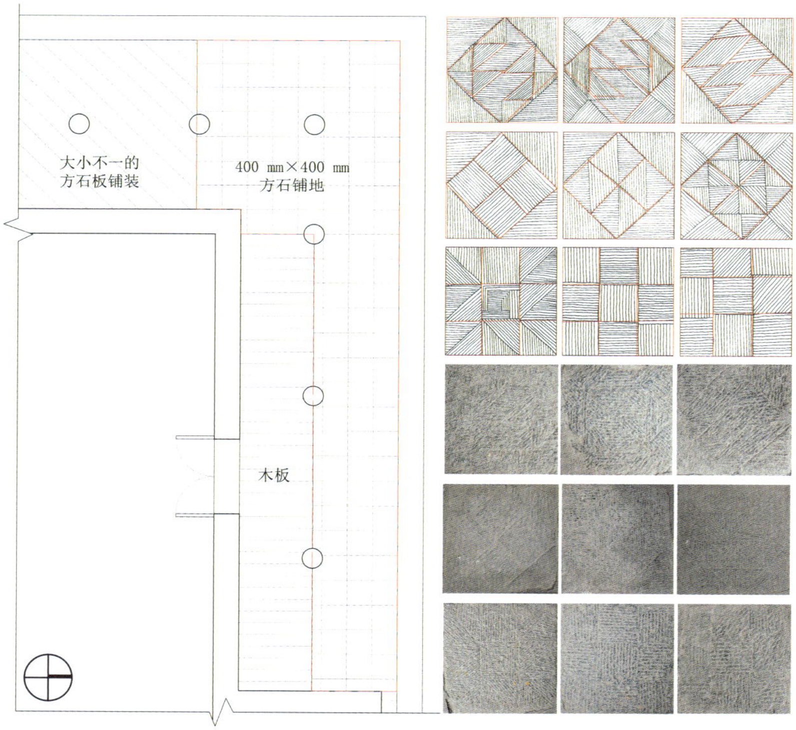

图 10　西宁东关清真大寺大殿后檐铺装凿痕

3. 明代北京皇家建筑用石在瞿昙寺的应用

瞿昙寺室内外石材区别明显，室外用石多产自瞿昙寺周边。红砂岩多用于室外须弥座、台基、钩阑和碑碣，少量青白色石灰岩用于室外台基和铺地。代表皇家敕建寺院身份的石材——花斑石，见于瞿昙殿和宝光殿中永乐年施的须弥座及佛台[8]，用石温润，磨制光洁，雕镌细致，比例匀称，仰覆莲莲瓣饱满，束腰施金刚柱，颇有宋式遗风。以瞿昙殿中圆形花斑石须弥座（图 11）为例，束腰径 0.75 米，为圆柱整石；上枋径 1.1 米，圭角径 1.25 米，均为半圆拼合，皆因花斑石质密，多化整为零以便运输。

花斑石，又名文石，质地坚硬，难于雕琢，纹理丰富，颜色斑斓，受到皇家青睐。花斑石非常见石材，采集之事非皇家之力难以企及。明代北京建花斑石厂存放产自河北丰润、河南浚县、江苏徐淮地区的花斑石。皇家对花斑石的偏好自宋元已有传统，“大中祥符元年，增宫名曰玉清昭应。凡役工日三四万，……其石则淄、郑之青石……绛州之斑石”[9]；元大都大明寝殿、延春阁、后香阁、隆福宫寝殿、兴圣殿、广寒殿、玉德殿、仪天殿均为文石甃地[10]。元末南京营建吴王新宫时期，有谏言取用瑞州文石甃地，被朱元璋驳回[11]，因此在明初南京官式建筑石作中未见花斑石。成书于万历年间的《工部厂库须知》和《两宫鼎建记》记载了花斑石在明代重建乾清坤宁宫时的使用情况。但在实物方面，仅在十三陵永定二陵宝城马道垛口、定陵地宫石隧道墙壁、定陵后殿地面及棺床等处[12]见花斑石，均为明中后期遗存。瞿昙寺内永乐年施花斑石须弥座，是皇家敕建寺院的象征，更是明代北京皇家重新启用花斑石之力证。

三、传承：督官工匠的派遣制度

瞿昙寺的营造与两京的联系，究其根本在于明早期的工匠任用和督工派遣制度。尽管没有明确记载敕建瞿昙寺的工部官员名单，但从早期江南哲匠的南北调用及他们参与的诸多重要营造事

图 11　瞿昙殿花斑石圆须弥座

8 青海省政协学习和文史委员会．青海考古纪实 [Z]．西宁：青海省政协学习和文史委员会，1998：249，250.

9 ［宋］李攸．宋朝事实・卷七 [M]// 文渊阁四库全书本：第 608 册．上海：上海古籍出版社，1989：3.

10 整理自：朱启钤，阚铎．元大都宫苑图考 [J]．营造学社汇刊，1930，1(2).

11 “有言瑞州出文石，琢之可以甃地。上曰，敦崇简朴犹恐习奢好华美，岂不过侈尔，不能以节俭之道事予，乃导予以侈丽，夫岂予心哉。但构为宫室，已觉作者之劳，况远取文石，能不厉民乎？言者大惭而退。”见：明太祖实录・卷二十五 [M]．“中央研究院”历史语言研究所校印．国立北平图书馆红格钞本微卷影印，1962：380.

12 王秀玲．明十三陵建筑用料 [M]// 中国明史学会，北京十三陵特区办事处．明长陵营建 600 周年学术研讨会论文集．北京：社会科学文献出版社，2010：6.

表 2　明初凤阳、江南一带工匠统计

姓名	籍贯	历经朝代	事件	官职
单安仁	濠州（今安徽凤阳县）	元末、洪武		工部尚书
陆贤	明直隶无锡	洪武	鼎建宫殿	营缮所丞
陆祥	明直隶无锡	洪武至宣德	鼎建宫殿，作景陵、裕陵、大隆福寺等	工部左侍郎
李新	明濠州（今安徽凤阳县）	洪武	营孝陵	中军都督府佥事
			建帝王庙于鸡鸣山	
严震直	明乌程县（民国废，并入吴兴县，即今浙江湖州地区）	洪武、建文、永乐	修渠、浚渠、建闸	工部尚书
杨青	明金山卫（今上海松江区南）	洪武、永乐	筑内府新墙壁、营建宫阙	工部左侍郎
蒯祥	明吴县（今江苏苏州吴中区、相城区）	永乐至成化	建北京宫殿	工部左侍郎
			重作三殿及文武诸司	
			作景陵、裕陵，大隆福寺等	
朱信	明华亭（今上海松江区）	永乐	甃某处城	户部郎中
蔡信	明武进阳湖（今江苏常州武进区）	永乐	营建北京	工部侍郎
张宁	明洞庭东山（今江苏苏州吴中区西南）	元末、洪武	修南京城	
鲍彦敬	明浙江钱塘（今杭州）	洪武	缮修县南关之琴台及二贤祠	任县丞

资料来源：①哲匠录[J]. 营造学社汇刊，1932，3（3）；②杨永生. 哲匠录[M]. 北京：中国建筑工业出版社，2005.

宜中，能找到交叉和线索。明代早期大型皇家建筑营造涉及制度繁多，参与者有工匠、监工、军士、民夫、移民，明初还包括罪犯。工匠主要是工部官员，含工部尚书、工部侍郎，营缮清吏司司卿、少卿，营缮所所正、所副、所丞等；明代宦官十二监之御用监下设监工职位；军士参与重大项目，管理协调，输入大量劳力；再者是各地征用的民夫移民，分住坐和轮班两制。

明初营造南京及凤阳宫殿、陵寝的工匠，多来自凤阳、江南一带（表2）。其中多数人随迁参与了永乐朝及之后的重要工程，将南方技艺带入明北京官式建筑之中。

瞿昙寺的敕建记录中，见两次具体的监工派遣：一是永乐年间派遣太监孟继、指挥使田选等督促建成金刚殿、廂廊、禅房等；二是隆国殿内“皇帝万万岁”碑背面阴刻“大明宣德二年二月初九日御用监太监孟继、尚义、陈亨、袁琦建立”的记录。

监工和军士在敕建瞿昙寺时发挥了很大作用，重要的敕建寺院由营缮经验丰富的太监监工配合掌管工部职务、技艺娴熟的工匠进行。瞿昙寺的监工中以御用监太监孟继、尚义尤为突出，参与了早期多处重要皇家营造，和数位匠官有交叉。宣德初年，孟继、尚义监工大报恩寺[13]；宣德二年（1427），此二人又督瞿昙寺隆国殿；正统十年（1445），尚义和工部右侍郎王佑董修大功德禅寺；正统十三年（1448），尚义和工部右侍郎王永和、主事蒯祥建大兴隆寺；景泰三年（1452），尚义与另外两名太监陈祥、陈谨，工部左侍郎赵荣造大隆福寺[14]。其中“壮丽甲于在京诸寺”的大隆福寺是由明早期吴县木工蒯祥和无锡石匠陆祥共同主持的，二人因此并擢升为太仆寺少卿。

蒯祥和陆祥为江南工匠，从活跃时间和参与的工程来看，应有多次共事，明确记载的包括景陵和裕陵[15]。石匠陆祥，“直隶无锡县人，初以石工隶工部，郑王之国选授工副，……祥有巧思，尝用石方寸许，刻镂为方池以献，凡水中所有鱼龙荇藻之类皆备，曲尽其巧”[16]。郑王是明仁宗朱高炽第二子朱瞻埈，明朝第一代郑王，于永乐二十二年（1424）被封为郑王，宣德四年（1429）就藩凤翔府。陆祥生年不明，卒于成化五年（1469）。陆祥任“郑王之国工副”是在1429年，在此之前为普通石匠隶属工部，推测主要活跃于宣德至成化年间，死后归葬锡山。

而无锡陆氏一族，族人为元代可兀阑（匠作大匠），先人陆宪任元代诸路工匠都总管，陆庄任保定路诸匠提举。陆祥兄陆贤在洪武初，应召鼎建南京宫殿，终营缮所丞之职，推测南京众多石作出自其手。明代早期陆氏兄弟对官式石作的影响，江南工匠对南、北两京石作的贡献，甚至自元代继承的石作技艺，从文献可窥得一斑，同时在无锡惠山古镇也见到局部如明故宫和瞿昙寺之石作凿痕。无法确定陆贤或者陆祥本人对瞿昙寺石作产生了直接作用，但从瞿昙寺的石作现象中，从同时代人物的联系和片段零星的线索中可知，江南石作技艺影响了瞿昙寺的石作工艺是无疑的。更甚的是，由于明初迁都引发的工匠迁移、瞿昙寺营建于南北两京都城营建之间，看似远隔千里的南京、北京、西宁三地出现了交织的官式石作营造现象。

---

13 [明]葛寅亮．金陵梵刹志：卷二[M]．何孝荣，点校．天津：天津人民出版社，2007：80-82.

14 胡丹．明代宦官史料长编（上）[M]．南京：凤凰出版社，2014：274，287，344，444.

15 天顺八年（1464），“营建大行皇帝陵寝于天寿山，荐为裕陵，敕太监黄顺、吴昱，抚宁伯朱永，工部尚书白圭，侍郎蒯祥，陆祥督军匠营建”。见：明宪宗实录・卷二[M]．“中央研究院”历史语言研究所校印．据国立北平图书馆红格钞本影印，1962：35.

16 明宪宗实录・卷七十四[M]．台北：“中央研究院”历史语言研究所，1962：1421.

四、结语

敕建制度下的工匠实践为偏于一方的明代边陲带来了标准的明早期官式建筑工艺，洪武定都南京、永乐迁都北京引起的南北方营造工艺的融合使瞿昙寺呈现了质朴沉稳的明早期皇家建筑气势与精雕细琢的造作细节，石作仅为其中一部分，这种跨越区域的影响还表现在建筑格局与大小木作方面。尽管如此，从联系明代南北两京的石作营造切入，已从一个侧面反映出工匠技艺传承背后的历史复杂性及其与政治和制度的关联性，这有助于认知大国工匠技艺传播与传承的系统；同时丰富对于地域建筑的研究方法，改变地域建筑研究中容易聚焦建筑本体孤立的地域特征、而忽略大历史背景下人文因素影响的局面；从而进一步多方面理解古代工匠精神及工匠体系的传播对成就技艺文化起到的关键作用，深刻认识地方建筑文化的丰富内涵。

参考文献：

[1] 谢佐 . 瞿昙寺 [M]. 西宁：青海人民出版社，1998.
[2] 潘谷西 . 中国古代建筑史 · 第 4 卷：元明建筑 [M]. 北京：中国建筑工业出版社，2009.
[3] 胡广，等 . 明太祖实录 [M]. 台北：“中央研究院”历史语言研究所，1962.
[4] 青海省文物管理处，青海师范学院政史系 . 青海历史概况（初稿）[Z]，1979.
[5] 中国地方志集成 · 青海府县志辑：卷二十四 [M]. 南京：凤凰出版社，2008.
[6] 计成 . 园冶注释 [M]. 陈植，注释 . 北京：中国建筑工业出版社，1981.
[7] 傅熹年 . 中国古代城市规划、建筑群布局及建筑设计 [M]. 北京：中国建筑工业出版社，2001.
[8] 郭华瑜 . 明代官式建筑大木作 [M]. 南京：东南大学出版社，2005.
[9] 金萍著 . 瞿昙寺壁画艺术研究 [M]. 北京：中国藏学出版社，2014.
[10] 青海省政协学习和文史委员会 . 青海考古纪实 [G]. 西宁：青海省政协学习和文史委员会，1998.
[11] 李攸 . 宋朝事实：卷七 [M]// 文渊阁四库全书本：第 608 册 . 上海：上海古籍出版社，1989：3.
[12] 朱启钤，阚铎 . 元大都宫苑图考 [J]. 中国营造学社汇刊，1930,1（2）：68.
[13] 王秀玲 . 明十三陵建筑用料 [C]// 中国明史学会，北京十三陵特区办事处 . 明长陵营建 600 周年学术研讨会论文集 . 北京：社会科学文献出版社，2010：6.
[14] 哲匠录 [J]. 中国营造学社汇刊，1932，3（3）.
[15] 杨永生 . 哲匠录 [M]. 北京：中国建筑工业出版社，2005.
[16] 葛寅亮 . 金陵梵刹志 [M]. 何孝荣，点校 . 天津：天津人民出版社，2007.
[17] 胡丹 . 明代宦官史料长编 上 [M]. 南京：凤凰出版社 ,2014.
[18] 傅翰，等 . 明宪宗实录 [M]. 台北：“中央研究院”历史语言研究所，1962.

南京阳山碑材巨型尺度的历史研究

陈薇　孙晓倩

阳山，古称“雁门山”，山体由石灰岩构成，山石坚硬而光泽，自六朝以来为南京地区采石场之一，石材多用于柱础、石刻。现存古采石场遗迹约3万平方米，更以明永乐初年明成祖朱棣下令开采的碑材遗址而久负盛名。

一、阳山碑材的历史

1. 为什么要开采阳山碑材

明永乐三年（1405）秋八月，明成祖朱棣欲为其父朱元璋孝陵建碑，命人于都城东北阳山开采碑材[1]。

洪武三十一年（1398），明太祖朱元璋薨于南京，葬于孝陵。其孙朱允炆继承皇位，国号建文。建文四年（1402），朱元璋四子朱棣发动靖难之役，夺取皇位，改国号为永乐。永乐初期，明成祖采取削藩政策，强化政权。同时，为缓和人们对其夺取政权的不满，宣扬其继承皇位之正统，朱棣极力推崇真武[2]，扶持道教，并推行了一系列“孝心工程”：修葺凤阳皇陵[3]、修葺并拜谒泗州祖陵[4]、重建南京天禧寺并改名大报恩寺[5]等等。明成祖意欲开采阳山碑材于孝陵树碑颂德实为其中一件。

阳山碑材开采之前，永乐二年（1404）十月，明成祖命人取

1 “永乐三年秋八月，皇帝因建碑孝陵，斫石于都城东北之阳山，得良材焉。其长十四丈有奇，阔不及长者三之一，厚丈二尺，色黝泽如漆，无疵璺。”见［明］程敏政编《皇明文衡》卷三十三《游阳山记》。

2 明永乐十年（1412）三月初六日敕右正一孙碧云：“朕仰惟皇考太祖高皇帝、皇妣孝慈高皇后，劬劳大恩，如天如地；惓惓夙夜，欲报未能。重惟奉天靖难之初，北极真武玄帝显彰圣灵，始终佑助，感应之妙，难尽形容，怀报之心，孜孜未已。”洪武三年（1370），朱元璋推崇真武，厘定神号“武当真武之神”，在南京建真武庙。朱棣称自己发动靖难，为真武玄帝所佑助，从侧面表达其夺取政权是顺应天命之势。见武当山志编纂委员会．武当山志[M]．北京：新华出版社，1994：9.

3 “永乐元年九月，修凤阳皇陵殿庑。”见［明］张辅等监修《明太宗实录》卷二十三。

4 “永乐元年十月，修祖陵，工部言旧用黑瓦，上命易以黄瓦，如皇陵之制。”见［明］张辅等监修《明太宗实录》卷二十四。“四年五月，谒祖陵，上泣曰，横罹残祸几不免矣，幸赖祖宗庇佑得今日拜。”见［明］张辅等监修《明太宗实录》卷九上。

5 “永乐十年八月，重建天禧寺。”见［明］张辅等监修《明太宗实录》卷一百三十一。“永乐二十二年三月，天禧寺将成赐名大报恩寺。”见［明］张辅等监修《明太宗实录》卷二百六十九。

孝陵神功圣德碑材，并于幕府山阳寻得碑石[6]。而现存明孝陵的“大明神功圣德碑”碑文落款日期是永乐十一年（1413）九月十八日，远在采石幕府山阳9年之后，故无法确定幕府山阳所得碑石是否为现在明孝陵中的“大明神功圣德碑”，但可以肯定的是，于幕府山获得碑石之后，明成祖并未急于树碑颂德，而是在次年，于阳山开采更大规模的碑材。

阳山碑材开采后，朱棣“特命翰林臣往观”[7]，包括内阁七人中的解缙、胡广和金幼孜三人。大学士胡广在游阳山返回后，写下了《游阳山记》一文，描写了碑材“穹然城立”“所未尝见”[8]的壮观景象，以宣扬明成祖开山采石之壮举。

2. 开采历时和工匠来源

阳山碑材开采历时9个多月，供役者按例多为囚犯。明初，有“以囚人罚充”的规定。洪武年间，明太祖营建中都时，大兴土木，供役者不足，于是下令以“杂犯”役作[9]。洪武八年（1375），明太祖再次下令于刑部官员，命令“杂犯”“死罪”皆“输作屯种”，以显宽宥[10]。《大明会典》中更对明初囚人供役进行了详细规定，工之繁简与罪之轻重相对应[11]。以工代罪的制度始于洪武朝，始于

6 “永乐二年十月，皇上思惟太祖皇帝成功盛德，将纪功孝陵，以告万世。既得碑，求趺未获。获神龟，乃并得趺焉。”见［明］梁潜撰《泊庵集·神龟赋》。又：“颐庵邹公济诗集云，永乐二年冬十月，幕府山阳访碑石，高广中度。寻于龙潭山麓，斫山求趺，既而神龟显露，昂首曳尾，介文玄苍，形质天成，匪由磨琢。乃于龟下，遂得趺材，适与碑称。”见［明］周晖. 金陵琐事[M]. 南京：南京出版社，2007.

7 见［明］程敏政编《皇明文衡》卷三十三《游阳山记》。

8 “仰见碑石穹然城立，予足力稍疲倦，心急欲观之，虽疲亦趋而登至其下，三人相视惊愕不已，叹息所未尝见，谓天生此石以有所待也。山高数里，其体皆石，其旁巉岩，不便登陟。从碑石之左攀跻而上，一人引手，一人下推。又跻一级，渐至山顶。石如矾头者、窅窊者、窍而通者、高者。下者，险不可履，作蚁缘而度。渐过碑石之右，稍平可行。余将俯观，心掉股栗目眩不能下视，独解公登石立久之。”见［明］程敏政编《皇明文衡》卷三十三《游阳山记》。

9 “洪武五年（1372）九月，上以时营中都，恐力役妨农，诏自今杂犯死罪可矜者，免死发临濠输作。”见［明］胡广等修《明太祖实录》卷七十六。

10 “洪武八年（1375）二月，天道好生，人情好生恶死。朕御天下，夙夜靡宁，常惧刑罚失中，以乖天道，所以特降宽宥之典，凡杂犯死罪皆令输作屯种以全其生，且冀其悔罪改过，复为善人。”见［明］胡广等修《明太祖实录》卷九十七。

11 “国初，造作工役，以囚人罚充。役满，工部咨送刑部，都察院引赴御桥叩头发落。至今犹然。若供役工匠，则有轮班、住坐之分。轮班者隶工部，住坐者隶内府内官监。凡工役囚人，洪武二十六年定在京犯法囚徒，或免死工役终身，或免徒流、笞杖罚役准折。如遇造作去处，量度所用多寡，或重务者用重罪囚徒，细务者用笞杖之数，临期奏闻，移咨法司差拨；差人监管、督工。其当该法司造勘合文册，一本发工部收掌，一本发内府收贮。如遇囚徒工完，委官查理工程无欠，行移原问衙门，再查犯由明白，于内府销号，合疏放者，发应天府给引宁家；合充军者，咨呈都府，照地方编发。若在工有逃窜之数，即便差人勾提；果有病故等项，相视明白埋瘗，移咨原问衙门销号；如是缺工未完，移交拨补。”见［明］李东阳等撰、申时行等重修《大明会典》卷一百八十八。

凤阳、南京的役作之中。如南京皇家营建的石灰由南京内宫监负责监督人匠采石，南京工部虞衡清吏司拨给囚犯帮工[12]。阳山碑材的繁重劳役，也是使用了大量囚人，每人每天须交石屑三斗三升，死伤工匠不计其数[13]，更有“诏书切责下欧刀，工匠虞衡井中死”[14]的诗句，描写了劳工完不成开采碑材的任务而被杀、被迫投井的惨状。阳山碑材的壮举也是建立在对囚人的极度压迫之下才得以实现的。

二、碑材的尺度

阳山碑材的开采分碑额、碑身和碑座三个部分。碑额高 6 米，宽 11.74 米，厚 4.6 米，重约 862 吨，四周已和山体分离，下部宽度方向凿有三个方洞，其中一个已经凿穿（图 1）。碑身高 25 米，宽 9.84 米，厚 4 米，重约 2617 吨，碑身两端与山体相连，其余部位均已脱离，碑身基本成型（图 2）。碑座石材在碑额、碑身西南方向，西北端仍与山岩相连，高 8.59 米，宽 11.64 米，厚 23.3 米，重约 6198 吨（图 3）[15]。碑材各部位雏形俱成，以现状推测明成祖在阳山开采的“神功圣德碑”总高约 40 米，总重近 1 万吨，堪称世界碑材之最（图 4）。

阳山碑材的尺度和明初其他碑石相比，是宏伟的。明皇陵碑石高 7.37 米［碑文落款为洪武十一年（1378）］[16]，明孝陵神功圣德碑高 8.78 米［碑文落款为明永乐十一年（1413）］[17]，明初武当山规模最大的两座碑石位于玉虚宫内，分别高 9.03 米［碑文落款为明永乐十一年(1413)］和 8.92 米［碑文落款为明永乐十六年(1418)］，和阳山碑材的“神功圣德碑”规模比，相去甚远。

三、从遗址现状看明初石材开采的能力

1. 石材的选择

阳山的地质是 2.8 亿年前浅海环境沉积形成的二叠系“栖霞组石灰岩”。石灰岩主要是碳酸盐岩，以方解石成分为主，常混有生物碎屑黏土、粉砂等杂质。石灰岩岩层厚度大，岩层近水平，

图 1　碑额老照片

图片来源：哈佛大学图书馆网站 http://id.lib.harvard.edu/via/olvwork604131/catalog

图 3　碑座老照片

图片来源：哈佛大学图书馆网站 http://id.lib.harvard.edu/via/olvwork604044/catalog

图 2　碑身老照片

图片来源：哈佛大学图书馆网站 http://id.lib.harvard.edu/via/olvwork604171/catalog

12　翟志强．明代皇家营建的运作与管理研究［M］. 杭州：中国美术学院出版社，2013：234.

13　王韦．世界遗产文化丛书·明孝陵：石刻卷［M］. 南京：东南大学出版社，2008：11.

14　洪武大石碑歌［M］// 袁枚．小仓山房诗文集：卷三十二．周本淳，标校．上海：上海古籍出版社，1988：909.

15　碑材尺寸来自阳山碑材官网数据，与实测相符。

16　王剑英．明中都研究［M］. 北京：中国青年出版社，2005：462.

17　南京博物院．明孝陵［M］. 北京：文物出版社，1981：2.

质地良好，易于开凿成型。阳山碑材的开凿工程借用了山体岩石原有的裂缝和断裂，碑额、碑身与山体之间均有天然的断层[18]。开凿设计充分利用了这些断层，将断层作为碑材的边界（图 5）。

开凿设计不仅利用岩石的自然优势，而且能合理避开岩石中的杂质。栖霞灰岩从下而上分四个岩性段，依次为：臭灰层、下硅质层、燧石灰层、上硅质岩。开采碑材的岩石选在燧石岩性段中的灰黑色厚层石灰岩，其下部为燧石灰岩（图 6）。燧石，也称“火石”，分布于燧石灰层中，色黑性脆，凿刻时易破碎，不宜雕刻。阳山碑材的选址，不仅避开了下方岩层中含有的燧石，也将碑座西侧 60 米处的一组由于地壳运动而形成的岩石断层面排除在外（图 7），保证了碑材完整、石质纯净。

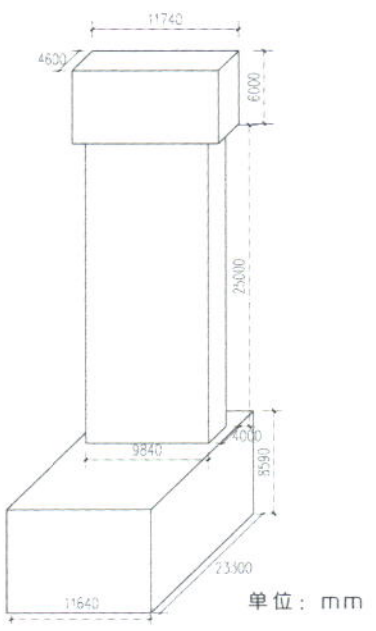

图 4　阳山碑材尺寸

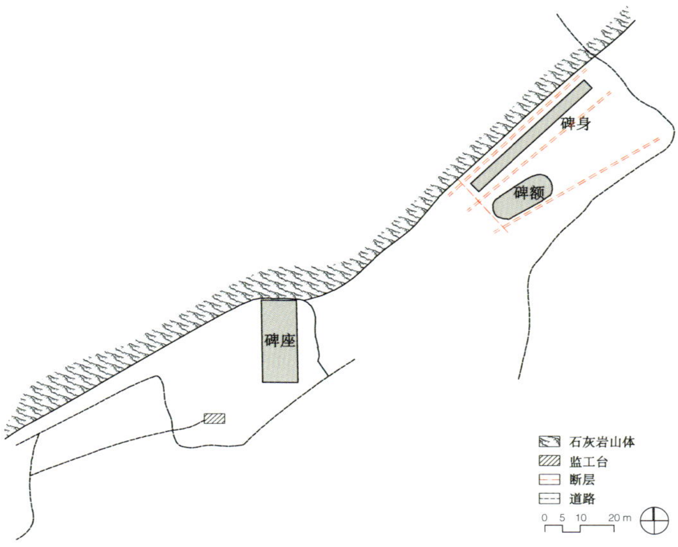

图 5　阳山碑材地质天然断层

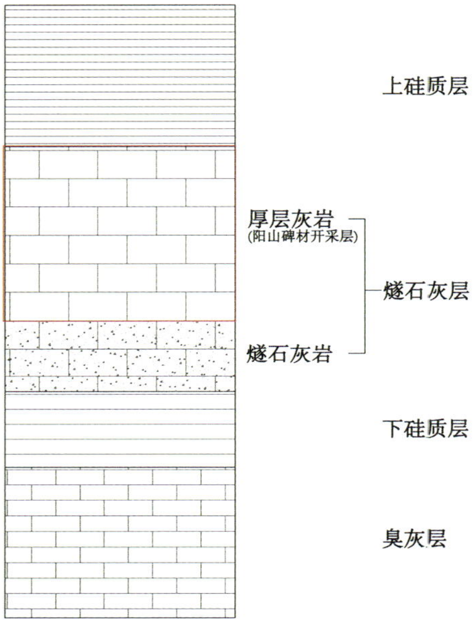

图 6　碑材开采处地质分层情况

明初工匠在阳山碑材的选址上，既能在地质复杂的群山之中寻得石质纯净且规模宏大的采石地，又能巧妙地利用岩石裂缝和天然分割作为碑材的边界，缩小开采量，这体现了明初在岩石开凿时对地质的科学认知。

18　根据汤山方山国家地质公园的资料整理：断层在碑身的西北侧，规模较大，走向 50°~230°，倾向南东，倾角近似直立（85°~90°），由灰岩角砾形成的破碎带宽 1~3 米，开凿碑材时沿着这条断层凿刻成堑沟，成为现今的一线天景观。

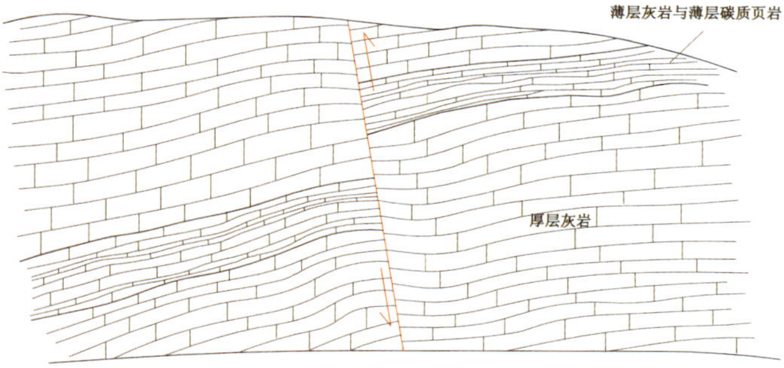

图 7 碑座西侧地质断层

图 8 碑座雏形

图 9 碑额石材上的成排突起

图 10 碑身下方的石凳

2. 石材的开凿步骤

从碑材三部分现状来看，碑额和碑身的开采较为完全，碑座开采程度稍滞后。碑座的一侧依然完全与山体相连，但其余四面均已打凿光滑，面层布满钎痕，各面之间棱角分明，下部内侧依山势凿出两个近于长方形的扁平洞口，外侧第三个洞口打凿了一半，洞口之间的岩石与地面连接，用于支撑上部的重量。碑座岩石的形状从侧面看并非一个标准的长方形，而是顺应山势的平行四边形，一方面推测当时开采碑材尽量取整块岩石的最大体量，旨在将碑座体量做到最大，另一方面可以看到取材时充分考虑了龟趺之形，碑材上端上扬、下端宽厚，靠近山体的一侧拟雕琢龟首，外侧拟雕琢龟背（图 8）。

碑额已和山体完全分离，是独立的石材，两端为弧形。碑额的下部也有三个断开的扁平洞口，其中一个已经完全凿穿，洞口外侧高约 1.6 米，中间凿穿的部分高 1.2 米，推测石工是从两侧分别向中间打凿。这三个洞口（包括未完成洞口）的作用与运输碑材有关，推测会在洞口中填塞圆木，再将碑材下方留有的支撑凿断，使圆木承托重量，并且借之将碑材滚送下山。碑额的另一个特征是其四周凿有 14 个 0.5 米左右见方的凸起，或两个或三个在一条水平线上（图 9），推测用于运输、吊装，有利于受力。

碑身是三部分中最长的一段，侧卧于山体中。碑身的正反两面垂直于地面，布满钎痕。作为碑身的雏形，开采时已经做到四面平整，挺拔有力，可见明初对于石材开采工艺的严格要求和精细程度。碑身距离地面被凿出了近 1.8 米宽的缝隙，缝隙中有 0.4~1.2 米高低不一的石凳 11 个，石凳沿中线一字排开，间距均匀（图 10）。推测这些石凳是用来搁置开采后的碑身的，而石凳之间的空隙可以穿插圆木，同样以滚木的方式将碑身运送出去。

通过对碑材现状的分析，我们知道明初在石材开采之初便已经考虑到后期安放、运输、吊装、雕琢等环节。石材开采的精细程度尤其可以通过碑身得以体现，边角锋利、挺拔高耸，钎痕细致均匀。石材选择、开采设计、开采步骤都反映了古人对地质学的认知程度和缜密的营造智慧，贯穿石作加工的始终。

四、阳山碑材的放弃原因

阳山碑材的开采昭示了统治者的壮志雄心，但在碑材成型之际停工了。碑材最终也没有被运出所在的山头。关于碑材为何被弃用有着多种说法。无论是“迁都说”[19] 还是“天意说”[20]，阳山碑材的弃用客观上存在着无法运输的原因。

明代巨型石材的运输多用两种方法：多轮车或旱船拖运。特制的三十二轮大车最早使用于明中都营建时运木之中，用二百人拉拽，二百人肩扛铁圈随行维修[21]。大车拖运石料对车和道路的损坏尤为严重，但依然有局限性：明代大车拖运最多能承受 95 吨

19 “一种说法是迁都说。朱棣做皇帝后，欲将国都迁往北京，主要的建设精力都放在了北京，无心再为孝陵做过多的工程，便改用了一块小许多的替代品，也就是现在明孝陵四方城的‘大明孝陵神功圣德碑’。”见王韦 . 世界遗产文化丛书 • 明孝陵：石刻卷 [M]. 南京：东南大学出版社，2008：13.

20 “另一种说法是天意说。阳山碑材所在的坟头村，东有东流村，西有西流村，前有关桥村和锁石村。传说当时的著名术士周颠仙知道打造碑材劳民伤财、死伤无数后，为了减轻百姓的痛苦，就说了一句偈语：‘东边有东流（留），西边有西流（留），东也留，西也留，中间锁石锁坟头，关桥一道关，碑材搬不走，若想搬碑材，除非山能走。’意思就是说此乃一块死石，永远搬不出去。偈语传到了朱棣的耳中，朱棣下令停止了这项浩大的工程。”见王韦 . 世界遗产文化丛书 · 明孝陵：石刻卷 [M]. 南京：东南大学出版社，2008：13.

21 王剑英 . 明中都 [J]. 故宫博物院院刊，1991（2）.

的重量[22]。阳山碑材最小的碑额也有近900吨的重量，用大车是无法将其搬运出去的。另一种运输工具——旱船的记载见于明代贺仲轼《两宫鼎建记》[23]：“三殿中道阶级，大石长三丈，阔一丈，厚五尺，派顺天等府民夫二万，造旱船拽运。每里掘一井，以浇旱船，资渴饮，计二十八日到京。”这里的中道阶级大石，超过150吨。在运石道路上每里掘一井，利用冬天严寒天气向地面泼水成冰，利用冰膜减小滑动摩擦力。但由于阳山碑材的体量实在太大，而且南京的天气没有北京严寒，利用旱船拖运也是难以实现的。

无论明成祖朱棣开采碑材的初衷为何，是确实想取巨型碑材但迫于运输条件有限最终放弃，或者只是通过这一举动彰显孝义，阳山碑材的存在已经向世人展示了明初石材开采的科学性，展现了石料开采设计对地质学的高度认知和开采过程的严密性，体现了600多年前古人的营造智慧与能力。

22 Jiang Li, Haosheng Chen, Howard A. Stone. Ice lubrication for moving heavy stones to the Forbidden City in 15th- and 16th-century China[C]. Proceedings of the National Academy of Sciences of the United States of America, 2013，110（50）.

23 [明]贺仲轼．两宫鼎建记[M]//[清]曹溶，辑；陶越，增订．学海类编：第四十八册[M]. 上海涵芬楼据六安晁氏木活字本影印，1920.

参考文献：

[1] 胡广，等．明太祖实录[M]. 台北：“中央研究院”历史语言研究所，1962.

[2] 张辅，等．明太宗实录[M]. 台北：“中央研究院”历史语言研究所，1962.

[3] 李东阳，等．大明会典[M]. 申时行，等重修．扬州：广陵书社，2007.

[4] 程敏政．皇明文衡[M]. 上海：上海商务印书馆，1936.

[5] 王焕镳．明孝陵志[M]. 周钰雯，王韦，点校．南京：南京出版社，2006.

[6] 明孝陵博物馆．明初南京五十三年[M]. 南京：东南大学出版社，2018.

[7] 吕武进，李绍成，徐柏春．南京地名源[M]. 南京：江苏科学技术出版社，1991.

第三篇　意识

PART THREE: CONSCIOUSNESS

时空中的缝隙
——明代城市中“公共”空间的涵义及其时间性

诸葛净

在中国的古代城市史研究语境中，街道往往被提出作为能与西欧中世纪城市中的广场相对的核心的城市公共空间，此外，寺庙、酒楼、戏院等地方，也被认为承担了城市的公共职能[1]。这些认识强调了这些地方对于大众的可进入性，及其复合的，或被用于社会交往活动的功能[2]。不过，撇开 publicity 在欧美语境中的意涵这个复杂问题，仅就上文所涉及的涵义来看，值得追问的是，能够不受限制地进入这些地点的大众究竟是谁？他们在这些被视为公共空间的地方到底在做什么？在前现代中国社会里，所谓限制指的是什么？

本文尝试借助被设定为《金瓶梅》故事舞台的山东清河县城与临清城，以及小说涉及的与城市中某些地点相关的活动，并结合明代地方城市生活相关的文献与图像，来探讨这些问题。

西门庆所在的清河县城，从格局看是一座典型的明代地方城市：城内主要街道是十字街，通向四座城门。小说中涉及的主要地点，包括西门庆宅、西门庆的各种铺子都在十字街的东西街上，东街是紫石街，西街即狮子街，沿街有酒楼、旅店。寺院道观大多在城门外，东门外五里是道教的玉皇庙，西门外是喇嘛教的宝庆寺[3]，南门外有周守备的香火院永福寺。此外，西门庆的家族墓地、刘太监的庄子等都在南门外更远处，而孟玉楼原来的婆家杨家则在南门外猪市街上。由此给读者的印象是，这座清河县城的南门外似乎实际上仍属于较为繁华的城市区域。

在临清城发生的事则围绕着西门庆的女婿陈敬济与谢家大酒楼而展开。历史上，明代的临清城是一座重要的运河城市[4]，运河带来的人流、物流在此停留、集散，因而大量的流动人口，特别是南来北往的行商构成这个城市人口组成中的重要部分。而临清城的存在，以及清河县与临清城的邻近关系，是西门庆的商业活

---

1 许凯，Klaus Semsroth.“公共性”的没落到复兴——与欧洲城市公共空间对照下的中国城市公共空间 [J]. 城市规划学刊，2013（3）：61-69.

2 同上。

3 宝庆寺出现在词话本中，但到绣像本时没有再提及。而且其在词话本中也和故事没有太多关联。但特意提及还有一座喇嘛教寺院，或者某种程度上也反映了在金瓶梅故事最初写作时的明代社会中，喇嘛教仍然具有相当的影响力。

4 大运河沿线集散中心城市的兴起：临清 [M]// 陈薇. 走在运河线上：大运河沿线历史城市与建筑研究. 北京：中国建筑工业出版社，2013：71-90.

动能够渐次扩展到长江南北的重要条件。

将首先具体剖析哪些人在哪些情况下使用寺院道观、酒楼、街道等这些通常被视为古代城市中公共空间的地点；也试图找出在什么情形下，某些限制是真正被削弱的；最终将结合本系列研究里对住宅中“私”的概念的界定，重新思考公共 / 私密这对概念及这样的二元划分，应当在何种限定下使用，可以更有效地用于理解中国城市。

一、谁的“公共”

寺院道观在小说中出场频繁，不仅仅是因为宗教仪式。寺观作为地点，加之和尚、尼姑和俗人们密切的往来，都提示人们寺观在古代中国日常生活中的重要性。小说中频繁出现的是清河县南门外的永福（禅）寺、东门外的玉皇庙，以及未言明地点的报恩寺。三者的地位有微妙的差别。按小说所说，永福寺的历史可以追溯至梁武帝普通二年（521）——虽然事实上梁武帝的疆域并不曾到过山东清河县的地方，是地方志中常有的历史久远、香火旺盛、时不时有高僧大德驻锡的那类寺院。在小说里，永福寺也是周守备的香火院[5]。周守备是正式的武职官，并非西门庆这样靠巴结朝廷高层和送礼而得的官。永福寺通常是迎送官员置酒设宴的地方，周守备的家族墓地在永福寺后，西门庆的女婿陈敬济的父亲也葬在永福寺。这些都提醒了读者该寺与官方的联系。道观玉皇庙在东门外，西门庆与一众朋友的聚会多在玉皇庙中，绣像本金瓶梅的第一回就以十兄弟在玉皇庙的结会为开始。李瓶儿生病时，也请道士去家中驱鬼。提及报恩寺的，则都是丧事中将报恩寺和尚请来做法事。

送行、结会、打醮，所有这些活动的组织者与参与者都是男性，就前两项活动来说，其实只是借助寺院的场地举行宴饮，酒、饭、菜肴、厨役都是组织宴饮者自己准备的，也并不遵守佛寺的清规。这种在场地上提供的便利，与寺院本身的职责毫无关系，毋宁说是寺院结交权贵的一种方式。道观中的打醮，与将道士或和尚请入家中做法事的性质是类似的：一方提供服务，另一方提供报酬（礼物）。女性进入寺观通常是因为去进香，只和家人同行，但进香时并不能严格防备，因而陌生男女之间很可能会碰面。譬如在李瓶儿死后，被请来画影的韩先生便说曾与李瓶儿在岳庙进香时见过一面。在神佛的面前，某种程度上性别界限被削弱了。

5　但是小说的叙述中有意思的是，作者直到西门庆死后，才通过春梅为潘金莲寻找葬地，而把永福寺的这一身份交代出来。

而事实上在官员或文人家庭中，女性去寺院也仍是受到限制的[6]。

寺庙也是可以随意进入的游玩之地。清明节吴月娘一众人为西门庆上坟后，回程路过永福寺，便顺道进去参观，并无人阻拦，甚至住持也跑出来接待。然而，当周守备的夫人庞春梅也来到永福寺扫墓时，住持急急忙忙将吴月娘等人请出方丈室，让其躲避在厢房等候。在这里，吴月娘的躲闪与性别无关，仅与社会身份相关。就像西门庆在世时，周守备到宅中拜访，白赉光也只好躲进厢房里偷看[7]。此时的庞春梅是朝廷命官的夫人，同时也是永福寺的香火主人。尽管永福寺的大殿靠西门庆的捐赠才能修葺一新，但在西门庆死后，事实上所有他生前依靠金钱建立起来的社会关系都已消失，此时的吴月娘与庞春梅，一个是民一个是官，已经不属于同一个社会阶层。

一方面，寺院确实对所有人开放，包括不同社会阶层的人，包括男性与女性，从这个角度看，佛寺道观总是具有一定的公共性；但另一方面，当这个场地被某个阶层的人占据时，就对低阶层的人形成排斥，尤其是在官、民之间，始终存在严格的界限[8]。可以想象在那些官员饯行酒宴举行的时候，永福寺中是不会再接待一般民众的。在寺观之间，也存在地位上的差距。相比永福寺的官方关系，玉皇庙更为平民化：西门庆得到官位后，也就不再参加兄弟们在玉皇庙的聚会了；李瓶儿进香为外姓男子所见，同样发生在玉皇庙。如果说在面向神佛的礼仪中，性别界限有可能不那么严格，那么，几乎在所有的场合，社会身份的界限，尤其是官、民的界分总是得到维持。寺观表面的无所限制的可进入性，也因此形成了差别。

第二类常见的被视为公共场所的地点是酒楼。生活在明代中期的苏州画家仇英曾经绘过北宋张择端名画《清明上河图》的摹本，反映的是明中期运河城市苏州府的景象。该图中描绘有数个酒楼或小酒店，我们可以看到无论是城内的酒楼还是城外的小酒店，在其中吃饭宴饮的人物，都无一个女性形象（图1）。在一

---

6 如在清代沈复的《浮生六记》中，芸娘想和沈复一起去水仙庙观“花照”，只能瞒着沈的母亲，扮成男装前往。[清]沈复.浮生六记[M].北京：人民文学出版社，2010：30-31.

7 见《金瓶梅》第三十五回。

8 明代除了规定品官之间相见的礼仪，在“庶民相见仪”中也明确规定即使是致仕官回乡，在亲戚间的宴席中，也应设别席，不许坐于无官者之下，而当另设一席。若非同族之人，庶民见官必须以官礼谒见，“凌侮者论如律”。见张廷玉，等.明史[M].北京：中华书局，1974：1428.
因而在《金瓶梅》第四十一回里，西门庆就说：“既做亲也罢了，只是有些不搬陪些。乔家虽如今有这个家事，他只是个县中大户，白衣人。你我如今现居着这官，又在衙门中管着事。到明日会亲，酒席间他戴着小帽，与俺这官户怎生相处？甚不雅相……”

图 1　[明] 仇英 . 清明上河图（局部）：酒馆与青楼

个将女子被异性随意观看视为不道德的社会中[9]，出入酒楼的女性只可能是青楼女子。在这里，女性的被限制与酒楼本身无直接关联，它来自性别之间的隔离，或者说来自有关女性之看与被看的社会规则，即女性只能被作为其拥有者或其所拥有者的异性（父亲、丈夫、儿子、兄弟、仆人）看见[10]。那么，在男性中，可能进入酒楼的又是谁呢？在西门庆的故事里，酒楼大约出现了四次，前两次是在小说开始的十几回中，西门庆因害死武大郎而有求于本县的官吏，在酒楼中请县衙的小吏喝酒，这种情形在他身份逐渐升迁后再也没有发生过，因为总是别的人有求于他而至其宅中偷送贿赂；再就是与应伯爵等人需要一个临街的去处看武松打虎归来巡街，便选了一处临街的酒楼。而到李瓶儿买下狮子街临街的宅子后，元宵节在李瓶儿宅的前楼里就可观街上的灯，于是也不用借助酒楼获得这样的场地。换言之，对本地人而言，酒楼是可选择的社交地点，对于官员，因官民不可同处一室而不太可能穿着官服随意出入酒楼。西门庆这样的富人，或是管砖厂的刘公公、

9　朱熹《家礼》中对女子不得出中门，以及女子如不得不上街则必须遮掩面部的规定凸显了士大夫观念中关于女性被看的禁忌。见：[宋] 朱熹 . 家礼 [M]// 朱杰人，等 . 朱子全书（第七册）. 王燕均，王光照，校点 . 上海：上海古籍出版社，2010：857-958.

10　准确地说，性别隔离的严格程度会随着社会身份的降低而逐渐松弛。在最严格的规则中，女性也不能被男性仆人看见。如“司马氏居家杂仪”所言：“凡为宫室，必辨内外。深宫固门，内外不共井，不共浴室，不共厕。男治外事，女治内事。男子昼无故不窥中门。男子夜行以烛，妇人有故出中门，必拥蔽其面（如盖头、面帽之类）。男仆非有缮修及有大故（谓水火盗贼之类），不入中门，入中门，妇人必避之，不可避，亦必以袖遮其面。女仆无故不出中门，有故出中门，亦必拥蔽其面。铃下苍头，但主通内外之言，传致内外之物，毋得辄升堂室，入庖厨。”见：[宋] 朱熹 . 家礼 [M]// 朱杰人，等 . 朱子全书（第七册）. 王燕均，王光照，校点 . 上海：上海古籍出版社，2010：883-884.
对于最贫穷的人家，夫妻都必须参与劳动，完全避免抛头露面是不太可能的。但对于一般的，特别是没有奴仆的人家，成书于 18 世纪的《清俗纪闻》“客人应答”一节反映出当时人对于性别隔离的基本看法：“……如主人不在家且家中无奴仆时，妇女将出来在内房布帘内说：‘主人不在家，是哪位？’如是亲友，则回答是‘某’。如有事，则叙述请转达，如是访问，则留言后立即归去，而不能与妇女见面。如是亲友，则直接请到内房。”见：[日] 中川忠英 . 清俗纪闻 [M]. 方克，孙玄龄，译 . 北京：中华书局，2006：418.

夏提刑等官府人家，有场地、有厨役，其社交宴饮总是在自己的家中，遵守一定的规则而进行。相对的，中下层的人物，譬如帮闲应伯爵，以及西门庆家的仆人，更有可能出入小酒馆。但总的来说，本地人更倾向于将酒菜买回家，在家里请客吃饭喝酒。

而在金瓶梅故事的后半段，围绕陈敬济的命运，临清谢家大酒楼一度成为故事发生的舞台。临清作为繁忙的运河商业城市，大量的行商在此经过与停留，谢家大酒楼成为商人们闲暇时喝酒作乐嫖妓之处。明代城市，特别是商业繁荣的城市中，酒楼、妓院等的发达是常见的现象，支持这些行业的主要是大量流动人口，包括在各地奔波的行商——例如西门庆的伙计沿着运河到扬州、杭州等地买入绸缎然后回清河县发卖，这些伙计一路上就要投靠相熟的经纪人与客店；周期性进入县城、府治与都城的参加科举考试的考生；还有手工业中心城市中的产业工人等等。他们在本地没有住宅，或居于客店，或租房居住，他们的娱乐与社交必须借助城市中提供的服务来展开。这些人，以及为他们提供服务的行业的发达构成了明中晚期的商业与手工业中心城市——如临清、苏州、杭州、扬州、南京等地——的特征。西门庆所在的清河县，是邻近运河城市临清的一座普通明代地方城市，从中也已可看出明代中晚期商业网络与人口流动的普遍性，例如湖州客商等不及贩卖货物而低价发卖给了西门庆，又比如西门庆曾在妓院中与外来客商争抢妓女；而非本地人的武大郎在清河县租房、买房的经历，也反映出贫穷的小人物为生计而在一定范围内的迁徙。

综合起来看，以酒楼为代表的城市服务行业作为商业场所，所面向的消费对象主要是城市中的流动人口，尤其是南来北往的行商；同时，也为中下层平民提供了住宅以外的可以交流信息与闲谈的地点。就经营与管理来说，酒楼显然是属于私的一方面，其管理者与利益获得者均为特定的财产拥有者，但酒楼连接了以流动人口为主的各种人物，在酒楼中有更多的可能性偶遇来自不同地方的陌生人，得到各种各样的信息。旅店也有着类似的性质。在这里被打破的是地理的限制，在中国古代基于土地的户籍管理制度背景下，经商为人们提供了合法流动的可能性，而大量流动人口聚集之处，也使各类信息能够超出地域的界限得到传播。就此而言，也许可以说，与寺院相比，商业城市中的酒楼更具有公共的特性。

第三类是街道，研究者通常认为在缺少广场的东亚城市中，街道是可与广场类比的充满活力的公共场所。然而在此，我们同样需要首先辨析到底是谁在街道上活动。在《金瓶梅》的故事里，西门庆的妻妾与妻妾房中未婚的丫鬟们并不会出门购物，如果她们有特定想要的物品，比如化妆品或手帕、首饰之类，她们必须委托伙计或家童去购买。如果女性因其他原因需要出现在街道上，那么或者必须如司马光或朱熹所希望的，遮蔽脸孔和身体；或者在轿子普及之后，坐轿子出行。某些平民人家的妇女往往也充当媒婆，会带着小件物品出入家门售卖[11]。而一般人家的女子如潘金莲还在武大郎家的时候，只是站在门帘下朝外张望，故意被街上的人看见，已被视为伤风败俗，导致武大郎不得不搬家。这一类对女性上街的限制的描述，同样也出现在如《醒世姻缘传》等这一时期的其他小说叙述中。但同样的，这类限制又会随着社会身份的降低而有所松弛。

与文字相比，这一时期的图像资料能为我们提供更详尽的有关城市街道活动的信息。同样在仇英版的《清明上河图》中，描绘有城内外街道上丰富的活动与人物，包括观戏、观杂耍的娱乐，各式各样的店铺及在店铺中的交易，酒楼中喝酒吃饭的人，拉纤、划船、卸货的工人们，以及各式各样的行人[12]。从服装大致可以判断，其中大量提着、扛着、担着各种物品，或是在酒楼喝酒的都是平民，此外大街上也有骑乘在马（或驴）上、带着随从侍卫的官员，以及头戴方巾的儒生，但无论什么身份，所有的人物都是男子。女人总是藏在屋中，或躲在门后，往往还牵着一个孩子，即便在郊外乡村观戏的场景里，女人也只是在围墙后张望。似乎女性永远只是男性主导的世界中的窥探者。大街上有两顶轿子，一顶在城外，属于婚礼送亲的行列，轿旁跟随着两位披红的女子，当是媒婆或随嫁的侍女；另一顶二人小轿在城内，旁边也跟随着一个女子。这是仅有的出现在大街上人群中的女子形象。在仇英作画的年代，轿还没有成为普遍的交通工具，除了特殊的婚礼场合，有资格使用轿子的主要是官员，但有钱人可以雇佣民轿[13]，由此可以推测城内大街上的这顶二人小轿中坐着的大约是某大户人家的女眷。通过这一观察可以了解，城市街道的使用并未突破性别的界限，但在日常生活中，对于所有男子，街道确实是可以随意进入的地方，因为街道首先是交通的通道，通常不存在依据社会身份的差别对待。如果出现对街道的隔离，也仍然是高等级官员对普通民众的驱离，如《金瓶梅》中巡抚、钦差来访时的情形一样，或者如清代《红楼梦》中贵妃省亲或是康熙南巡图中所见的，皇家行列所过之处，街道都被帐幔遮蔽。这种隔离，体现出与身份相关的看与被看之限制，地位低下者不被允许看见地位高的人。

11　《醒世恒言》《警世通言》等收录的数个故事中，常以媒婆的这个特点来连接男女主人公，推动故事的发展。

12　但事实上《清明上河图》描绘的已然是清明踏青时的特殊情形，并非完全的日常生活场景，关于节日的问题下文将进一步讨论。

13　巫仁恕．明代士大夫与轿子文化[J]．“中央研究院”近代史研究所集刊，2002（38）：1-69.

至此，可以认为，即便在这些通常被视为公共空间的地点，也与在住宅内部一样，社会身份，尤其是官民之间的界限与性别界限规范着人们的行为并进而对城市空间的性质产生影响，使得寺庙、酒楼和街道这些在以往研究中被笼统视为公共空间的地点事实上仅对社会的某些成员开放，并且仅容纳特定的活动。首先，性别界限将女子隔离在街道、酒楼之外；其次，酒楼、店铺，以及街道上的活动主要是商业活动，参与街道上之商业活动的大部分人是平民、高级官员与西门庆这样有钱的商人，其家庭日用品均由仆人购置，人们主要的社会活动以住宅中的厅、堂为中心，围绕着特定家庭的利益及其男主人，在可控的范围展开。因而城市中的这些地点与其说是现在意义上的面向所有人、具有活动的复杂性并导致遇见陌生人之不确定性与可能性的公共空间，不如说是以男性为主要参与者的商业场所，它们只是构成整个社会领域的一部分[14]。人群与行为的界限并非由这些场所本身制定，而是来自被普遍接受为行为规范的身份与性别隔离。

而从城市空间与住宅的关系的角度，通常的研究在将街道等视为城市公共空间的同时，也将住宅视为与之相对的私密的地方。但在西方自由主义语境中发展起来的公共 / 私密概念，无论意涵多么复杂，其基础是个人主义。公共与私密总是涉及个人与群体的关系，公共代表着由个人组成的群体的共同利益，公共（public）与私密（private）是一对不能分开的概念[15]。中国有公和私的概念[16]，放在封建晚期的住宅语境里，私的概念以占有为特征[17]，并因而形成一种等级结构，占有者对于被占有者为公，被占有者对于占有者为私。在这个等级结构里，最顶端的“公”是皇帝。在这个语境里来理解，城市中住宅以外的地方与住宅不能构成相对应的公 / 私关系，只有边界可变动的内 / 外区别。同时在城市社会生活里，住宅是核心，作为社会活动主体的男性在家庭关系和社会关系中所承担的多重角色，始终以住宅为中心展开；或者换个角度说，个人与群体间的关系经由以住宅为中心的一系列活动得到表述。也因如此，城市的其他部分与住宅之间，既非对立，也不连续，只是城市中两个不同的领域，遵循相同的，以等级、社会身份和性别为核心的行为规范。

14 当由商人、平民构成的这个领域及其活动的地点，在晚期发达的商业城市中变得越来越活跃的时候，有可能发展出罗威廉在研究汉口时指出的新型商人社会与城市共同体——尽管他的这一论断也受到其他学者的质疑。

15 Stanley I. Benn, Gerarld F. Gaus. The Liberal Conception of the Public and Private[M]// S. I. Benn, G. F. Gaus. Public and Private in Social Life. New York : St. Martin’s Press, 1983: 31－66.

16 这里公并不等同于 public，私也不等同于 private。

17 诸葛净．上房：性别空间与私的概念——居住：从中国传统住宅到相关问题系列研究之三 [J]. 建筑师，2016（5）：90-96.

二、反常规的节日时间

那么，是否存在打破或削弱等级、身份、性别界限的场合呢？

在《金瓶梅》词话本的第九十回中，清明节吴月娘领着众人给西门庆上坟归来，并不直接回家，而是在杏花村酒楼下设下帐幕酒席，文中说：

“话说吴大舅领着月娘等一簇男女，离了永福寺，顺着大树长堤前来。玳安又早在杏花村酒楼下边，人烟热闹，拣高阜去处，那里幕天席地，设下酒肴，等候多时了……不一时，斟上酒来。众人坐下，正饮酒，只见楼下香车绣毂，往来人烟喧杂，车马轰雷，笙歌鼎沸。月娘众人躧着高阜，把眼观看，看见人山人海围着，都看教师走马耍解的……原来是本县知县相公儿子李衙内……同廊吏何不违，带领二三十好汉，拿弹弓、吹筒、毬棒，在于杏花村大酒楼下，看教师李贵走马卖解，竖肩桩，隔肚带，轮枪舞棒，做各样技艺顽耍，有这许多男女围着烘笑……”

正是在这一次，清河知县的儿子李衙内看见了孟玉楼，并看上了她。对于平日里连内宅门也少有出入的女眷们，这是难得的暴露在陌生人中间的场合。在这郊外的环境里，不同社会阶层的人也没有绝对的互相避忌。换句话说，在清明踏青的节日活动中，性别、身份的界限变得模糊，不同阶层的陌生人甚至陌生男女之间的相遇变得可能。

事实上，很多研究者，特别是研究民俗（比如庙会和节日）的学者已经指出，在节日的特定时空结构里，人们的行为呈现出反规范性的特征，进入一种狂欢状态。对此现象的解释既涉及节日祭祀娱神的起源，也涉及节日对日常生活之调节的社会功用[18]。此处将主要关注在这些特定的时间中，反规范行为的发生与城市空间之关系。

清明节无疑是普遍的、有代表性的节日，不仅出现在《金瓶梅》的故事里成为推动情节发展的重要场景，也出现在各种明人记载与图像中。例如，写作于明末的《帝京景物略》写到北京的清明习俗时说：“三月清明日，男女扫墓……哭罢，不归也，趋芳树，择园圃，列坐尽醉。有歌者，哭笑无端，哀往而乐回也。是日簪

18 赵世瑜. 中国传统庙会中的狂欢精神[J]. 中国社会科学，1996（1）：183-196；洪淑苓. 女性节日文化初探：以近代方志中的“元宵走桥”等习俗为例[J]. 台大文史哲学报，2003（59）：297-336.

柳，游高梁桥，曰踏青。多四方客未归者，祭扫日感念出游。”[19] 张岱则在《陶庵梦忆》里数次描述了浙江、江苏一带的清明习俗，看上去踏青游玩的重要性已经超出了扫墓本身：

“（越中）男女袨服靓装，画船箫鼓……下午必就其路之所近，游庵堂、寺院及士夫家花园。”[20]

“扬州清明，城中男女毕出，家家展墓……自钞关、南门、古渡桥、天宁寺、平山堂一带，靓装藻野，袨服缛川。随有货郎，路傍摆设骨董古玩并小儿器具……”[21]

与清玥节具有相似普遍性的则是正月十五元宵节。《金瓶梅》中的相关场景包括女眷或西门庆和他的朋友们在李瓶儿住宅临街楼上看灯，西门庆在家门口放灯引发街坊围观，以及女眷们在陈敬济的陪同下上街“走百病”。《帝京景物略》的“灯市”一节里，对北京城中的正月灯市有更宏观的描绘：

“……今北都灯市，起初八，至十三而盛，迄十七乃罢也。灯市者：朝逮夕，市；而夕逮朝，灯也。市在东华门东，亘二里。市之日，省直之商旅，夷蛮闽貊之珍异，三代八朝之骨董，五等四民之服用物，皆集。衢三行，市四列，所称九市开场，货随缘分，人不得顾，车不能旋，阗城溢郭，旁流百廛也。市楼南北相向，朱扉，绣栋，素壁，绿绮疏，其设氍毹帘幙者，勋家、戚家、宦家、豪右家眷属也。向夕而灯张……乐作……烟火施放……今市十日，赐百官假五日。内臣自秉笔篆近侍，朝臣自阁部正，外臣自计吏，不得过市，犹古罚栾幕盖帷意。其他，例得与吏士军民等过市……妇女相率宵行，以消疾病，曰走百病，又曰走桥。”[22]

在正月元宵的活动里，如洪淑苓的研究已经注意到的，“走百病”对男女的界限构成了挑战[23]。不过按照习俗，“走百病”通常是在夜间，因而，尽管仍将女性暴露在陌生男性的视野中，由于黑夜的遮挡，这种暴露与清明踏青相比，仍是有些隐晦的。

19 ［明］刘侗，［明］于奕正．帝京景物略［M］．北京：北京古籍出版社，1983：67.

20 ［明］张岱．陶庵梦忆　西湖梦寻［M］．马兴荣，点校．北京：中华书局，2007：18.

21 ［明］张岱．陶庵梦忆　西湖梦寻［M］．马兴荣，点校．北京：中华书局，2007：66.

22 ［明］刘侗，［明］于奕正．帝京景物略［M］．北京：北京古籍出版社，1983：57.

23 洪淑苓．女性节日文化初探：以近代方志中的“元宵走桥”等习俗为例［J］．台大文史哲学报，2003（59）：297-336.

而与上街“走百病”相比，观灯与放灯却仍然遵循着基本的社会行为规则，尤其对于勋、戚、豪右家的女眷，临街的楼为她们提供了远离陌生人群但又能够向外观看的位置；而自家放灯时，就如在大厅中一样，女性躲藏在安置在大门前的屏风后。因而不管元宵的灯会具有多么狂欢的气质，却只有晚上上街“走百病”让所有女性获得了直接进入外部世界的机会。但同时，看灯时躲藏在临街楼上或屏风后的女性却也得以窥视陌生男子，这本身也可视为对男女之间看与被看之秩序的颠覆。

在张岱对故国的思念中，节日的记忆占据着重要地位，他不仅记述了清明节，还描绘了端午南京秦淮河房的看灯船、元宵绍兴街头看灯、中秋夜苏州虎丘斗歌，以及苏州六月祭祀二郎神时葑门外荷花荡的游人。在其笔下，明末江南城市中的节日更具有梦幻而狂欢的气氛。苏州八月中秋的夜间斗歌颇具地方特色，张岱说“虎丘八月半，土著流寓、士夫眷属、女乐声伎、曲中名妓戏婆、民间少妇好女、崽子变童及游冶恶少、清客帮闲、傒僮走空之辈，无不鳞集”[24]。似乎全城的各式各样的人，无论身份高低贵贱，无论男女，这一夜都聚集到了苏州郊外著名的游览地虎丘。曾任苏州知府的袁宏道在《虎丘记》中也记载了中秋夜的虎丘：“每至是日，倾城阖户，连臂而至。衣冠士女，下迨蔀屋，莫不靓妆丽服，重茵累席，置酒交衢间。从千人石上至山门，栉比如鳞，檀板丘积，樽罍云泻，远而望之，如雁落平沙，霞铺江上，雷辊电霍，无得而状。”[25]而张岱在叙述完六月二十四荷花荡人群毕集的盛况后说：“盖恨虎丘中秋夜之模糊躲闪，特至是日而明白昭著之也。”[26]这一略带讥诮的评论事实上强调了男女混杂相处及其相互看见在节日中的反常规性。

在被认为描绘了明都南京元宵节之节日景象的《南都繁会图卷》里[27]，画面右半边主要是一座戏台和一组观戏的人群；紧接着一条贯穿画面左半边的街道，街道中央是踩着高跷的游行队伍，将观者的视线一直延伸到画面远处的山间，观看的人群挤在街道两侧，或两旁房屋中；左边远处分散着几组观杂耍、观水面竞渡或观舞龙的人群。与仇英的《清明上河图》一样，拥挤在街道上的都是男性，也同样有平民、赶路的官员，还有儒生。画面中有

24 [明]张岱．陶庵梦忆　西湖梦寻[M]．马兴荣，点校．北京：中华书局，2007：64.

25 袁宏道．虎丘记[EB/OL]．[2016-09-27]．http://www.guoxuedashi.com/a/1402v/36615u.html.

26 [明]张岱．陶庵梦忆　西湖梦寻[M]．马兴荣，点校．北京：中华书局，2007：17.

27 王宏钧，刘如仲．明代后期南京城市经济的繁荣和社会生活的变化——明人绘《南都繁会图卷》的初步研究[J]．中国历史博物馆馆刊，1979(0)：99-106.

两组集中的女性形象。一组在临街楼上，但难以辨别其身份；另一组在戏台前，坐在显然是临时架起的高出地面的帐幕中，中有携小儿者，也有货郎正在向帐幕中的女子递送货物，当为普通人家眷属（图2）。这一绘画场景中的人物位置关系，也能与《帝京景物略》中对北京东岳庙东岳天齐仁圣帝巡游时街上人群状态的描绘相对应："三月廿八日帝诞辰，都人陈鼓乐、旌帜、楼阁、亭彩，导仁圣帝游。帝之游所经，妇女满楼，士商满坊肆，行者满路，骈观之。"[28] 这些女性都在与其他男子一起专心观看游行或演出，参与了街道上的节日狂欢氛围，但通过在楼上和在抬起的帐幕中，她们与其他人之间保持了空间上的隔离，然而这一参与本身已经打破了"看"的禁忌。

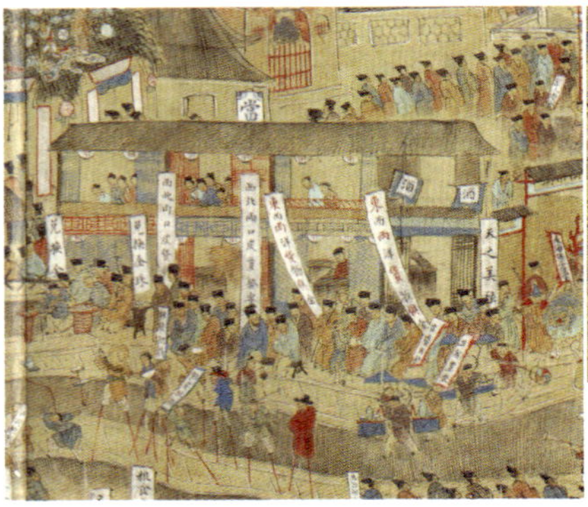

图2 ［明］南都繁会图卷（局部）［左：观看沿街的游行队列；右：观戏（注意图中男性与女性分别占据的不同空间及其相互关系）］

综合来看，所有这些节日活动的反规范性首先表现为身份界限与性别界限的淡化，这一点也为当时的人所注意，尤其是性别界限——包括空间分隔与视线阻断——的削弱，比起社会身份的混杂更引人注目，因而在当时人的文字中也往往被专门提及。在节日中，女子能够进入原本仅由男性占据的地方，需要注意的是，此处的女性并非仅仅指生理性别上的女性，更重要的是与生理性别相关的社会身份，她们是母亲、妻子、女儿。对于伎或妓，以及出家人来说，社会规范并不禁止她们与男性共同出现在他人面前，事实上携伎出游在明代是相当普遍而流行的现象。但作为母亲、妻子或女儿——她们的共同点是都从属于某个男子，为某男子所占有，成为"私"的一方面而不应被家庭成员以外的男子所见[29]。然而在节日中，这一禁忌被打破，但如前文所述，在物质空间上，男、女之间通常仍然分别占据不同的领域，只是这些领域之间不再有固定封闭的边界：在街道上，女子占据着沿街房屋

28 ［明］刘侗，［明］于奕正．帝京景物略［M］．北京：北京古籍出版社，1983：64.

29 诸葛净．上房：性别空间与私的概念——居住：从中国传统住宅到相关问题系列研究之三［J］．建筑师．2016.（5）：90-96.

的楼上；在戏台前，女子出现在被抬高的帐幕中；若是清明扫墓踏青，或如苏州虎丘中秋夜，女子总是与家人共同出行，空间被以家庭为单位区分为不同的片段。然而，正因没有固定封闭的边界，在这里真正被打破的是有关“看”的禁忌。如明代人已经观察到的：“楼上楼下眼光亲，帘箔层层作幽曲……各家宅眷各家郎，互遮互看疏帘里……”[30]

而从城市空间的角度看，所有的节日活动，即有可能发生这类反规范性行为的地点，或者在城墙之外——如清明踏青通常是在扫墓的路上，即墓地与城之间的郊野地带，苏州特有的六月二十四祭祀二郎神是在城门外的荷花荡，中秋夜是在城外西北郊的虎丘；或者在城内的街道——如元宵的灯挂满城市内所有的大街小巷；或是二者兼有——如北京东岳庙的神像巡游。与住宅、衙署、庙宇甚至酒楼、妓院相比，这两类地点的共同点在于它们都是未被明确定义的地方。

三、时空中的缝隙

所谓的被明确定义的地方，在这里指的是对于社会秩序与等级制度之构建有明确作用的空间或建筑物。例如，各种官方编撰的地方志中的城池图就典型地表达了这类空间与建筑物，反映出官员意识中的城市秩序，而与前述的节日文字，以及特别是《南都繁会图卷》这类风俗画形成对照。

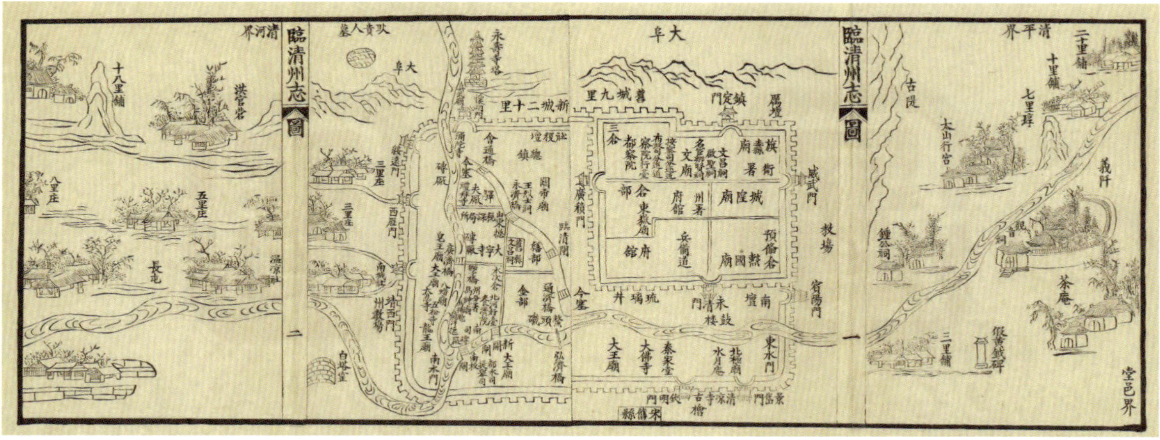

图 3　清（康熙）《临清州志》中的临清城图

以清代康熙《临清州志》所载城图（图 3）为例，图中包含

30 倪启祚所作“灯市篇”，见［明］刘侗，［明］于奕正．帝京景物略［M］．北京：北京古籍出版社，1983：57.

几类要素：地形—包括山川与河流；城池的范围与村庄的位置，城墙标志着城的物理边界；无论城墙内外，被标示出来的建筑物是衙署、仓库、祠庙、驿站、古墓，还有与城门相连的主要街道，除此之外的商业、居住，及其他可能的部分均为空白。再如清代乾隆《苏州府志》中的苏州府城图（图 4），尽管此时苏州府各城门外，尤其是与运河连通的城门外已经是繁荣的商业与居民聚集区域，然而这在城图中却没有任何的反映，图中城墙外一片空白，既无道路也无建筑物；城墙内部除道路水网，同样只标记了衙署、祠庙等建筑物。由此可知，从统治者的角度来看，对于古代中国的城市而言，城墙隔离形成的区别是首要的，城墙的存在以及城市内部的统治机构都标志着皇权的在场。城墙不仅仅是防御工具，更是国家统治的标志—既是视觉上的，也是管理与精神上的。城墙的修筑从来都是由地方官发起，特别到明代，修筑城墙必须得到朝廷的同意，否则将被视为叛乱。而不管事实上是否发展起了聚集的商业与居住，只要出了城墙，就属于城的外面—属于被管辖的区域，但并非统治权威存在的直接标志。其次是衙署、仓库、祠庙、驿站等，显示出在统治者意识中这些部分比商业居住更为重要，它们与统治者的权威和意识形态直接相关，而后者只是被管理的对象。再次，相对于住宅等通过建筑物的布局表达社会结构、家庭结构，并将行为规范与建筑形制相联系的建筑群，街道上的设施与行为总是具有一定的含混性与灵活性，并常常与形成街道界面的建筑物有关，标示在地方志城图中的街道可以在整体上表达城市的结构，但形成街道界定的两侧建筑物却显然并非关注的重点。

与地方志城图中对城墙外部、商业居民及街道两侧建筑物的忽视形成对比的，恰是《南都繁会图卷》这类风俗画对这些部分的详尽描绘。如果说地方志中的城池图是对城市日常秩序的描述，那么《南都繁会图卷》这类风俗画所选择叙述的空间，也即特定时间中人群聚集的地方，特别是城外、街道与街道两旁的市肆酒楼，正是官方意识形态表达中的空白部分，也是那些削弱性别界限与身份界限的行为有可能发生的空间——正因为这些地方对于社会秩序的建构并没有明确的贡献，因而在特定的时间中，那些削弱既定社会结构与等级制度的行为有可能在这里得到表达的机会。与此相对照的，即使在节日狂欢的氛围中，发生在住宅内部，或是庙宇、衙署这类有着明确秩序与社会规则的建构筑物中的行为也仍然受到日常规范的约束。

最后，回到本文最初提出的问题，即在前现代中国的城市中，到底该如何认识“公共”空间？

作为判定所谓“公共”空间的条件之一的，大家都可以进入

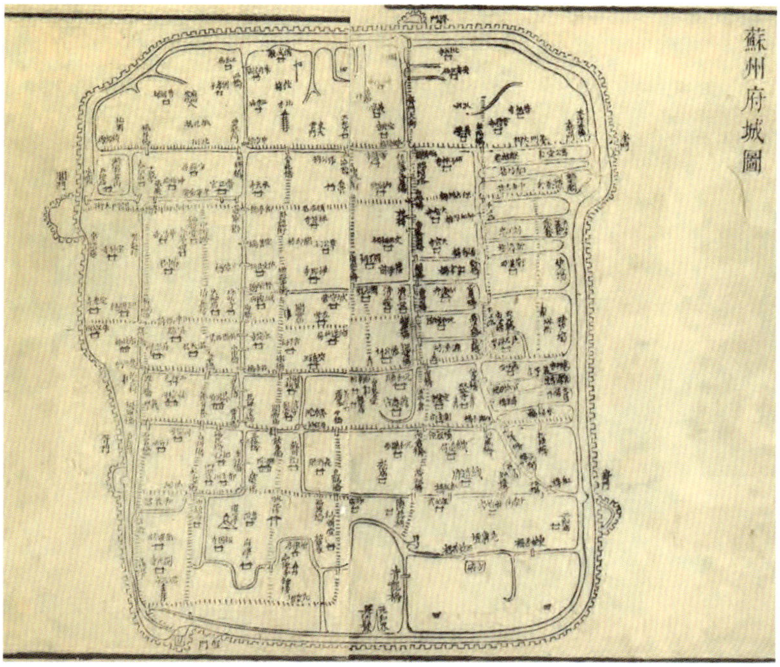

图 4　清（乾隆）《苏州府志》中的苏州府城图

的地点，这个没有区别的大家，在前现代中国的语境里，一方面指的是社会阶层与身份隔离的削弱，另一方面更重要的是性别隔离的削弱。而“大家”可以进入的地点，又和时间有直接的关联。从这个角度看，城市中显然并不存在固定一致的公共空间，而且呈现出日常与节日的两种不同景象。日常生活中，与身份界限和性别隔离相关的行为规范渗透在生活的每一个部分，其中性别界限使得通常研究中被视为公共空间的街道、商店、酒楼等地方，对于作为母亲、妻子与女儿的女性，事实上是不可进入的；而男性在这些场合中，尽管进入的限制有可能被削弱，例如街道确实对所有人开放，但行为仍受制于阶层与身份的差异。然而在节日的特殊时间里，在城外和街道这类原先未曾被严格定义的地点，身份与性别的两类界限都被打破或削弱。商业空间同样因其含混性而在特定的时刻中共同参与了“公共”空间的出现，尤其表现在男女的混杂与“看”的禁忌的破坏。于是，可以说，在特定的时刻中，某些特别的地点，由于自身在城市与建筑作为制度工具的构建中缺乏明确定义，而呈现出了“公共性”的可能。但是，这一现象只和特定的时刻、特定的事件关联，如同张岱的梦忆一样，有着非现实的梦幻的特征；同时，在住宅、衙署、庙宇等地方，日常的行为规范却仍一如既往地约束着人们的行为。

进一步地，如同“占有”是理解住宅之“私”的关键，性别和身份界限成为理解城市之“公共”的关键，这些界限是前现代中国社会的基本结构的根基，保证了社会生活的展开。如上文所述，只有当这些界限被削弱甚至被否定时，“公共”才开始呈现，以其为基础的社会结构也相应地被削弱。换言之，与公共/私密的二元划分相比，也许根据对社会基本结构是维护与强化还是削弱与否定为标准来考察，更能揭示与理解中国古代城市的空间结构以及相应的社会生活的特性。当这被削弱与否定的时刻与地点从狂欢转为日常，城市中才有可能真正出现“公共的”空间。

参考文献：

[1] 齐烟，汝梅，校点．新刻绣像批评金瓶梅（会校本）[M]. 台北：晓园出版社有限公司；济南：齐鲁书社，1989.

[2] 兰陵笑笑生．金瓶梅词话 [M]. 戴鸿森，校点．北京：人民文学出版社，1992.

[3] 金瓶梅插图集：明代崇祯刻本 [M]. 南宁：广西美术出版社，1993.

[4] 中川忠英，辑；石崎融思，画．清俗纪闻 [M]. 东京：玩月堂，1799.

[5] 中川忠英．清俗纪闻 [M]. 方克，孙玄龄，译．北京：中华书局，2006.

[6] 刘侗，于奕正．帝京景物略 [M]. 北京：北京古籍出版社，1983.

[7] 沈复．浮生六记 [M]. 北京：人民文学出版社，2010.

[8] 朱熹．家礼 [M]// 朱杰人，等．朱子全书（第七册）. 王燕均，王光照，校点．上海：上海古籍出版社，2010：857-958.

[9] 西周生，黄肃秋．醒世姻缘传 [M]. 上海：上海古籍出版社，1981.

[10] 冯梦龙．警世通言 [M]. 北京：人民文学出版社，2001.

[11] 冯梦龙．醒世恒言 [M]. 北京：人民文学出版社，2001.

[12] 张岱．陶庵梦忆 西湖梦寻 [M]. 马兴荣，点校．北京：中华书局，2007.

[13] Benn S I, Gaus G F. Public and Private in Social Life[M]. New York: St. Martin’s Press, 1983.

[14] 胡恒．《南都繁会图卷》与《康熙南巡图》（卷十）：手卷中的南京城市空间 [J]. 建筑学报，2015(4)：24-29.

[15] 洪淑苓．女性节日文化初探：以近代方志中的“元宵走桥”等习俗为例 [J]. 台大文史哲学，2003（59）：297-336.

[16] 赵世瑜．中国传统庙会中的狂欢精神 [J]. 中国社会科学，1996(1)：183-196.

[17] 许凯，Semsroth K.“公共性”的没落到复兴：与欧洲城市公共空间对照下的中国城市公共空间 [J]. 城市规划学刊，2013(3)：61-69.

[18] 王宏钧，刘如仲．明代后期南京城市经济的繁荣和社会生活的变化：明人绘《南都繁会图卷》的初步研究 [J]. 中国历史博物馆馆刊，1979(0)：99-106.

民国“黄金十年”间的南京建筑法规研究

汪晓茜　王海雨

近代以来，中国受西方影响并产生的重大变化之一就是法律法规制度的建设。从某种意义上看，城市空间和建筑的形成是由相关法规和建筑管理制度所决定的。而将建筑法规作为依据是整个建筑控制过程中最重要的部分。

纵观南京近代城市发展史，建设活动主要在 1912—1937 年间进行，尤其是国民政府迁都南京后的“黄金十年”（1927—1937）形成一个高潮期，这也恰恰是各种建筑法规配套出台的主要时期。据不完全统计，国民政府时期，仅南京一地所颁布的建设法规条例就有五六十部之多[1]。现代建筑法规根据内容和层次可分为建筑法、建筑规范或建筑规则、建筑标准三个层次。南京作为民国首都，在近代建筑控制中大体上都涉及了以上各个层次法规的内容，包括建筑法、普通建筑规则和专门建筑规则。由此可见当时建筑法规建设已经达到一定的成熟度。而从实施效果来看，这个时期南京城的格局的确有了较大改变，初步呈现出现代都市的风貌，这不能不说主要归功于这些建筑法规。

一、《首都计划》及其周边配套法规条例

1927 年 4 月，国民政府定都南京。6 月 6 日，南京被定为特别市，开始施行新市政体系。在新市政体系中，工务局和土地局执行的职能与城市建设相关。其中编制城市建筑控制的法规条例是工务局的重要任务，1927—1937 年间仅该部门颁布的建筑法规就达 30 多项，而核心都是围绕着 1929 年制定的《首都计划》展开的。

1928 年 1 月由提出《都市规划论》的孙科负责的首都建设委员会成立，下设国都设计技术专员办事处，林逸民为主任，美国人古力治和墨菲为顾问。1928 年 2 月，由国都设计技术专员办事处拟制的《首都大计划》初稿完成，其内容包括分区与道路两部分，其中分区部分将南京分为 7 个区：旧城、行政、住宅、商业、工业、学校和园林；道路系统架构上，明确中山大道作为城市道路的主要骨架。1928 年夏，初稿进行了一次修订，对分区进行了部分调整，而道路系统规划上，调整了中山大道的范围，另又拟定了子午路。二稿之后两个月，又对《首都大计划》的分

1 苏则民．南京城市规划史稿 [M]. 北京：中国建筑工业出版社，2008.

区部分作了较大变动，从而形成了《首都大计划》三稿。尽管此计划最终未能形成定案，但其中的规划思想对南京城市格局以及之后的《首都计划》编制影响巨大。

1929 年 12 月，历时一年多编制的《首都计划》正式由国民政府公布，从而取代了《首都大计划》。《首都计划》的内容共 28 项，主要包括人口预测、都市界定、功能分区、建筑形式、道路系统、公园及林荫大道、对外交通、市政设施、公用事业、住宅、学校、工业、规划管理及实施程序、资金筹措等，另有附图 59 幅。这是中国近代由官方制定最早的、系统的城市规划之一。这个规划的出发点基于现代主义功能分区的城市规划思想，这在当时是一个理论先进却脱离中国现实的规划，但对中国其他各城市的都市计划具有推动和示范作用。1930—1937 年间，国民政府又多次对其进行修订，包括对中央政治区的修正、主要城市道路系统的调整以及相关法规的制定，并在南京逐步加以实施，给南京城市格局和面貌带来巨大变化，使得南京一跃成为当时的一流城市（图 1、图 2）。

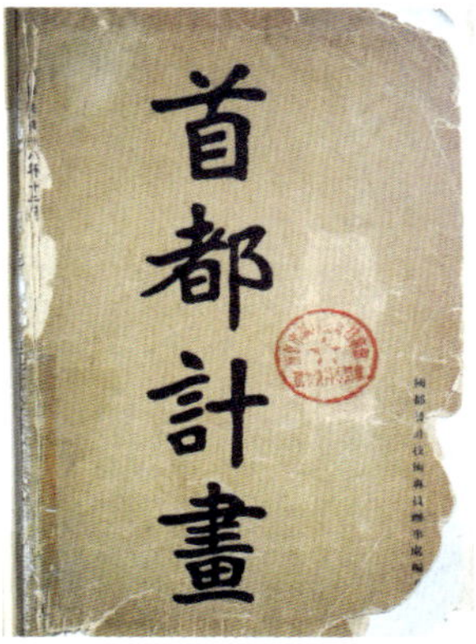

图 1 1929 年制定的《首都计划》封面
图片来源：南京市城建档案馆馆藏

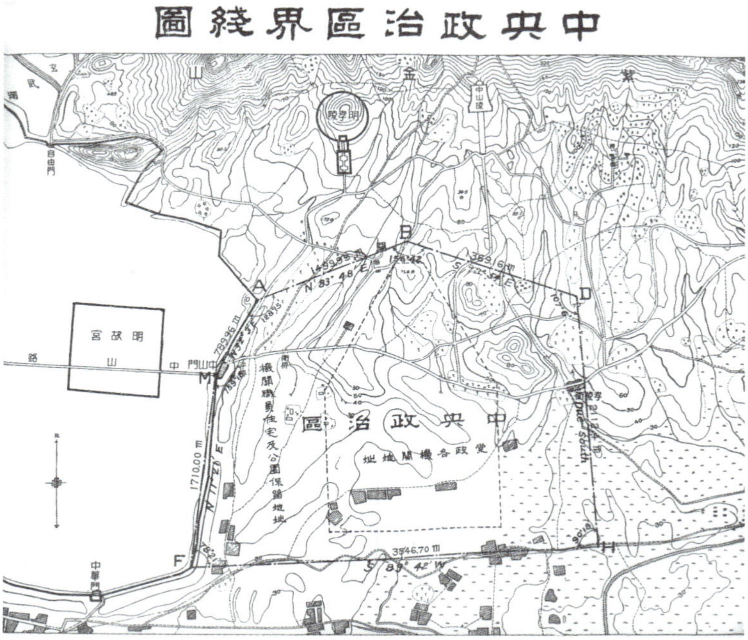

图 2 《首都计划》中的中央政治区界线图
图片来源：（民国）国都设计技术专员办事处. 首都计划 [M]. 南京：南京出版社，2006：45.

当时，与城市建设密切相关的土地政策法规也在紧锣密鼓地制定。1928 年 7 月 28 日国民政府颁布《土地征收法》，为制定土地法拉开了序幕。南京特别市市政府紧随其后，于 1928 年分别制定了《南京市土地征收规则》《补充规则》和《收用土地暂行条例》，为《首都计划》的顺利实施铺平道路。

二、其他民用建筑规则

随着城市飞速发展，人口激增，住宅需要大量增加，手工业、商业、工业等方面迅速发展，全市范围的建筑制度制定势在必行。在《首都计划》以后，不仅南京市工务局，国民政府也借南京全市规划之际督促颁布了诸多单项法规。1927 年 11 月，国民政府南京市参事会通过《南京特别市市政府工务局取缔市区建筑章程》，随后，南京市政府工务局颁布《市区建筑暂行简章》。1928 年 1 月，南京市参事会修正通过了《南京特别市市政府工务局退缩房屋放宽街道暂行办法》，随后颁布了《南京特别市承办建筑店铺登记领照章程》。1929 年 12 月，南京市工务局公布了《南京特别市新辟干道两旁建筑房屋规则》，共 20 条，对市房和住宅与干路之间的关系进行了界定[2]。

1931 年 10 月，国民政府首都建设委员会颁布《首都新辟道路两旁房屋建筑促进规则》，共 9 条，对南京新辟道路两旁的房屋建筑作出了规定，随后公布了《首都新辟道路两旁房屋建筑促进规则实行细则》，对规则作了进一步的补充说明。11 月，颁布《首都百子亭土地重划试行区域暂行规则》，对百子亭地块土地的重划进行了规定。

为配套《首都计划》的实施，1932 年 9 月 21 日公布了《南京市政治区域住宅区建筑规则》，共 8 条。

1933 年 5 月，又先后公布了《南京市新住宅区建筑章程》《修正南京市工务局取缔棚户建筑暂行规则》。

1934 年颁布的法规包括《南京市八卦洲驼路商场建筑暂行规则》《南京市整理中山东路太平路朱雀路白下路中华路两旁建筑物办法》《整理中央政治区域土地办法》《南京市乡镇区临街建筑暂行规则》。

1935 年颁布的法规包括《南京市城厢空地建筑房屋促进规则》《南京市中山北路两旁房屋建筑办法》《南京市清凉山公园住宅区原有民房及寺庙整理办法》。其中 3 月颁布的《南京市迁移棚户办法》共 19 条，规定各个棚户的拆迁费仅为 10 元。

---

2 汪晓茜，俞琳．南京近代都市建设制度之研究 [J]. 建筑师，2010(4)：57-62.

1936 年 4 月 20 日公布了《南京市棚户区管理规则》，其规则共 8 条，又对棚户区建筑的管理作出了初步规定。

以上种类繁多的民用建筑法规条例的颁布都在一定程度上为近代南京城市区域规划、道路建设、风貌形态、市民建造活动等的控制作出了贡献。

三、《南京市建筑规则》

在 1927 年后颁布的各项城市建设的法规条例中，最值得关注的是 1933 年 2 月制定的《南京市工务局建筑规则》，经过 1933 年 11 月第 94 号档案修正，1935 年 11 月 23 日修正颁布为《南京市建筑规则》，规定对在宁建设房屋施行政府统一监管和控制（图 3）。这是在工务局主持下南京颁布的一部详尽的建筑规则。该法规沿用上海、广州等地的请照制度，规定所有房屋建设活动都须向工务局建筑部门申请建筑许可证。工务局设环环相扣的审查程序（图 4），严格保证了职能部门对全市新建活动及其对城市影响进行有效监控。《南京市建筑规则》包括 12 章 294 条，可以认为它是南京市第一部具有科学性、完整性的专门建筑规则。该法规的目录为：第一章总则，第二章请照制度，第三章营造手续，第四章取缔，第五章退缩（退让），第六章建筑通则，第七章设计准则，第八章防火设备，第九章公众建筑，第十章杂项建筑，第十一章罚则，第十二章附则。

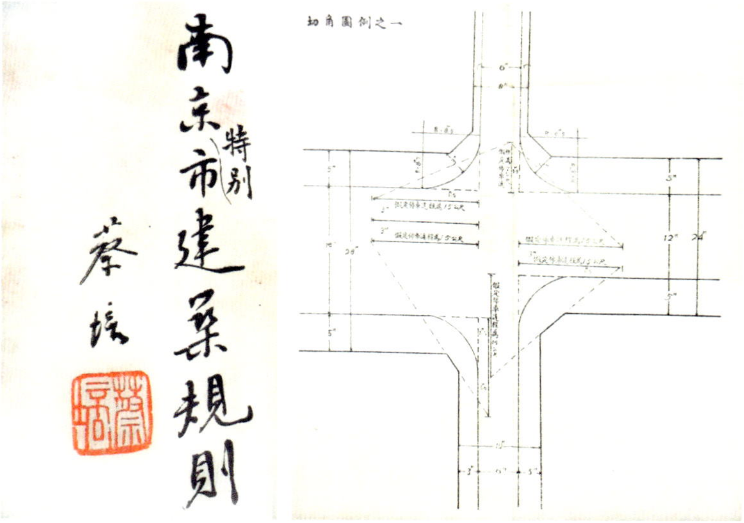

图 3 《南京市建筑规则》封面和切角图例
图片来源：南京市图书馆藏《南京市建筑规则》，1935 年

从这部《南京市建筑规则》的目录和内容可以看出，民国时

代的南京对工程申领执照制度和营造手续有着详细规定。关于城市面貌问题，于第五章“退缩”提到建筑在临路、临河及截角三种情况下的退让办法。在建筑单体上，对建筑高度、面积、门窗、墙及防火墙、地板楼板及屋顶等方面作出相应规定，为首都建筑单体的整体形象作了“通则式”的规定。另外城市中出现的公共建筑，规则也予以关注。如第九章“公众建筑”，将公共建筑分为“戏院、影戏院、游戏场、礼堂、演讲厅”“医院、校舍、旅馆、茶园、浴室”“工厂、货栈、商场”三个部分。这种对建筑物以功能进行分类制定规范的制度是城市建设近代化的表现。同时建筑制度在不断修正中完善，1941 年修正《南京市建筑规则》，又加入市民参与和监督机制，如新增第十一章“罚则”第 292 条：“营造业及业主有违反本规则规定者，准许市民检举，或经查觉者所有罚金提六成充奖检举人应得之奖，拨给经办人员以资鼓励，其余四成解库。”[3]《南京市建筑规则》作为近代南京建筑法规的集大成者，比较全面地反映了民国南京建筑鼎盛时期的建设控制方式和依据，有力促进了民国南京城市建设的开展，也为全国各地城市建设及其管理起到了示范作用。

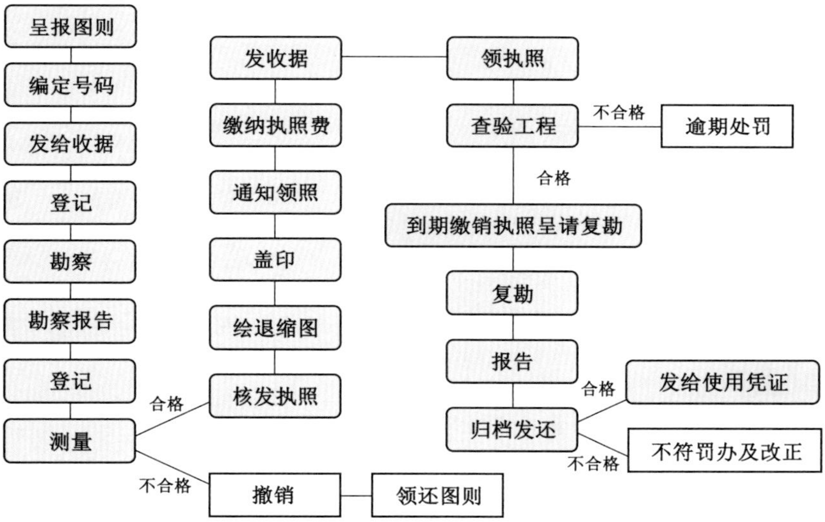

图 4　南京工务局审批建筑工程的一般程序

图片来源：作者根据 1935 年《南京市建筑规则》整理

四、有关建筑师从业资格的法规

1928 年国民政府工商部发布《工业技师登记暂行条例》。资料显示，该条例至 1929 年废止时仅有 14 人登记。

3 南京市建筑规则 [Z]. 南京：南京图书馆，1935. 馆藏号：MU/TU 202/2.

1929年国民政府正式颁布《技师登记法》，以求统一全国技师资格标准，全面提高技术工程师的水准，进而促进国家建设，并于当年十月十日执行。《技师登记法》将技师分为农业技师、工业技师、铁矿技师三类。其中工业技师分为应用化学科、土木科、电器科、机械科、纺织科和其他关于工业各科。可以说当时立法院法制委员会审查时提请“各种工程师登记各种技术人员执照及各种训练学校立案”并无对“建筑工程师”的特别定义，我们只能推测当时的建筑技师属于土木科或其他工业科技师，由工商部门执行登记制度。登记法第四条对申请技师人员提出了基本要求：

第四条，凡具左列（原文自右往左竖字排版，作者注）资格之一者得向该管官署申请登记为技师。一、在国内外大学或高等专门学校修习农工矿专门学科三年以上得有毕业证书并有二年以上之实习经验得有证明书者；二、曾经考试合格者；三、办理农工矿各厂所技术事项有改良制造或发明之成绩或有关于专门学科之著作经审查合格者[4]。

1931年1月17日公布施行的《实业部组织法》规定，国民政府行政院下属实业部管理全国实业行政事务。实业部下设林垦署、总务司、农业司、工业司、商业司、渔牧司、矿业司、劳工司、合作司。同年，由于技师登记制度的门槛仍然过高，实业部颁布《实业部农工矿技副登记条例》，加设“技副”等级，对中等职业学校学历和普考及格者放宽资格要求，同时根据业务能力高低，以技师、技副身份区分资质高低及承接建筑工程的范围。

南京的地方性执业建制工作的起步虽晚于上海、广州等地，但对国民政府颁布的技师法规还是做出了积极回应。《南京市建筑规则》（1935）第二章规定，凡市内公私建筑物之起建添造改造修理或拆卸均应于事前向工务局请领执照，并按工程费额度高低及建筑物材料技术的不同限制由相应等级技师和技副承办：“建筑或修理费估数在一千元以上者请照手续须由业主委托原设计之技师或技副办理；凡钢筋混凝土工程虽费额在千元以下，亦应委托技师或技副办理请照。”[5]

综上所述，国民政府定都南京后的“黄金十年”间，由于已形成专门的市政建设和管理部门，为配合大规模城市建设，建筑法规的数量和完备性都达到了一个高峰。可以看出它们在建筑现代转型历程中，对于建造活动走向专业化、科学化道路所起的积

4 徐百齐．技师登记法·中华民国法规大全[M]．北京：商务印书馆，1937：3622-3625.

5 南京市建筑规则[Z]．南京：南京图书馆，1935．馆藏号：MU/TU 202/2.

极推进作用。但遗憾的是，近代南京所制定的众多建筑法规并未得到真正有效的执行。一方面，这些法规的制定常常脱离民生现实，建立在官方掌控的高空体制之上，其实施过程必然会遭遇许多问题和障碍。如中山大道征地过程中补偿款的规定惹得民怨沸腾，土地征收一波三折，大大延误了工期。另一方面，各政府机关各行其是，借口各种原因不依相关规定和命令，上行下效，自行新建厅舍也是普遍状况，这也是《首都计划》实施者和南京市政府头痛的问题之一。而国家政治和经济的混乱状况，进一步使得不少制度条例形如空中楼阁，可望而不可即，严重削弱了法律的严肃性，令人遗憾和惋惜。

参考文献：

[1] 国都设计技术专员办事处．首都计划 [M]. 南京：南京出版社，2006.
[2] 李海清．中国建筑现代转型 [M]. 南京：东南大学出版社，2004.
[3] 汪晓茜，俞琳．南京近代都市建设制度之研究 [J]. 建筑师，2010(4)：57-62.
[4] 徐百齐．中华民国法规大全 [M]. 北京：商务印书馆，1937.
[5] 苏则民．南京城市规划史稿 [M]. 北京：中国建筑工业出版社，2008.
[6] 南京市地方志编纂委员会．建筑材料工业志 [M]. 南京：南京出版社，1991.

首善之区
—— 近代南京的城市化与现代化（1927—1937）

汪晓茜

近代南京的城市化与现代化发展，重点在国民政府时期，特别是抗战前那一段。当然南京从来都不是一个单纯的城市，历史在它身上烙上了重重印记。尽管之前的南京经历了晚清新政、南京临时政府、北洋政府等重大历史阶段，但从城市建设和建筑发展来看，最大的分水岭发生于 1927 年后的南京国民政府统治期间。在此之前，它并不能算一个“中国近代主流城市”[1]，近代化进程滞后，但首都地位确立后，这座城市一下子被推到了历史的前台，获得了举足轻重的地位，自身也在这一阶段得到巨大发展。

定位首都后，南京的城市性质迅速发生改变。南京的下关很早就被开辟为通商口岸，优越的地理位置为沟通长江中下游中心城市如武汉、上海，发展贸易带来便利。1908 年沪宁铁路和 1912 年津浦铁路通车，更是从根本上改变了下关的交通条件，下关逐渐成为物资集散和贸易中心。如果不出意外，南京城市发展方向将会是经济性的。

但 1927 年后，南京立即从原来以上海为中心的长江中下游的一个以发展工商业为主的城市，变成了以政治功能为主的中心城市。首都是国家为了建构其统治权力才生产出的空间，中国历朝新创建时，都会将都城建设视为首要的政治任务。同样，南京城市近现代化过程由于其国民政府首都的特殊地位就显得与众不同:

首先，它拥有其他城市无法比拟的物质集中。首都作为全国政治、经济和文化中心，集中了全国所有资源优势，配置了国家文化中代表最高级意义的各种象征物。例如中央行政区的选址规划，便是南京城市规划中特有的内容；另外保留至今的中山大道沿线的五院八部大楼，也是当时国家最高行政机构办公所在地，这种建筑类型在其他城市是见不到的。

其次，城市规模急剧扩张。国民政府定都南京之时，近在咫尺的上海由于通商开埠已经发展成为国际性商业大都市，南京与之相比还只能算是中小型城市，但南京周边的地理资源优势使其具备了巨大的发展空间。当时南京城市发展的成熟区集中在城中和城南地区，而《首都计划》划定的南京首都界限南至牛首山，

1 杨秉德，蔡萌．中国近代建筑史话 [M]. 北京：机械工业出版社，2004：4.

北至三河圩，东至南象山、灵山一线，西至顶山，将地广人稀的西北、东部地区，以及浦口、下关一线，紫金山、雨花台、牛首山等地区均划入了城区范围，进行统一规划管理，市域总面积达到855平方千米，达到原南京城市面积的20倍以上。城市版图急剧膨胀，显现出作为首都城市的规模特征。

此外，作为国民政府首府所在地，南京的城市规划呈现很强的理想主义色彩。首都空间的规划设计往往通过大规模建设来展示权威。《首都计划》文本中就认为城东、城北“新辟之都市，全部殆属空地，道路系统可以随意规划，了无障碍”[2]。可见对于新区建设，规划旨在建立新的秩序，对于历史脉络和现状肌理是忽视的。规划中，城市空间结构表现出形式主义的构图倾向，通过强化城市轴线建立整齐而宏伟的城市内在秩序。手法上借鉴了欧洲巴洛克和古典主义规划的模式，是政治权力在城市空间上的外在表现形式。尤其在特定政治区域呈现出雄伟壮丽的空间组织方式，一方面树立国家的权威，另一方面也可唤起国民的情感认同。

1927—1937年是民国社会发展的高峰阶段，首都南京也赢得了前所未有的发展机遇，尤其在城市土地分区、功能更新和城市管理机制上有了飞跃，开始迈向现代化。

一、土地分区与城市功能的现代化

国民政府在进行国家建设与统治时大量借鉴西方模式，于政府各项事业推进中表现出强烈的计划性。《首都计划》的主导者孙科崇尚德国的都市计划方法，其中比较重要的思想之一便是土地分区使用，确定城市土地利用性质，控制建筑密度和建筑物的用途、容量、高度和形态等方面，就可以避免用地混杂所造成的相互干扰，维护地区形态特征，确保城市环境质量[3]。“土地分区使用管制”不但是当时欧美都市计划的主要特征，也是主要规划方法和执行的主要工具之一。《首都计划》中明确写道：“划分区域，乃城市设计之先着，盖种种设计，多待分区而后定，而道路之伪制、宽度、坚度等项，因区域之性质而互异，尤非先分区域，无以为规划之根据也。”[4]可见，规划不但采用“分区”方法来划

2 [民国]国都设计技术专员办事处.首都计划[M].南京：南京出版社，2006：64.

3 19世纪末20世纪初，受到工业革命的影响，土地分区规划的方法在西方国家萌芽，并逐步得到了广泛的应用。它具备以下两个要素：（1）以分区控制为主要特征，在对土地进行详细划分的基础上，规定土地的用地性质，建筑及环境容量指标；（2）地分区规划方法往往以政府法令的形式存在，通过立法作为城市开发控制的法定依据。

4 [民国]国都设计技术专员办事处.首都计划[M].南京：南京出版社，2006：235.

分和指派全市每一片土地的用途，也认识到其为各项规划的基础，必须优先进行，同时也对城市功能起引导和提升的作用。

明清时期的南京主要形成了三大功能区块，即城东皇城区、城南居民和商业区、城西北军事区。从明朝至民国时期，南京的城市面貌发生了很大转变，但城市主要的功能分区基本上延续了下来，尤其是城东和城西北地区，经历了战火的洗礼和政权的不断更迭后，遗留了大片荒废地，给民国时期的功能区划重新调整留下了广阔空间。

尽管1929年前曾有过诸如《南京北城区发展计划》(1920)、《市政计划》(1926)、《首都大计划》(1928)等几部对未来发展考虑的都市计划，但它们在分区的系统和完整性以及实施程度上都有所欠缺。1929年底发布的《首都计划》按照西方都市计划理念和方法，真正意义上明确了城市的功能区及其详细规划。它将城市功能区细分为五大类别九种土地性质，除了行政区外，商业、居住和工业、公园功能用地分别制定了容许建筑用途、建筑高度、建筑覆盖率、建筑退让等控制要求的划定和详细规划，基本思路都具有很强的现代性、科学性，从而为道路、开放空间、市政设施等规划奠定了良好的基础。同时计划中以“城市设计及分区授权法草案”和“首都分区条例草案”的形式对土地分区规划方法进行了详细规定，并进行立法确认。

图1 位于夫子庙旧贡院的南京特别市政府大门(1932)
图片来源：南京地方志编纂委员会.南京建置志[M].深圳：海天出版社，1994：226.

《首都计划》中规划的行政区包括“中央行政区”和“市行政区”两种。综合考虑交通、军事、环境、易于布置等因素，中央行政区选址于紫金山南麓，也显示了政府拓展城市疆域、发展新区建设的决心；市行政区由于时常需与市民接触，则重点考虑交通便利，地势较高以示威严，最后定于鼓楼东北钟亭旧址区域。行政区设计大抵沿袭旧制轴线对称，宫殿式外表，刻意打造国家权力中心正统而雄伟的形象。鉴于当时的经济实力和时局状况，规划中的中央行政区和市行政区最后都没有实现，而实际利用两江总督府作为总统府，中央各部委在中山大道两侧选择空地建设，中山大道成了名副其实的城市行政主轴线。市政府则设置在夫子庙贡院旧址(图1)。

《首都计划》将商业区分为小商业区、大商业区和批发趸栈商业区三类，其中大商业区包括集中型和线形两种布置模式，而多个新商业区的规划和集中加沿线分布格局，有利于商业氛围的提升。前者分布在明故宫地区和原城南地区已经形成的商业集中区。后者则主要分布在城中城南的中山路以及汉中路沿线形成十字形；城西北部分则主要沿中山路至下关；城东南部分则主要沿太平南路一线略向周边扩展。逐步增加城中、城西北、城东地段的商业分布权重，以联系城南和下关已经形成的繁华商业区，使城市商业区分布更加均衡，构建一套完整的商业体系。最终，城西北地区没有形成预想的十字形布局，新兴的商业设施主要集中于城市广场地带，先后形成了新街口、鼓楼和山西路三大城市商业中心。但随着城市商业的进一步发展，城市商业广场的繁荣逐步沿城市干道向周边延展，《首都计划》中预想的以新街口为中心的十字形商业布局在现代南京土地利用规划中又呈现出来。由此可见，《首都计划》对于城市商业的预期在实际建设中并未产生多大作用，但就规划本身而言，还是有一定的前瞻性的。

图 2　山西路建设的一类住宅区（1936）
图片来源：叶兆言，卢海鸣．韩文宁老照片南京旧影[M]. 南京：南京出版社，2012：47.

明清以来，南京的人口分布呈现南北多、中间少的纺锤形，尤其城南为南京人口最稠密地区。在百年后人口将达 200 万的预测之下，为疏导人口、均衡配置，《首都计划》着重在两方面对居住分布进行引导：一是注重新住宅区的选址定位。规划中开辟了大量新的住宅区。第一类住宅区和第二类住宅区均以新建为主，主要集中在城北和城东的城市拓展地带，对于城市人口有明显的向城北、城东地带引导的倾向（图 2）。第三类住宅区则集中在城中、城南原人口密集的旧市区，同时在城外的西部工业区旁也划出若干区域作为第三类住宅区。二是强调社会阶层分级。《首都计划》对于居住人口有明显的分级思想，不同的住区等级对应着不同的社会阶层。从第一类住宅区到第三类住宅区，随着住区等级的逐步下降，居住环境、住宅建造标准和建造技艺要求均逐渐降低，与之对应的居住阶层也按照规划的划分，形成不同的活动区域。在这一规划引导下，人口由城市南北两端向中间区域扩散，纺锤形布局变得相对均衡，扩大了城市人口活动范围，但同时也形成了人为的城市居住贫富悬殊，这也与计划所高喊的“居住为人类生活之大端”和文明卫生形成反差。

工业区则充分考虑结合交通条件的发展，并考察污染程度合理选址，具有发展的前瞻性。主要表现在以下几个方面：一是以优越交通条件为依托的工业发展。规划充分认识到了交通条件对于工业发展的促进作用，认为“南京之水土、劳工以及原料之取给，皆无一不适宜于工业”，“铁路将成为全国之中心点”[5]。考虑到沪宁铁路、津浦铁路和长江航运码头等重要交通节点，工业区主要安排于沿江两岸，即下关、老城外西部三岔河一带和长江对岸的浦口三处。由于城内小铁路以及规划中具备客运功能的明故宫铁路客运站，在明故宫地区以北配合铁路站场也划分了一部分第一工业区。城东紫金山东北、沪宁铁路公路沿线等其他地方也有小规模的第一工业区。二是按照污染程度划分工业区性质。规划中将工业区划分为普通工业区（第一工业区）和笨重滋扰工业区（第二工业区）两种，其中江南片为第一工业区，以发展不含毒、危险小的工业为主；而距离中央政治区最远的浦口则是第二工业区的集中地，作为污染性工业之基地（图3）。《首都计划》对于南京的工业布局定位是准确的，但由于国民政府时期工业发展尚处在起步阶段，故而规划布局并未在城市空间中留下浓重的痕迹，计划中明故宫地区的第一工业区等设想没有实现。新中国成立初期，新的南京城市总体规划出台，大部分工厂的选址参考了以上内容，并构成了现代南京的卫星城和工业区的雏形[6]。

此外，作为首都形象呈现的重要内容，1927—1937年间南京还实施了一系列公园计划和公园建设，“试图以少量的物质建设，将首都打造成兼具科学市政理念和传统文化的现代都市，以作为其他城市现代转型的模范，同时树立新政体在国际上的形象”[7]。1929年《首都计划》发布之前，南京市政府在拮据财政制约下仍因地制宜，将城内和城郊风景名胜快速改造建设成公园，奠定了近代南京公园的主体内容。而之后《首都计划》中更将之视作与市民健康与幸福关系重大的因素，进一步形成“公园与林荫大道”的系统规划。这个规划借鉴西方市政科学之经验，考虑设置不同层级的公园（大公园和小公园）均布城市各区域；基于人口预测，以“公园面积比”和“人均绿地率”为据制定公园面积；在选址时则通过对城市自然资源的梳理，整合当时南京的风景名胜和水

5 [民国]国都设计技术专员办事处．首都计划[M]．南京：南京出版社，2006：215.

6 苏则民．南京城市规划史稿[M]．北京：中国建筑工业出版社，2008：239.

7 钱轶懿．近代南京公园建设史研究（1900—1937）[D]．南京：东南大学，2015：69.

域水系，划定了城内外大型公园各 6 处；公园间以设置在秦淮河沿岸和沿城墙绕城一周的林荫大道连接，形成了相对完整而系统的开放空间体系（图 4）。被列入公园区内的城市山体和绿地主体在此后的城市建设中得以较好保留。但在规划控制方面并不严格，因而城市的视觉走廊并未全面形成。“公园与林荫大道”系统规划是近代中国首次以文字、图、表进行完整表达的城市公园规划，在科学性、可操作性上都具有示范意义。之后的 1931 年出台的《南京市森林公园计划书》，则是对《首都计划》中公园系统的深化，它以“朴、雅和经济”为建设原则，以改善城市景观、调节气候和增强居民健康为目的。除了物质空间建设的现代化努力外，这一时期城市也试图通过公园的建设和运营管理来引导并塑造一种市民的现代生活方式，例如通过公园免费开放，园内添置文化、游艺、体育等设施，举办各类游园和纪念活动等“高尚娱乐”，鼓励市民戒掉传统“狎邪赌博”之恶习，在精神层面对市民进行改造的深度和成效都是空前的 [8]。

综上所述，1927 年后的南京国民政府试图仿效西方先进的都市计划理念和手段，以强有力的规划和管控，实现封建城市的转型和城市功能的现代化，在此基础上通过物质空间和设施的科学分布，引导城市生活的现代化。尽管一些计划制定仓促，又因国情所限、人为干扰等，在南京近代城市建设的实际操作中常常出现与规划内容不一致的现象，未能完整实现计划的目标，但毫无疑问，作为本土都市计划蓬勃发展的典型代表，南京的做法具有承上启下的重要作用和特殊的示范意义。

图 3　《首都计划》工业区分布图

图片来源：刘园 . 国民政府《首都计划》及其对南京的影响 [D]. 南京：东南大学，2009：43.

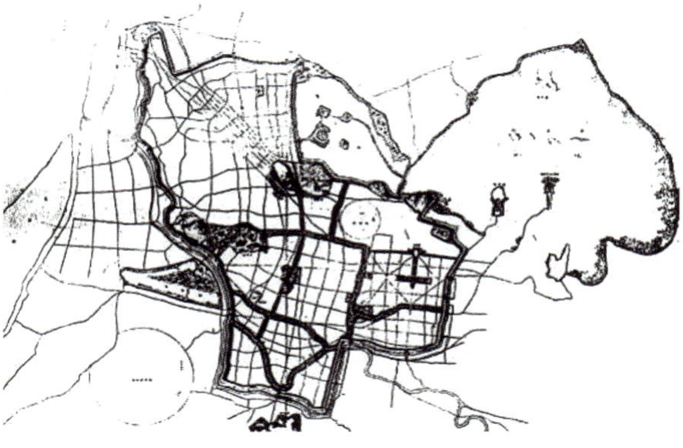

图 4　《首都计划》公园与林荫大道规划图

图片来源：[民国] 国都设计技术专员办事处 . 首都计划 [M]. 南京：南京出版社，2006：110.

8　钱轶懿 . 近代南京公园建设史研究（1900—1937）[D]. 南京：东南大学，2015：36-69.

二、城市建设管理的现代化

如果说城市建设是城市发展的外部动力，那么城市管理就是城市发展的内部因素，况且城市建设的发挥也是通过城市管理而体现的。城市管理首先是城市自治的产物。南京是近代中国率先进行城市自治改革的城市之一。自清末设江宁府，1925 年又曾筹备市政公所，早期的这些自治建制的尝试都因时局问题流产。直至 1927 年，南京特别市成立，直属中央。1931 年，南京市政府开始推行自治计划，设立分区，除市长不是民选外，基本为自治管理。至此，南京城市自治运动才宣告完成。这对南京城市发展具有重要意义，是城市管理体制建立的前提，是管理体制运行的保障，是近代南京城市转型的重要标志。

伴随着城市自治制度的确立，城市的管理，无论是机构还是职能上都较封建时代有重大变化。作为首都和社会精英荟萃之地，南京城的管理无疑具有示范意义。根据城市结构的组成，南京的城市管理分为行政管理、社会管理和建设管理。其中后者走向现代化的重要标志就是管理职能部门的成立和建设法规系列的出台。

1. 城市建设管理机构的建立

1927 年 4 月，国民政府定都南京。6 月 6 日，南京被定为特别市，刘纪文成为南京建市后的第一任市长。当年 6 月公布《南京特别市暂行条例》，共 6 章 34 条，开始在南京施行新市政体系。在新市政体系中，工务局和土地局执行的职能与城市建设相关。其中工务局下设总务、设计、建筑、取缔、公用五科。具体职能包括五项：① 规划新道路和兴建修理道路桥梁沟渠及其他土木工程；② 取缔房屋和指导市民建筑；③ 建筑和修理公园和公共建筑；④ 管理水电等城市基础设施；⑤ 设计机构及其技术人员、营造商的注册登记与审查执照。以上基本囊括了今天地级市所有城建部门（规划局、建工、环保、园林、国土、交通、市容等）的职能。以新市政体系中工务局成立为起点，南京近代城市建设和建筑管理机制初步建立，从此，南京市域范围内的具体建筑活动有了明确的政府职能部门进行管理。1930 年 5 月，工务局内改设第一科、第二科，第一科分总务、公用、审勘三股，第二科分计划、营造、材料三股。其中审勘股负责建筑的查勘；计划股负责规划、测绘等。抗战开始后，工务局内设审勘室，负责规划管理。1933 年 2 月《南京市工务局建筑规则》颁布实行，规定市区内一切公司建筑的修造均须报市工务局申请执照。图则经审查合格后，由工务局通知请照人领取。执照及核准图样均须张挂施工地点，以便工务局随时派员稽查。领照开工和排灰线等工作完毕后，均须分别填写报告点，呈请工务局派员查勘。违章查处由工务局取缔科负责。

2. 相关法规制度建设

1937 年前南京建设活动和法规内容的核心都是围绕 1929 年制定的《首都计划》展开的。

长期以来，南京的土地问题都相当突出，私有土地产权与政府规划管控、贫穷阶层和富裕阶层土地所有权间的矛盾不断。为保障城市有序发展和《首都计划》顺利推行，南京政府自成立后在土地法规的制定和实施方面进行了持续的努力。1928 年 4 月，南京特别市土地局成立后，即履行其管理南京市土地、制定土地管理法规之职能。8 月南京市市长刘纪文为孙中山先生灵柩奉安仪式建设中山路，其中涉及的土地征收等事宜均由南京特别市土地局处理。《首都计划》出台后，市政府和土地局先后制定颁布了《南京特别市土地征收章程》《南京特别市土地登记章程》《南京特别市土地登记章程实施细则》《整理中央政治区域土地办法》《南京市收用道路两旁退缩土地暂行规则》等 10 余项法规。

《首都计划》公布之后，编制城市建筑控制的法规条例是工务局的重要任务，1927—1937 年间仅该部门颁布的建筑法规就达 30 多项。1930 年 10 月，《首都干道定名图》于国民政府第 96 次国务会议通过并实施，该图按照《首都计划》中明确的新道路系统，根据其分布地域和功能的不同，完成了对近代南京道路系统的规划与定名。同年，颁布了《南京筹办市政之新计划》，其内容涉及对《首都计划》中《首都分区条例草案》所划城市分区的调整与市政设施计划，提出建设东城公园、南城公园、西城公园、北城公园和下关公园五大公园；计划恢复秦淮河、莫愁湖、雨花台、玄武湖、三台洞等名胜，以补充并进一步完善《首都计划》中市政相关内容。

为了规范《首都计划》实施中遇到的沿街房屋兴建的混乱局面，1929 年 12 月，南京市工务局公布了《南京特别市新辟干道两旁建筑房屋办法》，共 3 章 20 条。其他配套的重要法规还包括《南京市政治区域住宅区建筑规则》《整理中央政治区域土地办法》《南京市棚户区管理规则》《南京市城厢空地建筑房屋促进规则》《南京市新住宅区建筑章程》《南京市建筑规则》等等。抗战前，民国南京颁布的建筑法规达到数量的顶峰，仅 1935 年就出台了 10 部左右，其中多项是针对《首都计划》的补充和完善措施。种类繁多的民用建筑法规条例的颁布都在一定程度上为近代南京城市区域规划、道路建设、风貌形态、市民建造活动等的控制作出了贡献。

以上可见，为保障《首都计划》的推进，1930—1937 年间南京配套出台的各类城市计划、草案、法规条例等已经能够相互联系、互为补充，构成一个整体。这其中包含了土地分配、分区、道路、市政、城市设计、控制性详规的内容，建筑规则、地段和区域建筑控制等相关方面内容和多个层次的配套，而如《首都计划》这样位于中心的主干规划与边缘法规、计划通过互动，共同推动近代南京城市规划的实施和完善。

综上所述，国民政府定都南京后的 10 年间，南京城市的经济、文化、交通、金融、市政建设等都需要服从政治需要，并因政治中心的聚集而在较短时间内得到较快发展。人口膨胀，从之前的 20 余万增加至近百万，各类行政军事机关入驻，建设量大增，特别是 1928 年讨平军阀，在形式上统一中国到 1937 年全面抗战爆发的 10 年间，政府运用有限的资源从事了艰巨的国家建设任务，并且部分达到预期目标，实为不易。这期间已形成专门的市政建设和管理部门，建筑法规的数量和完备性都达到了一个高峰。可以看出它们在南京城市的现代转型历程中，对于建造活动走向专业化科学化所起的积极推进作用。整个城市建设在一系列的计划和法规中，体现了更多的现代性，起到了对全国的示范和指导作用，因而具有非凡的价值。

三、首都新建筑：“现代化”的多重路径

近代史上南京特殊的城市性质，决定了它和一些租界城市的建筑形态不同，不像上海、广州等城市，街上遍布西式建筑，南京的城市建筑则是中西兼容，力图寻求适合于中国民族文化的现代建筑。在南京既可以看到西方古典形式和折中主义建筑的移植，也可以看到一批中国建筑师致力于发展西方现代建筑特色；既可以看到中国宫殿式与传统建筑形式的继续使用，也出现了对创造新民族形式风格的探索。南京在特定历史阶段探索了建筑现代化的多样途径，因此具有鲜明的时代特色和民族性，反映出很高的历史和文化价值，并为后世提供了很多设计经验和手法。

1. 国民政府与首都新建筑的民族主义表达

1912 年中华民国创立后，民族主义成为强大的思想潮流，并逐步演化成一种强烈的集体意识。在这种意识形态主导下，作为一种现代“民族”意识，并以全民族整体作为思考对象，影响广泛的社会强势话语和时代思潮伴随着以“中华民族复兴”为表述符号的观念形态和技术话语正式而大量地出现。该观念一旦形成，随即流行于整个 20 世纪 30—40 年代。对建筑民族复兴形式的多方位、多层次的探索主要呈现两种风格：宫殿式和新民族形式。

其形式根源基本来自两个方面：一是由西方建筑的构造体系所形成的形式逻辑；二是中国古代建筑（尤其是清代官式建筑）的意象元素。而风格上的区别，主要是宫殿式提取了中国古代建筑的整个外形意象的元素，特别是大屋顶样式，是一种整体式仿古；而新民族形式提取的是中国古代建筑部分装饰元素或者是简化后的象征意象，是一种简约式仿古，整体上倾向于现代派。

（1）国民政府与“中国固有形式”创作

将西方传入的建造体系，作中国式改良，这条路径在中国近代早期大多出现在教会建筑中，而模仿中国古代建筑的外形，目的是入乡随俗，表现尊重中国文化，迎合中国人的心理，方便传教。辛亥革命后，南京就有一批公共建筑应用新技术建造仿传统宫殿式或民居的屋顶，内部用砖木或钢筋混凝土结构，平面按照功能布置，不拘于旧制；立面多为二、三层，经常使用传统青砖砌筑外墙，有外露的梁柱构架，柱间布置一个个长方形窗户。例如美国芝加哥的帕金斯－菲洛斯－汉密尔顿建筑师事务所（Perkins, Fellows & Hamilton Architects Associate）设计的金陵大学校舍（1910—1925）、茂飞设计的金陵女子大学校舍（1921—1923）是其中的佼佼者（图5）。虽然这批教会大学煞费苦心地采用了现代钢筋混凝土的结构技术，力图建造既符合现代功能需要又能表现中国传统外貌的建筑，但总体布局比较呆板，屋顶和墙身比例不够协调，某些细部也处理不当，然而就应用现代技术来发展传统建筑形式而言，这仍然不失为一种有益的尝试。正因为如此，近代著名建筑师吕彦直后来在茂飞的熏陶下，掌握了这种手法，为中山陵的设计奠定了基础。

20世纪20年代后期开始，这种“西洋骨中国皮”的建筑思潮开展在中国建筑界盛行起来。这一方面固然有民族复兴思想、政府文化政策的原因，另一方面也是当时作为社会精英的中国建筑师自主精神下的主动探索，并非完全受政府意识的支配：“欲成一著名大师亦非由此入手不可。若能依据旧式，采取新法，使中国式建筑因时制宜，永不落伍，则建筑师之名将与此建筑永垂不朽。”[9] 对于首都而言，这种形式更赋予权力正统之意，因此政府在建设中给予了不遗余力的鼓吹，最有力的引导来自《首都计划》。它在理性规划之外，对首都建筑的空间形式以及建筑样式提出了直接的指导建议，构建了一套“民族主义”和“中西结合”的规划建设论述，贯彻在此后持续十余年的营造高潮中，从而对民国南京的城市风貌产生决定性影响。

9 《中国建筑》1933年第2卷第11、12期合卷。

图 5 20 世纪早期西方人设计的中国宫殿式建筑（上：金陵大学；下：金陵女子大学）
图片来源：（上）http://www. loc. gov/ item/ 2007663089；（下）作者拍摄

《首都计划》中的第六章“建筑形式之选择”的主题就是坚持“中国固有之形式”的创作，理由是：“其一，发扬光大本国固有之文化也。其二，颜色之配用最为悦目也。其三，光线空气最为充足也。其四，具有伸缩之作业利于分期建造也。”[10] 这里面当然包含国民政府的政治考虑。在建筑单体风格控制方面，章节中对“中国固有之形式”解释为：① 具有中国传统特色的装饰细部；② 吸取宫殿式建筑的建造特点；③ 鲜艳的建筑色彩。可见，《首都计划》中所谓的“中国固有之形式”主要是指以宫殿为代表的中国传统建筑外观。《首都计划》这一规定，对抗战前南京地区公共、纪念性建筑，尤其是政府机关的建筑设计产生很深影响。它们大多采用钢筋混凝土结构，有着宫殿式大屋顶，飞檐翘角，梁枋彩绘一应俱全，立面二至三层，通过前伸的抱厦和起落的屋面构成丰富的形体变化，既有中国传统建筑端庄典雅的造型，又有西方先进的建造手段和讲究实用的内部空间分隔。

宫殿式建筑设计需要娴熟的职业技巧，对建筑师要求很高，既要能掌握现代建造技术，还要对传统建筑形式和营造有深刻的理解。在这方面，南京是有得天独厚的条件的。首都的建筑舞台上活跃着中国近代史上最优秀的建筑师群体，如吕彦直、杨廷宝、赵深、卢毓骏、范文照、徐敬直等，他们在南京留下了中山陵（1929）、原国民政府铁道部（1930）、原国民政府考试院

10 ［民国］国都设计技术专员办事处．首都计划 [M]. 南京：南京出版社，2006：60-61.

（1928）、原励志社（1931）、原国民政府交通部办公大楼（1934）、原华侨招待所（1933）、原中央博物院（1936—1947）等重要工程，都响应《首都计划》的要求，外观主体采用中国传统样式。其中，杨廷宝的工作尤为突出，他早年曾主持北平 9 处古建筑的修缮工作，对中国古建筑的设计要点、施工技术、构造等进行了深刻独到的研究，很快成为古建筑修缮行家。1936 年他还加入了中国营造学社。他将这些对古建筑的领悟运用到现代功能需求的建筑中，在南京主持设计了谭延闿陵园建筑群（1931）、原国民党中央监察委员会办公大楼（1935）、原国民党中央党史史料陈列馆（1936）、原金陵大学图书馆（1936）、原中央研究院建筑群（1931—1946）、中山陵正气亭（1947）等具有显著中国建筑形式要素的作品。它们功能布局合理，建筑体型协调，比例尺度匀称，细部推敲准确，内部装修常采用花窗格、天花藻井、沥粉彩画等，用材上也都做到精益求精，将官式建筑的特征表现得淋漓尽致，是 20 世纪 30 年代国民政府所倡导的“中国固有形式”最具代表性的建筑案例（图 6）。

原国民党中央监察委员会　原中央研究院　原金陵大学图书馆

谭延闿陵园建筑群　中山陵正气亭

图 6　1930 年代杨廷宝在南京设计的传统宫殿式建筑

图片来源：作者拍摄

南京当时兴建的“中国固有形式”建筑基本上都是模仿清官式作法，只有原中央博物院一例特殊，采用仿辽代殿宇造型（图7）。1936年开工的原中央博物院的设计，系在徐敬直、李惠伯的竞赛方案基础上修改而成，梁思成、刘敦桢担任了顾问。深远宽阔的草坪尽头，三层石台基上耸立着九开间的庑殿顶棕色琉璃瓦大殿，坡度曲线平缓，斗栱雄壮有力，瓦当、鸱尾等构件都是经过考据后加以制作的。柱子有侧脚、生起，做法均参考宋代法式，比例严谨，形象古朴，采用钢筋混凝土结构。博物院的展厅部分则做成平屋顶，四周屋檐做成盝顶，不失为创新之举。但由于过分强调仿古形式，也暴露出新功能、新技术和旧形式之间的矛盾，给设计、施工带来难度，导致造价高昂——这也是宫殿式建筑的通病。由于工程复杂，加上战争迫近、经济拮据，工程延后到1947年才完成轮廓，细部直至新中国成立后才陆续完工。此工程也被视作民国南京所修宫殿式办公建筑的压轴之作。

图7　仿辽式样的原中央博物院大殿和檐下斗栱
图片来源：作者拍摄

八年全面抗战的苦难岁月中，南京的建筑活动濒于停顿。1945年抗战胜利后，时局混乱，经济困顿，仅有少量建筑如原中央研究院内新建社会科学所时为了与环境协调仍采用宫殿式，其他新造建筑大都开始采用经济实用的西方现代建筑手法。这一思潮一直延续到40年代末。

（2）现代建筑＋中国元素：以时代精神为基调的民族性表达

20世纪30年代初期，中国近代建筑发展进入一个蓬勃而又面临突破的阶段。一方面，现代功能、现代技术广泛介入建造活动，推动建筑在物质层面上革新；另一方面，受民族复兴思潮影响，建筑艺术的探讨正面临如何对待中国与西方、传统与现代之间的关系问题，或者说建筑师以何种恰当的方式来传达中华传统精神。事实上，建筑师简单套用古代宫殿形式在功能、技术和经济上遇上极大困扰。而 30 年代的国际建筑界，现代主义思潮已走向成熟并成为创作主流，身处世界环境的中国建筑界无法置身事外。于是，一部分中国近代建筑师开始试图探讨能够将民族复兴和现代性表达结合起来的新途径。他们看到了传统建筑形式与现代技术、现代功能结合的矛盾，并且也考虑到宫殿式或大屋顶建筑造价昂贵，于是大胆发展出另一种中西合璧的方式、一种“简朴实用略带中国色彩”的方式，后来也被称作“新民族形式”：形制是西洋的，采用新建筑的平面组合和体形构图，并多数用钢筋混凝土平屋顶或现代屋架的两坡屋顶，但局部适当点缀传统形式的细部和图案，如檐口、须弥座、墙面、花格门窗及门廊等常以传统构件或传统花纹图案装饰。室内装修用平綦（棋）天花作法和彩画等等。这些装饰元素，不像大屋顶那样以触目的形态出现，而是作为一种民族特色的标志符号出现，是一种基于现代技术之上的“中国式现代主义”。与关系国家象征的“中国固有形式”相比，新民族形式的出现在一定程度上反映出建筑师面对现实状况的独立思考，在 30 年代后期这种方式被更广泛地接受与采用。

原国民政府外交部大楼

原国民大会堂旧址

原中央医院

原中央体育场建筑群

北极阁原中央气象台

中山陵音乐台

图 8　民国南京修建的部分“新民族形式”的建筑

图片来源：中山陵音乐台为冯方宇拍摄，其他为作者拍摄

南京在 20 世纪 30 年代对新民族形式风格建筑的探索在全国居于领先地位，它已突破了单纯对传统形式的模仿而进入创造领域，其中不少建筑至今仍不失为中国近代建筑史上的优秀范例。比较有代表性的包括杨廷宝设计的原中央体育场（1931）、中山

陵音乐台（1932）、原中央医院（1933）、紫金山天文台（1934）、大华大戏院（1935），赵深、童寯、陈植等设计的原国民政府外交部（1934），奚福泉设计的原国民大会堂和原国立美术馆（1936）、新街口国货银行（1936），卢树森设计的北极阁原中央气象台（1931）等（图8）。

华盖事务所赵深、童寯、陈植等设计的原国民政府外交部大楼堪称经典。1932年华盖事务所提出的外交部大楼以“经济、适用又具有中国固有形式”的特点，击败基泰建筑工程司杨廷宝主持设计的中国宫殿式屋顶方案而夺标。它摒弃了传统中国建筑外观造型上显著的大屋顶方式，而采用西式平顶，通过几何体量组合展现出简洁性和现代性，并适应了功能布局的需要。立面采用西方古典建筑三段式构图，分基座、墙身和檐部三部分。勒脚用仿石的水泥砂浆粉刷，象征基座；墙身用深褐色泰山面砖，严丝合缝，沉稳庄重；檐口下则以褐色琉璃砖砌出简化斗栱装饰，以呈现民族式样，是一种极为洗练的仿古手法。大厅和会议室则做红木垂花门罩，梁枋、平棊绘清式彩画等装饰（图9）。

原中央医院也是南京地区新民族形式创作中的重要作品。医院主楼的平面完全按现代医院功能的要求进行配置，分区明确、流线合理，立面则在西方现代建筑几何构图和平屋顶基础上增加了传统的细部与花纹，如梁枋、霸王拳、线角、滴水等，并在入口部位重点加以处理，这些抽象化的建筑符号都有助于对民族形式的理解（图10）。杨廷宝的另一作品大华大戏院则将民族性表达重点放在室内装饰上，外观简洁明快，更接近于引领潮流的现代派，透露出西方新建筑运动对中国建筑创作的影响力。

图10　左：原中央医院入口装饰；右：外观
图片来源：作者拍摄

总体而言，新民族形式以现代设计为主体，巧妙地融入民族意象，既有鲜明的时代精神，又符号化了民族意识，不失为中国建筑从传统走向现代的可贵探索。然而，以童寯、杨廷宝、范文照、

图9　上：大楼门厅的民族风格装修；
下：原国民政府外交部大楼檐口下部的简化斗栱装饰
图片来源：作者拍摄

奚福泉等建筑师为代表，提倡在入口、压顶、墙基等处使用中国传统纹样的做法，是否也只是在以新的建筑营造条件为背景的“现代中国风格”还未形成的情况下，适应民族、文化象征要求的一种权宜之计呢？或者仅仅作为特定意识形态下体现民族主义和现代性结合的理想选择？基于现代建筑的动因在于社会性生产和形式化探索之间的巨大张力和整合诉求的基本判断，我们对于上述问题暂时还无法给出明确结论，但起码在 1949 年之后的一段时期内，在对民族性与现代性的探讨中，“民族形式”（包括所谓“新民族形式”）仍然体现出强大的生命力。

近代南京官方所倡导的民族复兴形式建筑对全国具有举足轻重的影响力，早期主要的思潮是模仿中国传统宫殿的形式，以“中国固有形式”彰显民族自豪和传统文化象征；后期则由于经费紧缩转而发展以中国风格的装饰表达民族性的“新民族形式”。在近代中国也只有南京有资格、有力量进行大量此类风格建筑的建造，这源于其首都地位所给予的经济上、项目上以及政策上的保障或者说要求。当然这些建筑大体看上去还是中国传统建筑模样，但在功能布局、结构体系、材料使用、设施配置等方面已和传统大不相同，反映出时代的进步。

2. 现代建筑风格的萌发

19、20 世纪之交，欧美兴起了适应工业社会需求，以简洁、抽象为形式特征的新建筑运动，形成了极富现代感的“国际式”风格，彻底抛弃了古典建筑严谨对称的三段式和烦琐的装饰，代之以简洁的立面造型和抽象的几何形体组合，平面布局服从功能需要，重视内部空间的合理性，不再刻意追求外观形象的对称，注重新技术成果的应用等。30 年代中期，不少欧美留学归来的中国建筑师受到这一国际先进思潮的影响，也逐步开始尝试，如上海东南建筑公司的过养默设计的原国民政府高等法院（1933），就具有早期现代建筑风格，其外观还保留有欧美新艺术运动的特点，立面上运用了许多粉刷的竖线条装饰，中部还特意做成塔状（图 11）。

图 11　原国民政府高等法院
图片来源：作者拍摄

相对而言，这类时髦的创作在上海、广州等租界地区更为多见，在风气保守的南京数量并不多。特别是《首都计划》出台后，重大项目还是以发扬民族传统的表达形式为主。当然计划也并未完全强调一定要采用民族形式，对于商业建筑、住宅建筑等政治意义不强的建筑类型，《首都计划》采取了宽容态度，甚至提出“不妨采用外国形式”，这也为近代南京现代建筑的发展提供了可能，于是 30 年代中期以后也陆续涌现了一批出色的作品。

1935 年，上海华盖建筑事务所设计了原中央地质调查部地质矿产陈列所，钢筋混凝土结构，立面采用对称格局，红砖饰面，建筑形体简洁，由体块组合而成，单纯明朗，结实有力。正立面中部高耸前伸，其上一排横披窗虚灵通透，和体块对比强烈，左右踏步可直通二层展厅。红砖墙上砌出均匀分布的凸起小块，呈现规律的图案。这种表面肌理处理给单纯的体块增添几许丰富，显得优雅有内涵。陈列馆内部多处装饰简化的古典线脚，水磨石大厅地面，高敞的钢窗，宽阔明亮的展厅，在 30 年代的南京城陈列馆可算是醒目的一幢建筑了。此外，李锦沛设计的新都大戏院（1935），梁衍设计的国际联欢社（1936），华盖建筑师事务所设计的首都饭店（1933）、福昌饭店（1939）等，这几座建筑大多造型简洁抽象，功能合理，设施先进，又同时保持竖向和横向的线条装饰（图 12）。其中，首都饭店具有最鲜明的现代主义设计特点，平面根据功能和地形特点做成曲尺状，外观光墙大窗，摒弃一切附加装饰，是当时最先进的设计手法。

近代南京现代设计手法还大量出现在居住建筑中，由于中国传统院落式住宅与多进的天井式住宅无法满足现代城市生活的需要，住宅设计渐渐向现代里弄式、公寓式、集体宿舍楼和花园式

新都大戏院

福昌饭店

首都饭店

大华大戏院

原中央地质调查部地质矿产陈列所

图 12　20 世纪 30 年代的南京现代派建筑

图片来源：（左上）《中国建筑》，1936（25）：2；（右上）《中国建筑》，1935，3（3）：21；其余为作者拍摄

住宅方向发展。刘福泰设计的板桥新村住宅（1935—1936）是其中代表。整个新村设计成两层联排式和双联式结合的布局，总平面布置相对集中，是低层高密度住宅群设计的典型实例。建筑单体为砖混结构，局部钢筋混凝土结构，平面设计比较舒适。每门一户使用楼上下两层面积。建筑造型简洁，墙面赭石耐火砖贴面，钢窗木门坡顶，无多余装饰（图 13）。其他类似的还有钟岚里、慧园里等提供给中产阶层的现代住宅群。在花园洋房方面，可以《首都计划》中划定的山西路、颐和路、北京西路一带新住宅区的现代式洋房和使馆建筑为代表（图 14)。

由于西方现代风格的建筑能够符合现代功能要求，又便于应用新材料和新结构，而且工程造价经济，造型新颖，更好地契合社会发展的需要，因此在商业和公共性建筑中很快得到发展。抗战胜利后，还逐步取代了民族式建筑风格，成为南京建筑形式的主要潮流，例如国际联欢社扩建（1946）、美军顾问团公寓大楼（1936—1945）、下关火车站、招商局候船厅（1947）、新生活俱乐部（1947）、中山陵孙科公馆（延晖馆，1948）、馥记大楼（1948）、中央通讯社（1949）等（图 15、图 16）。

图 13　板桥新村
图片来源：作者拍摄

图 14　新住宅区的现代式洋房
图片来源：作者拍摄

图 15　馥记大楼，1948 年
图片来源：刘先觉教授提供

图 16　中山陵孙科公馆（延晖馆），1948 年
图片来源：作者拍摄

民国时期媒体视野中民族建筑的现代性

黄越　汪晓茜　诸葛净

19 世纪下半叶至 20 世纪初期，洋务运动的开展、列强政治经济的入侵以及租界内“西洋式建筑”[1]的出现，给中国传统营造体系带来了极大的文化冲击和影响。国人对“西技”和“科学”追捧的同时，对于中国传统建造体系则持以完全否定和批判的态度，呈现出普遍的盲目崇洋心理，希望通过对西洋式建筑的模仿和学习，来克服中国传统建筑在结构和功能上的固有缺陷。二十世纪二三十年代，正是外患的刺激、内政的鼓励，以及世界范围内现代主义建筑思潮的兴起，真正开启了近代中国对于兼具“民族性”和“现代性”的“新建筑”的探索历程[2]。时代的历史性和社会性共同决定了中国近代建筑行业的发展模式——既蕴含了强大的传统因子，也吸纳了移植中的现代元素。

一、两个转折点

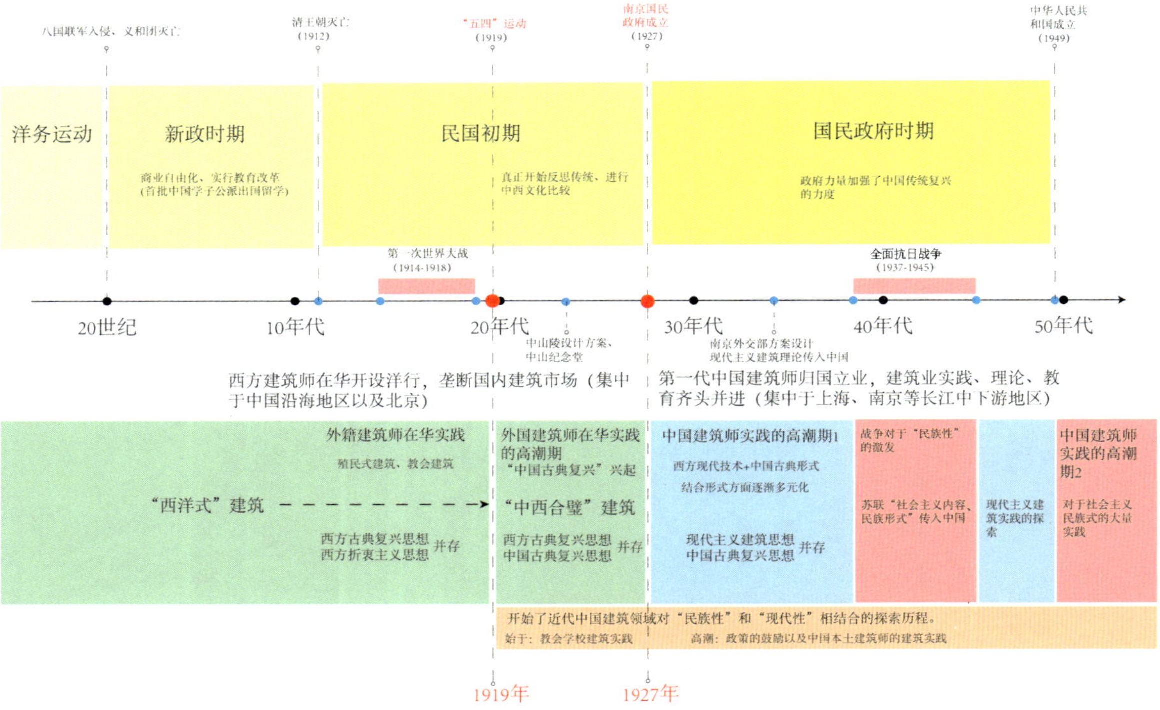

图 1　19 世纪末至 20 世纪上半叶近代中国建筑实践和思潮的发展示意图

图片来源：作者查阅资料后绘制

1 张复合．20 世纪初在京活动的外国建筑师及其作品 [C]// 中国建筑史论文集（第 12 辑）北京：清华大学出版社，2000.

2 怎样踏上新建筑的路程 [N]. 时事新报，1932-12-07.

1912 至 1949 这近 40 年中，对于近代建筑“民族性”的探索最具历史意义的两个转折点分别为 1919 年和 1927 年（图 1 以红色圆点标出）。1919 年第一次世界大战刚刚结束，五四运动爆发，一次真正意义上的对于“民族性”和“现代性”的反思浪潮出现：长期的外侮内患使得国人的民族危机感与日俱增，增强民族自信心、提高民族凝聚力成为各界人士的共识和追求。1927 年，国民政府宣布成立，并定都南京。国民党政府为巩固政权、凝聚人心，大力推行“民族主义文艺”，要求在建筑上“应采用中国固有之形式”以“树风声而坚社会之信仰”。此时，第一批留学海外的中国建筑师学成归国，民族主义情结、社会使命感以及西方布扎体系的教育背景，使得他们在进行近代中国现代主义建筑探索的同时，自发地追求传统的民族形式，以抵制外籍建筑行业在华的垄断[3]。知识精英阶层与统治阶层对于追求“民族性”的决心不谋而合，民国时期中国建筑实践活动逐渐步入高潮。

二、两个实践案例

从民国时期的媒体视角出发，以 20 世纪 20 年代“南京中山陵方案设计竞赛”以及 30 年代“南京原外交部大楼及官舍方案设计”为研究案例，对比分析吕彦直、范文照、杨廷宝、童寯等第一代建筑师是如何引领中国民族建筑的“现代性”的，以及民族建筑在现代性转型过程中受到了哪些因素的重要影响。

（一）南京中山陵方案设计竞赛

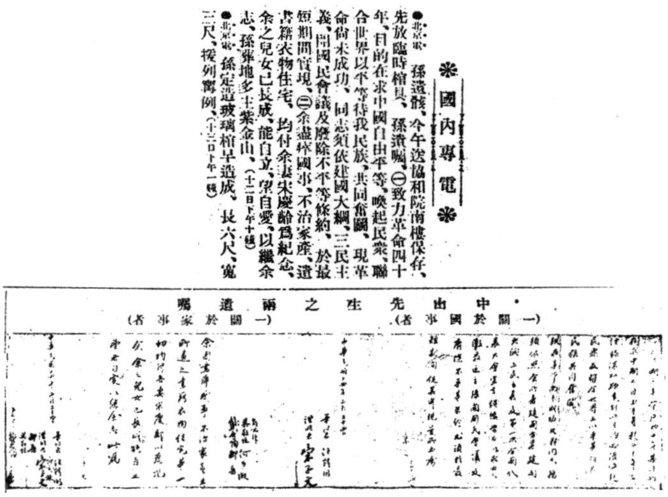
國內專電

●北京電　孫遺骸、今午送協和院南樓保存、先放臨時棺具、孫遺囑、㈠致力革命四十年、目的在求中國自由平等、喚起民衆、聯合世界以平等待我民族、共同奮鬭、現革命尚未成功、同志須依建國大綱、三民主義、開國民會議及廢除不平等條約、於最短期間實現、㈡余盡瘁國事、不治家產、遺書籍衣物住宅、均付余妻宋慶齡爲紀念、余之兒女已長成、能自立、望自愛、以繼余志、孫葬地多主紫金山、（十二日下午十鐘）

●北京電　孫定造玻璃棺早造成、長六尺、寬三尺、援列寧例、（十三日下午一鐘）

中山先生之兩遺囑

（一關於國事者）（一關於家事者）

图 2　孙中山先生的遗嘱

图片来源：《申报》，民国十四年（1925）3 月 14 日、16 日

3　谢秉衡. 我国建筑业过去的失败与今后的努力 [J]. 建筑月刊，1934，2（4）：29-31.

民国十四年（1925）3月16日的《申报》上刊登了孙中山先生的遗嘱（图2）：

一、致力革命四十年，目的在求中国自由平等，唤起民众，联合世界以平等待我民族，共同奋斗。现革命尚未成功，同志须依建国大纲、三民主义，开国民会议及废除不平等条约，于最短期间实现。二、余尽瘁国事，……

中山陵为孙中山先生的墓葬，自然需要秉承他的遗愿和精神。中山陵方案设计竞赛从内容到形式必然需要秉承着自由、平等的原则，建筑格局须能体现三民主义自由、平等的精神内涵。很快，5月2日，孙中山先生葬事筹备处筹备会议决定“面向中外建筑师和美术家征求陵墓建筑图案、建筑格式、材料及金额等”。5月13日，筹备会议通过了《陵墓悬奖征求图案条例》（简称《图案条例》），并在《申报》上连续数日刊载了《孙中山先生葬事筹备处悬奖征求陵墓图案启事》（简称《图案启事》），向国内外公开征集（图3）：

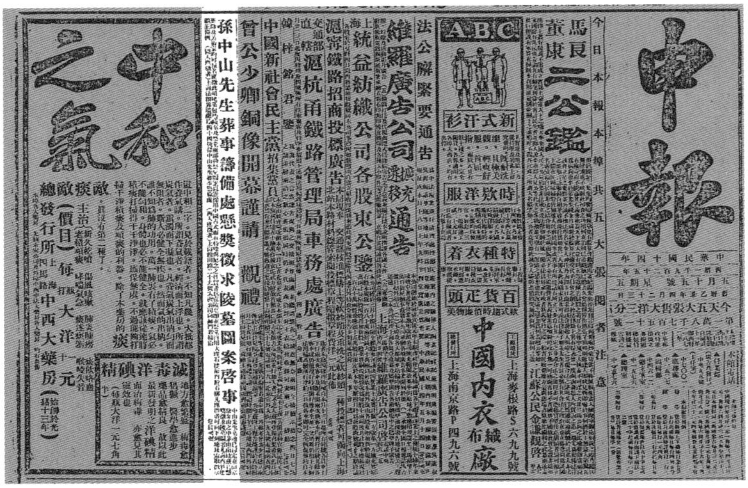
申報
中華民國十四年
西曆一千九百二十五年
五月十五號 星期五
今天五大張售大洋三分
今日本報本埠共五大張閱者注意
馬良 董康 二公鑑
新式汗衫
時款洋服
特種衣着
百貨正頭
中國內衣織布廠
上海麥根路S六九九號
上海南京路P四九六號
法公解緊要通告
維羅廣告公司擴充遷移通告
上海統益紡織公司各股東公鑒
滬寧鐵路招商投標廣告
交通部直轄滬杭甬鐵路管理局車務處廣告
韓梓銘君鑒
中國新社會民主黨招集黨員
曾公少卿銅像開幕謹請觀禮
孫中山先生葬事籌備處懸奬徵求陵墓圖案啓事
中和之氣
總發行所上海四馬路中西大藥房
滅毒洋碘精

图3 《孙中山先生葬事筹备处悬奖征求陵墓图案启事》
图片来源：《申报》，民国十四年（1925）5月15日

“中山先生墓地已择定在南京紫金山之中茅山南坡，兹特悬赏征求陵墓图案，凡向内外建筑师及美术家报名。兹征此项建筑包括陵墓及祭堂两部分，祭堂图案只能采用中国古式而含有特殊与纪念之性质者为宜，陵墓即在祭堂内，用大理石建筑内部石墩……”

5月15日，葬事筹备处对外公布了《图案条例》[4]：

4 怎样踏上新建筑的路程[N]. 时事新报，1932-12-07.

……2. 祭堂图案须采用中国古式而含有特殊与纪念之性质者，或根据中国建筑精神特创新格亦可。容放石椁之大理石墓即在祭堂之内。

3. 墓之建筑在中国古式虽无前例，惟苟采用西式，不可与祭堂建筑太相悬殊。墓室须有可仿制盗窃之铜门，门上并设机关锁，俾祭堂中举办祭祀之时可以开放墓门，瞻仰石椁。

4. 祭堂建在紫金山之中茅山南坡上，约在水平线上一百七十五米突高坡上，应有广大之高原，俾祭堂四周可有充分之面积，遇焚火时不致危及堂屋，亦须在堂前有可立五万人之空地，备举行祭礼之用。……祭堂须面南，登临之径拟采用石台阶或石级，向南直达山脚，此径将为连贯墓道大陆与堂墓高原之通道。

5. 石台阶或石级之建筑，由应征之设计者自定，惟其起点在山边，不宜高过一百一十米突高度线。祭堂之建筑由设计者自定，惟计划须包括祭堂与石台阶或石级等登临之径，此两步应视为一体。祭堂虽拟采用中国式，惟为永久计，一切建筑均用坚固石料与钢筋三合土，不可用砖木之类。……

从《图案启事》和《图案条例》中可以总结出官方对中山陵方案设计中一些细节的基本要求：

· 场地为坡地，祭堂建筑须背山、面南。

· 整体风格采用中国古典样式，但是必须强调其特殊性和纪念性，也可以在中国建筑之精髓的基础上进行创新。

· 墓室与祭堂的设计是结合在一起的。墓室设计采用西式，但须与祭堂的中国古式风格相协调。墓室须安装铜门，防盗时关闭，祭祀时可以打开。

· 祭堂四周须有开阔的场地，考虑防火安全；祭堂前方须有可容纳 5 万人的开阔场地，用于祭祀行礼。

· 祭堂位于 175 米的高坡之上，须在祭堂前铺设逐级而上的石阶（最高至 110 米），由墓道直通祭堂，形成整个陵园的中轴线。

· 建筑材料采用耐久坚固的石料及钢筋混凝土，不可用砖木。

作为《图案条例》的附录，葬事筹备委员会又公布了《孙中山先生陵墓图案评判要点》[5]：

1. 征求目的为陵墓与祭堂应征图案必须解决此问题（参看《图案条例》）。

2. 图案性质注重基地及其环境与建筑之目的。

3. 全局之布置，如墓道及墓之四周。

5　建筑文化考察组 . 中山纪念建筑 [M]. 天津：天津大学出版社，2009：43. 转引自：孙中山葬事筹备委员会 . 孙中山先生陵墓图案 [M]. 上海：民智书局，1925.

4. 实际方面，如经费限制之类。

5. 葬事筹备委员会及孙先生家属之意：此项陵墓建筑设计应简朴庄严而坚固，不取奢侈华贵。

从中可以看出中山陵方案设计竞赛中需要注意的几个关键评分点：

· 陵墓、祭堂的单体设计是重点；
· 注重基地环境与建筑之间的关系；
· 总体规划；
· 控制好经济指标；
· 整体风格：简朴、庄严、坚固，不可奢华。

孫墓圖案選定

孫中山先生陵墓圖案、自五月間由葬事籌備處懸獎徵求佳構、海內外中西專家之應徵者四十餘人、原定八月底截止收圖、嗣因海外郵寄不及、延長至九月十五日收到之圖案、均陳列於四川路大洲公司三樓、由十六日至二十日為評判時期、除中山先生家屬孫宋夫人哲生君及葬事籌備委員等均親到評閱外、並由委員會請中畫家王一亭・南洋大學校長凌竹銘・彫刻家李金髮・德建築師樸士・四君為評判顧問、各顧問均於二十日上午以前、將其評判意見書交到委員會、由委員會於是日下午二時、在大洲公司三樓、召集孫先生家屬及葬事籌備委員聯席會議、列席者孫宋夫人・孫哲生君・及夫人・孔庸之・林煥廷・葉楚傖・陳佩忍・楊杏佛・諸君等、根據評判顧問意見及徵求條例、詳加討論、決定得獎名單如下、頭獎呂彥直・二獎范君・三獎楊錫宗・按照徵求條例、頭獎為二千五百元、二獎為一千五百元、三獎五百元、均將於月內斷給得獎者、

此次應徵佳作極多、委員會於上項金錢獎額以外、復添名譽獎七名、其名單如下、(一)孚開洋行乃君、(俄人)、(二)趙深、(三)開恩斯(美人)、(四)恩那與佛雷(俄人)、(五)戈登士達(俄人)、(六)士達打樣建築公司(俄人)、(七)士達打樣建築公司、此外應徵者之計劃各有特長、均為慘淡經營之作、聞委員會將各贈以中山先生之遺像遺書以示感謝之意、上項圖案、將於本月二十二日起至二十六日止、每日下午二時至六時、在四川路三十六號大洲公司三樓公開展覽、以供上海人士之評判、此次徵求陵墓圖案、殆為中國從前所未有、聞委員會擬將徵求經過及得獎圖案編印報告、贈送海內外之關心中山先生葬事者、此項報告、大約下月半前可以出版、

图 4 《孙墓图案选定》

图片来源：《申报》，民国十四年（1925）9 月 21 日

经过评判委员会讨论，民国十四年（1925）9 月 21 日《申报》刊载了《孙墓图案选定》一文，公布了获奖（“金钱奖”）名单（图 4、图 5）：

第一名：吕彦直；第二名：范文照；第三名：杨锡宗。

由于佳作极多，委员会又增加了“名誉奖”7 名：

第一名：孚开洋行（乃伯斯）；第二名：赵深；第三名：开尔思；第四名：恩那与弗雷；第五名：戈登士达；第六名：士达打样建筑公司；第七名：士达打样建筑公司。

民国十四年（1925）9 月 23 日，《申报》上刊载了《孙墓

一等奖：吕彦直方案

二等奖：范文照方案

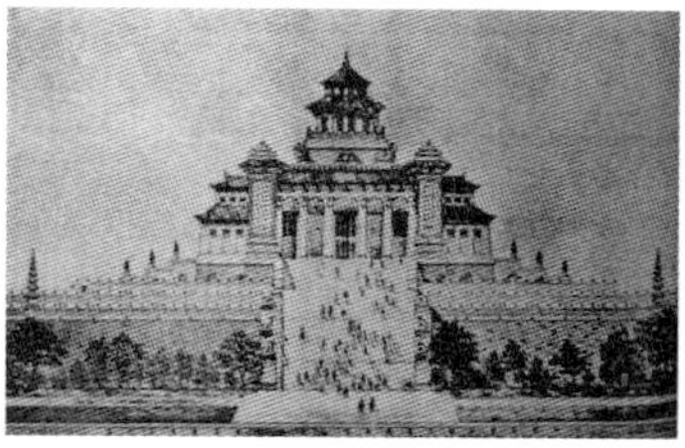

三等奖：杨锡宗方案

“名誉奖”第一名：孚开洋行方案

“名誉奖”第二名：赵深方案

“名誉奖”第三名：开尔思方案

“名誉奖”第四名：恩那与弗雷方案

“名誉奖”第五名：戈登士达方案

“名誉奖”第六名：士达打样建筑公司方案一

“名誉奖”第七名：士达打样建筑公司方案二

图 5　中山陵方案竞赛所有获奖作品

图片来源：建筑文化考察组．中山纪念建筑 [M]. 天津：天津大学出版社，2009：46-47；转引自：南京市档案馆，中山陵园管理处．中山陵档案史料选编 [M]. 南京：江苏古籍出版社，1986.

图案展览会》一文：

“……展览开幕之第一日，……参观者人数甚多，……吕君之式样，最为适用，名誉首奖孚开洋行，所作式样，亦甚伟大，彼联合雕塑家，制石膏模型列于场中……”

文中，媒体将孚开洋行方案与吕彦直方案相提并论，可见当时政府和民众都对此外籍参赛方案给予了较高的肯定。而外籍参赛作品均无缘“金钱奖”的现象不能不引人遐想。虽然受邀的四位评判顾问中有一位是外籍建筑师[6]，但由该年5月刚刚爆发的“五卅惨案”以及随后外强在华的野蛮行径来看[7]，无论是从官方最高等级纪念建筑的象征性来讲，抑或是从安抚民心的迫切性来说，本土保护势在必行。如图5所示，外籍建筑师对于中国传统建筑的理解普遍止步于将其自认为具有代表性的建筑元素进行盲目地堆砌、组合，既有失于比例的和谐，又忽略了建筑元素背后的文化内涵。他们对于如何表达中国建筑的“民族性”和“纪念性”大多只停留在了表面层次。无论如何，在相对公正的评判下，所有获奖作品均为杰出的佳作，而其中时代背景下政治因素的强大干预力量也不应为人们所忽视。

1. 吕彦直的方案

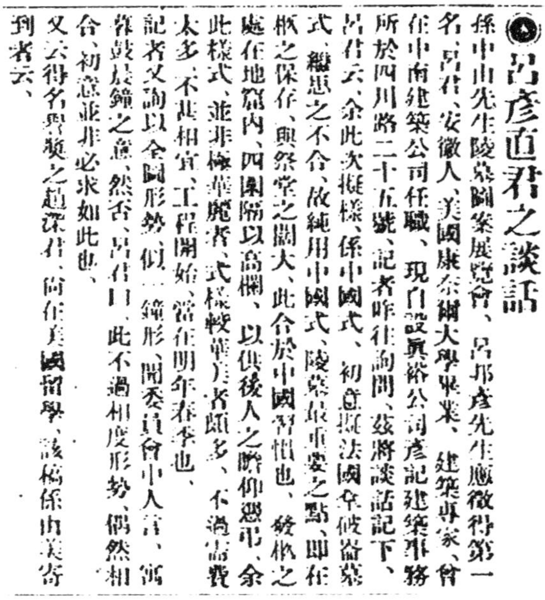

呂彥直君之談話

係中山先生陵墓圖案展覽會、呂邦彥先生應徵得第一名、呂君、安徽人、美國康奈爾大學畢業、建築專家、曾在中南建築公司任職、現自設真裕公司彥記建築事務所於四川路二十五號、記者昨往詢問、茲將談話記下、呂君云、余此次擬樣、係中國式、初意擬法國拿破崙墓式、繼思之不合、故純用中國式、陵墓最重要之點、即在棺槨之保存、與祭堂之闊大、此合於中國習慣也、發棺之處在地窟內、四圍隔以高欄、以供後人之瞻仰憑弔、余此樣式、並非極華麗者、式樣較華美者頗多、不過需費太多、不甚相宜、工程開始、當在明年春季也、記者又詢以全圖形勢、似一鐘形、聞委員會中人言、寓警鐘之意、然否、呂君曰、此不過相度形勢、偶然相合、初意並非必求如此也、又云得名譽獎之趙深君、尚在美國留學、該稿係由美寄到者云、

图6 《吕彦直君之谈话》

图片来源：《申报》，民国十四年（1925）9月23日

6 [德]朴士．孙墓图案选定[N]. 申报，1925-09-21.

7 俄人在镇江车站捣毁行凶之沪闻、请援日轮撞沉之帆船[N]. 申报，1925-09-22.

以民国时期的媒体资源《申报》为依据，从更加直接、原始的角度来解析吕彦直的设计思想：

（1）吕彦直自己对于方案的诠释

民国十四年（1925）9月23日，《申报》上刊载了相连的两篇关于吕彦直对于自己方案阐述的文章。第一篇《吕彦直君之谈话》（图6）：

……吕君云，余此次拟样，系中国式，初意拟法国拿破仑墓式，继思之不合，固纯用中国式，陵墓最重要之点，即在柩之保存，与祭堂之阔大，此合于中国习惯也，发柩之处在地窟内，四环隔以高栏，以供后人瞻仰凭吊，余此样式，并非极华丽者，式样较华美者颇多，不过需费太多，不甚相宜，……记者又询以全图形势，似一钟形，闻委员会中人言，寓暮鼓晨钟之意，然否，吕君曰，此不过相度形势，偶然相合，初意并非必求如此也。……

第二篇为吕彦直亲自执笔的《孙中山先生陵墓建筑图案说明书》（图7）：

墓地全部之布置……为祭堂与墓堂之联合及堂前台阶、石级及空地、门道等布置。……其范围略成一大钟形，广五百尺，袤八百尺。陵门辟三洞，前为广场及华表，……入陵门即达广原，此即条例中所虚容五万人伫立之空地。此原依山约做十分之一斜面，其中百尺宽处铺石为道。自陵门至石级之底，约四百五十尺，凡分五段，每段各作阶级若干步，石道两旁坡地，则为草场。台阶、石级凡三层，宽约百尺，自下而上，……以达祭堂之平台。……祭堂长九十尺，阔七十六尺，自堂基至脊顶高八十六尺。……石柱凡四，成三楹。堂之四角如堡垒。堂门凡三，拱形，其门用铜铸之。……因用石制而与木质略其形式。……此祭堂之顶，最善莫如用铜。……较之炼瓦坚久多矣。堂之内，两旁有柱各二，中部之顶特高，约五十二尺，作穹窿式。其上施以砌磁，作青天白日之饰，堂之地面，则铺红色炼砖，以符满地红之象征。堂之四壁用大理石做壁板，……堂之四角鸽舍小室，以备贮藏纪念品之用。堂之后门即墓门所在……墓室，墓室之门作双重，自祭堂入门升级而达机关门，以入于墓室。室作圆形，穹窿顶亦饰以青天白日砌磁。安置石椁之处较周围为低，绕以石栏以供瞻仰。……外部只露圆顶，内与祭堂相连。……构造及费用，其墙壁之面，必须用石，至墙身则用最佳之砖即可，内壁用大理石及人造石，屋顶之人架，以钢筋三合土为之。屋面最佳用铜，……按之琉璃炼瓦，其价当非甚远。门窗之层更宜用铜，此外通风防湿等制，亦皆依科学的方法而设施之。……

图 7 《中山陵墓建筑图案说明》
图片来源：《申报》，民国十四年（1925）9 月 23 日

从以上吕彦直的谈话和阐述中，可以看出他设计时秉持着体现“民族性”的原则，将建筑形式的主基调定位于“中国式”，重点推敲了建筑功能、技术和材料方面的问题，并恰当地通过细节处理来表现出建筑的“象征性”和“纪念性”。设计中，在祭堂与墓室外部分离、内部相连，以及石阶广场的尺度方面，吕彦直都更多地考虑到了后人瞻仰凭吊的容量问题。可见他已经开始了将“民族性”和“现代性”进行融合的探索历程。

（2）葬事筹备委员会评审顾问对吕彦直方案的评价（表 1）

表 1 民国十四年（1925） 孙中山先生葬事筹备委员会四位评审顾问对吕彦直方案的评审意见

评审	吕彦直方案
王一亭	墓在祭堂后合于中国观念。建筑朴实坚固。形势及气魄极似中山先生之气概及精神
朴士	似根据中国宋代格式而参加己意，与评判要点第一项之观念最合，对其他各项，亦极能合格，故定为首奖
凌鸿勋	此案全体结构简朴浑厚，最适合于陵墓之性质及地势之情形，且全部平面钟形，尤有木钟、警示之想。祭堂外观形式甚美。正面略嫌促狭，祭堂内部地位亦似略小，将来建筑时尚须注意减少房屋尖细之处，以资耐久，此案建筑费较廉
李金发	此图结构精美雄静，一望令人生凄然景仰之念，所有设置，均适合所征求诸条件，庙中多色玻璃，及几线阳光透入，尤有全之和谐。中央坟位，亦宜稍为下降

四位评审基本上一致认为吕彦直的中山陵方案较为符合竞赛的各项要求，整体风格古朴浑厚，与地势较好地进行了结合。然而，中山陵方案竞赛乃近代中国政府首次面向外界的公开招标，竞赛制度并不完善：所有参赛的方案图纸最多只是进行了建筑外部形式的表现，而没有深入结构和功能的设计。由此可以想见，评审们也只是就形式而言进行了一些评述，对于吕彦直方案价值评估的意义具有一定的局限性。

民国十四年（1925）9月26日，《申报》刊载了一篇《孙墓图案评判报告之一》（图8）：

孫墓圖案評判報告之一
孫中山先生陵墓圖案懸徵求，已於本星期揭曉，葬事籌備處聘請評判顧問三人，中國工程學會副會長凌鴻勛爲顧問之一，茲錄其評判報告意見云，孫先生陵墓圖案之計畫，關於美術上意義，本有應徵條例，明示範圍，評判標準，自可依條例爲根據，查應徵條例所開Chinese Classic一語，因我國向無建築專史，Classic一字，本無所專指，惟以我國立國之古，古代建築物發達之早，所謂Classic Achitecture斷非大壇皇宮一流建築物，所能包括，竊以爲孫先生之陵墓，係我中華民族文化之表現、世界觀瞻之所繫，將來垂之永久，爲近代文化史上一大建築物，似宜採用純粹爲中華美術，方足以發揚吾民族之精神，應採取國粹之美術，施以最新建築之原理、叢固宏壯，兼而有之，一足以表現孫先生爲實純厚之國性，亦足以留東方建築史上一紀念也，就工程方面論、陵墓建築，首宜經久不朽，方與該項建築之性質相稱合，蓋陵墓建築，常暴露於風雨之侵蝕，苟建築過於精細，或着色過於浮淺，皆不足以經久，[illegible]

图 8 《孙墓图案评判报告之一》
图片来源：《申报》，民国十四年（1925）9月26日

孙中山先生陵墓图案已征求，已于本星期揭晓，葬事筹备处聘请评判顾问三人，中国工程学会副会长凌鸿勋为顾问之一，兹录其评判报告意见云：孙先生陵墓图案之计划，关于美术上意义，本有应征条例、明示范围、评判标准，自可依条例为根据，

查应征条例所开 Chinese Classic 一语，因我国向无建筑专史，Classic 一字，本无所专指，惟以我国立国之古，古代建筑物发达之早，所谓 Classic Architecture 断非天坛皇宫一流建筑物，所能包括。窃以为孙先生之陵墓，系我中华民族文化之表现，世界观瞻所繫，将来垂之永久，为近代文化史上一大建筑物，拟宜采用纯粹为中华美术，方足以发扬吾民族之精神，应采取国粹之美术，施以最新建筑之原理，坚固宏壮，兼而有之，一足以表现孙先生笃实纯厚之国性，亦足以留东方建筑史上一纪念也。就工程方面论，陵墓建筑，首宜经久不磨，方与该项建筑之性质相契合，盖陵墓建筑，常暴露于风雨之侵蚀，苟建筑过于精细，或着色过于肤浅，皆不足以经久，若常须修理翻新，实非宏大之陵墓建筑所宜，则建筑费既经规定，为三十万元，则建筑自不能过于华丽，致为经济所不许，应征者每于此层忽略，而徒为宏巨之建筑，殊可惜也。陵墓之建筑，与陵墓之周围，至有关系，平地陵墓之气概，与背山陵墓之气概不同，闻以平地陵墓，四周所瞩，背山陵墓，则正面及斜面观瞻，较为重要，过高建筑，殊不适宜。……此时应注意于材料之选择，以期历久不磨……

从文中可见，作为评判顾问之一的凌鸿勋，认为中华建筑文化源远流长，竞赛要求中所需要的“Chinese Classic”（中国古典式）并非天坛、皇宫等明清时期的官式建筑样式，而是在一种纯粹的“中华美术”[8]基础上，对于现代建筑功能和技术的综合。建筑材料、构造、耐久性，以及与环境的协调关系也应是此次竞赛的评分要点。而凌鸿勋主张一等奖应为吕彦直，即吕彦直方案较之其他，基本上符合了他所提出的这些主张和观点。而就这一点来看，当时中国建筑界已经跨入了对于早期现代建筑的审美阶段，对于新时代的建筑提出了新的要求。

（3）民众对于吕彦直方案的评价

民国十四年（1925）9月23日，《申报》上刊载一篇《孙墓图案展览会访问记》（图9）：

记者在会场中，承钮师愈先生按照指示一切，现在把他所谈的话，择要记录在下面。

得奖第一的是中国吕彦直先生，这张图案经筹备委员会六小时的辩论，然后确定，他的特点有三处：

一、到祭堂门口，就可以瞻仰孙先生的遗像。

8 根据上下文，应指中国传统建筑上比例和谐的美学形式。

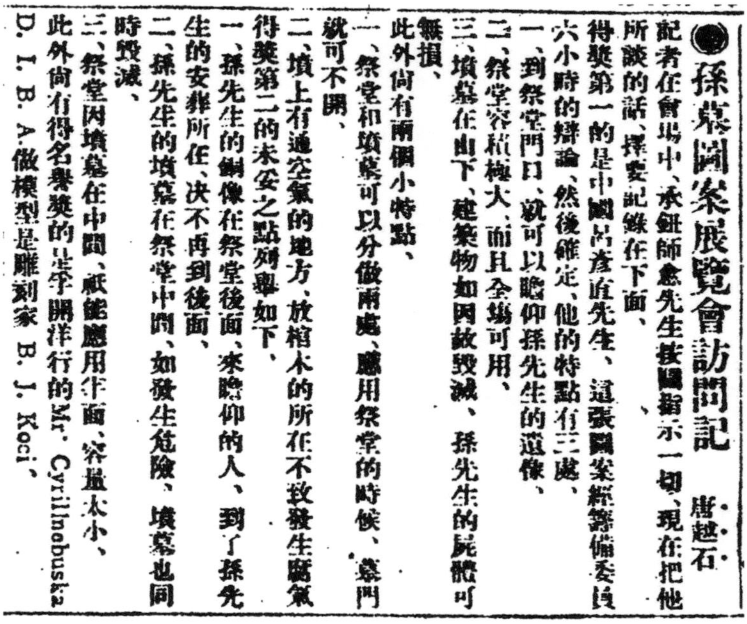

孫墓圖案展覽會訪問記　唐越石

記者在會場中、承鈕師愈先生按圖指示一切、現在把他所談的話、擇要記錄在下面、

得獎第一的是中國呂彥直先生、這張圖案經籌備委員六小時的辯論、然後確定、他的特點有三處、

一、到祭堂門口、就可以瞻仰孫先生的遺像、

二、祭堂容積極大、而且全場可用、

三、墳墓在山下、建築物如因故毀滅、孫先生的屍體可無損、

此外尚有兩個小特點、

一、祭堂和墳墓可以分做兩處、應用祭堂的時候、墓門就可不開、

二、墳上有通空氣的地方、放棺木的所在不致發生腐氣

得獎第二的未安之點列舉如下、

一、孫先生的銅像在祭堂後面、來瞻仰的人、到了孫先生的安葬所在、决不再到後面、

二、孫先生的墳墓在祭堂中間、如發生危險、墳墓也同時毀滅、

三、祭堂因墳墓在中間、祇能應用半面、容量太小、

此外尚有得名譽獎的是孚開洋行的Mr. Cyrillnobuska D. I. B. A.做模型是雕刻家 B. J. Koci、

图 9　《孙墓图案展览会访问记》
图片来源：《申报》，民国十四年（1925）9 月 23 日

二、祭堂容积极大，而且全场可用。

三、坟墓在山下，建筑物如因故毁灭，孙先生的尸体可无损。

此外尚有两个小特点：

一、祭堂和坟墓可以分做两处，应用祭堂的时候，墓门就可不开。

二、坟上有通空气的地方，放棺木的所在不致发生腐气……

从钮师愈[9]先生的评价中可见，吕彦直的设计很好地考虑到了群众瞻仰孙中山遗像、陵墓流线、容量和通风等问题，这些实际问题在设计中的考虑无疑成了吕彦直方案一举夺魁的关键要点。

从吕彦直对自己方案的阐述和他人的评价中，可以看出吕彦直是以中国传统建筑文化为本，结合了西方古典主义建筑形式，现代主义建筑技术、材料和设计方法，融合了中西建筑文化形式，为中国传统复兴建筑形式的转型提供了重要参考，为近代中国“民族性”和“现代性”的结合进行了有力尝试。

9　钮师愈，第一届湖社社员，国民政府中央组织部元老。

2. 范文照的方案

由以上资料可知，范文照的中山陵设计方案在竞赛中位居第二。结合当时媒体资源，从源头出发，探究其真正失利的原因。

（1）范文照自己对其方案的诠释

民国十四年（1925）9 月 27 日，《申报》上刊载了范文照亲自执笔的《孙中山陵墓计划说明》（图 10）：

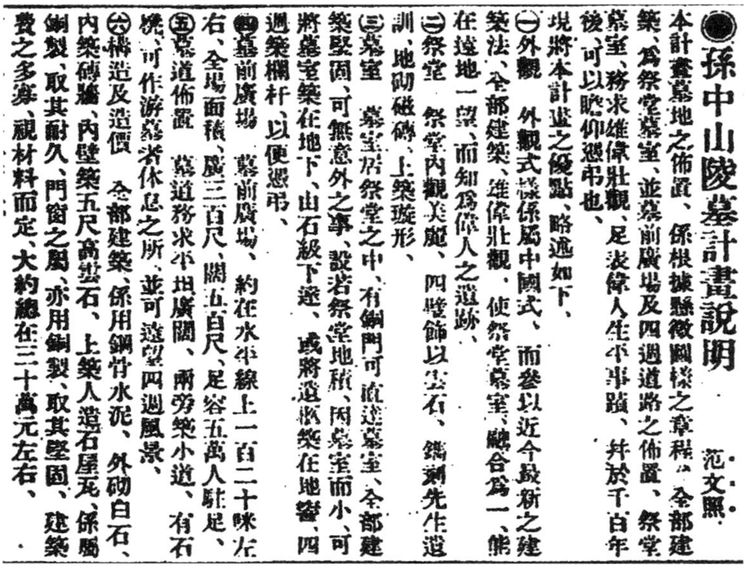

●孫中山陵墓計畫說明　·范文照·

本計畫墓地之佈置、係根據懸徵圖樣之章程、全部建築、爲祭堂墓室、並墓前廣場及四週道路之佈置、祭堂墓室、務求雄偉壯觀、足表偉人生平事蹟、并於千百年後、可以瞻仰憑弔也、

現將本計畫之優點、略述如下、

㈠外觀　外觀式樣係屬中國式、而參以近今最新之建築法、全部建築、雄偉壯觀、使祭堂墓室、融合爲一、能在遠地一望、而知爲偉人之遺跡、

㈡祭堂　祭堂內觀美麗、四壁飾以雲石、鐫刻先生遺訓、地砌磁磚、上築璇形、

㈢墓室　墓室居祭堂之中、有銅門可直達墓室、全部建築堅固、可無意外之事、設若祭堂地積、因墓室而小、可將墓室築在地下、由石級下達、或將遺櫬築在地窖、四週築欄杆、以便憑弔、

㈣墓前廣場　墓前廣場、約在水平線上一百二十咪左右、全場面積、廣三百尺、闊五百尺、足容五萬人駐足、

㈤墓道佈置　墓道務求平坦廣闊、兩旁築小道、有石櫈、可作游墓者休息之所、並可遠望四週風景、

㈥構造及造價　全部建築、係用鋼骨水泥、外砌白石、內築磚牆、內壁築五尺高雲石、上築人造石屋瓦、係屬銅製、取其耐久、門窗之屬、亦用銅製、取其堅固、建築費之多寡、視材料而定、大約總在三十萬元左右、

图 10　《孙中山陵墓计划说明》
图片来源：《申报》，民国十四年（1925）9 月 27 日

本计划目的之布置，系根据应征图样之章程，全部建筑，为祭堂墓室，并墓前广场及四周道路之布置，祭堂墓室，务求雄伟壮观，足表伟人生平事迹，并于千百年后，可以瞻仰凭吊也。

现将本计划之优点、略述如下：

一、外观　外观式样系属中国式，而参以近今最新之建筑法，全部建筑，雄伟壮观，使祭堂墓室，融合为一，能在远地一望，而知为伟人之遗迹。

二、祭堂　祭堂内观美丽，四壁饰以云石，镌刻先生遗训，地砌瓷砖，上筑璇形。

三、墓室　墓室居祭堂之中，有铜门可直达墓室，全部建筑坚固，可无意外之事，设若祭堂地基，因墓室而小，可将墓室筑在地下，由石级下达，或将遗柩筑在地窖，四周筑栏杆，以便凭吊。

四、墓前广场　墓前广场，约在水平线上一百二十米左右，全场面积，广三百尺，阔五百尺，足容五万人驻足。

五、墓道布置　墓道务求平坦广阔，两旁筑小道，有石凳，可作游墓者休息之所，并可远望四周风景。

六、构造及造价　全部建筑，系用铜骨水泥，外砌白石，内筑砖墙，内壁筑五百尺高云石，上筑人造石屋瓦，系属铜制，取其耐久，门窗之属，亦用铜制，取其坚固，建筑费之多寡，视材料而定，大约总在三十万元左右。

根据其自述，范文照也同样将建筑形式的基调定位于“中国式”，以体现“民族性”，基本上与吕彦直方案思路相似。但其中与吕彦直方案最大的不同点除了外部形式，即为将墓室安置于祭堂的中央下方。而这一设计恰恰成为当时评审顾问所共同诟病之处。

（2）评审顾问对范文照方案的评价（表 2）

民国十四年（1925）9 月 23 日，《申报》刊载的《孙墓图案展览会访问记》（图 10）中，钮师愈先生如是说：

得奖第二的未妥之点列举如下：

一、孙先生的铜像在祭堂后面，来瞻仰的人，到了孙先生的安葬所在，决不再到后面。

二、孙先生的坟墓在祭堂中间，如发生危险，坟墓也同时毁灭。

三、祭堂因坟墓在中间，只能应用半面，容量太小。

表 2　民国十四年（1925）孙中山先生葬事筹备委员会四位评审顾问对范文照方案的评审意见

评审	范文照方案
王一亭	计划极好，惜乎墓在祭堂之中，不甚尊重
朴士	唯念故大总统孙公常以融合中西文化为心，鄙意此种精诚之表现，似应为陵墓建筑之特殊性质，故鄙人推荐范君之图案为第二奖，为实际采用之图案。此图案所以未被荐为第一奖者，由于其墓室位置之观念错误，此点在采用时应加以改正。此项改正极易实现，但将墓室降于地面之下即可。关于条例中其他各项，均极相合。此建筑简单、庄严而坚固，为根据于中国建筑而同时参加西方建筑文化之极佳观念。全部布置（路径）尤善
凌鸿勋	此案陵墓部分建筑宏壮，美术方面殊觉满意，且结实简朴，足以耐久，陵墓形式，尤极相称。由墓门以上甬道一带布置极佳，大理石建筑，颜色浑朴，价值较昂。此案最大缺点，为室内四壁矗立，光线不足，上虽有塔窗可以透光，但地位太高且狭，不能达到下层。若能略加修改，增加室内光线，则此案殊有研究之价值。至于石像和停柩处地位，似尚需略加修改
李金发	建筑上之组织，古雅纯正，唯较少夺眼之处，以全部形式而论，似太平坦，唯从上下望建筑全部，适成一大钟形，尤为有趣之结构

资料来源：根据《孙中山先生陵墓图案》中表格整理编辑

同年9月27日《申报》刊载的《孙中山先生陵墓图案再志》（图11）中，对范文照方案降为二等奖做了说明：

……陵墓之外观，虽略似西式，而实际上则完全为中国式，第因棺木所在，不能瞻视，致降为二奖。其建筑之计划，系将牌楼式与陵墓式相融合，故外观并不类似庙宇及宫殿等云。

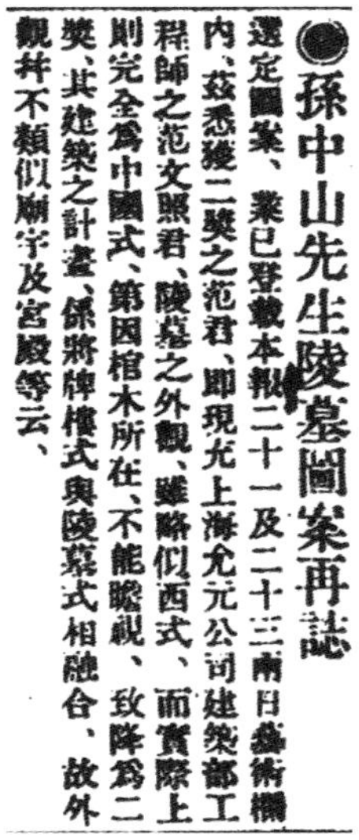
孫中山先生陵墓圖案再誌
選定圖案、業已登載本報二十一及二十三兩日藝術欄內、茲悉獲二獎之范君、即現充上海允元公司建築部工程師之范文照君、陵墓之外觀、雖略似西式、而實際上則完全爲中國式、第因棺木所在、不能瞻視、致降爲二獎、其建築之計畫、係將牌樓式與陵墓式相融合、故外觀并不類似廟宇及宮殿等云、

图11 《孙中山先生陵墓图案再志》
图片来源：《申报》，民国十四年（1925）9月27日

从以上媒体资料来看，范文照方案获得的总体评价还是极高的，但降为二等奖的主要原因是评委们一致认为墓室和祭堂内部空间和流线的处理不够合理，不合于竞赛要求和安全考虑，祭堂内部空间采光问题有待解决。形式上，范文照更多的直接继承了中国传统陵墓形制的“方城明楼”形式，而“楼”的结构形式则变成了重檐攒尖顶，且广场和甬道的设计非常合于功能需求。从立面效果图上来看，笔者认为祭堂立面尺度过于细高，以至于整体比例有些失衡，影响观感。

（二）南京原外交部大楼及官舍方案设计

1. 建设背景——“首都计划”

民国十八年（1929）12月31日，南京政府颁布了《首都计划》，本着“诸欧美科学之原则”“吾国美术之优点”[10]的规划设计宗旨，在建筑设计方面规定“政治区之建筑物，宜尽量采用中国固有之形式，凡古代宫殿之优点，务当一一施用”，“要以采用中国固有之形式为最宜，而公署及公共建筑尤当尽量采用”，“总之，国都建筑，其应采用中国款式，可无疑义”[11]，其目的就是“发扬光大本国固有之文化也”[12]。

《首都计划》中提道：

一国必有一国之文化，中国为世界最古国家之一，数千多年，皆以文化国家见称于世界。……国都为全国文化荟萃之区，不能不借此表现，一方以观外人之耳目，一方以策国民之兴奋也。

吕彦直在《规划首都都市区图案大纲草案》中提道：

彼宫殿之辉煌，不过帝王表示尊严，恣其优游用，且靡费国币，而森严谨密，徒使一人之享受。今者国体更新，治理异于昔时，其应用之公共建筑，为吾民建设精神之主要的表示，必当采用中国特有指建筑式，加以详密之研究，以艺术思想设

10 ［民国］国都设计技术专员办事处．首都计划［M］．南京：南京出版社，2006．
11 ［民国］国都设计技术专员办事处．首都计划［Z］，1929．
12 ［民国］国都设计技术专员办事处．首都计划［Z］，1929．

图案，用科学原理行构造，然后中国之建筑，乃可作进步之发展，……有发扬蹈厉之精神，必须有雄伟庄严之形式，有灿烂绮丽之形式，而后有尚武进取之精神，故国府建筑之图案，实民国建设上关系至大之一端，亦吾人对于世界文化上所应有之贡献也。

国民政府铁道部办公大楼，1930 年　　国立中央研究院地质研究所大楼，1931 年　　国民政府考试院明志楼，1933 年

国民政府交通部办公大楼，1934 年　　中央党史史料陈列馆，1936 年　　中央监察委员会办公大楼，1935 年

图 12　兴建于 20 世纪 30 年代的大屋顶形式的南京重要建筑
图片来源：卢海鸣，杨新华 . 南京民国建筑 [M]. 南京：南京大学出版社，2001.

从官方文件中可以看出，当时国民政府对于新首都的建设风格是积极倡导以现代建筑的构筑方式来呈现中国传统建筑形式的。此后的国民政府铁道部办公大楼、国立中央研究院地质研究所大楼、国民政府考试院明志楼、国民政府交通部办公大楼、中央党史史料陈列馆、中央监察委员会办公大楼等政府及公用建筑的兴建积极响应了这一号召（图 12）。

2. 方案设计者的变动——从“基泰”到“华盖”

李海清在《历史的误会：南京原外交部办公处建筑设计引发的思考》一文中，通过查阅台北所藏《外交部南京办公处兴建》等资料，确切表明了“1930 年春，国民政府外交部拟建若干工程项目以应急需，其中‘外交宾馆’委托基泰工程司设计；而‘补充各司办公室及汽车库’委托华盖建筑事务所设计”[13]，同年夏

13　李海清 . 历史的误会：南京原外交部办公处建筑设计引发的思考 [C]// 中国建筑史论文集（第 14 辑）. 北京：清华大学出版社，2001.

天就和两家公司分别签订了合同。

首都國民政府外交部辦公大樓暨官舍

華蓋建築事務所設計

國民政府外交部新屋計劃，始於民國二十年春，初議以六十萬建造外交賓館，二十萬建造臨時辦公大樓。（外交部爲行政區之一部將來永久計劃將在明故宮舊址）。 嗣後爲求緊縮起見，決定拋棄賓館計劃，並將辦公大樓酌量擴展，以其一小部份作爲迎賓之用，以合乎實用不求華麗爲主要目的。 故初擬圖樣不能適用，第二次設計對於方向又詳加研究，因中山路偏南北向，若新屋正面朝西，冬夏兩季均不相宜。 始決定大樓正面朝東。 在基地之中部闢大圓路，東西闢兩門，使往來車馬可以東西貫通。

房屋計劃大致以南部大門爲辦公之用，北部大門爲迎賓之用，辦公部份有地層一層，爲儲藏之用。 第一層爲總務司。 第二層爲部次長室合議參事秘書各廳。 三層南部爲歐美國際兩司，北部爲亞洲司。 四層北部爲情報司，南部爲檔案條約委員會等室。

部長官舍適在辦公大樓之南，內設大廳餐廳書房，二層設房間四五間，爲部長官邸或招待外賓均可合用。外交部全部工程之建築費用略如下：

外 交 部 全 部 工 程 造 價 表

辦公大樓	建築工程	333,831.92元	
	暖氣衛生設備	59,127.00	
	電氣設備	1,792.00	
	廚房吊梯	1,188.00	395,938.92元
路工，門房，僕役室，汽車間，車棚，花房，圍牆等附屬工程		76,453.53	
	附屬工程之衛生設備	2,200.00	
	附屬工程之電氣設備	2,420.00	81,073.53元
官　舍	建築工程	35,744.42	
	暖氣衛生設備	6,682.00	
	電氣設備	13,50.00	43,776.42元
	總造價		520,788.87元

图 13 《首都国民政府外交部办公大楼暨官舍》
图片来源：《中国建筑》，1935 年第 3 卷第 3 期

民国二十四年（1935）8 月出版的《中国建筑》第 3 卷第 3 期刊载了《首都国民政府外交部办公大楼暨官舍》（图 13）一文，其中提道：

国民政府外交部新屋计划，始于民国二十年春，初议以六十万建造外交宾馆，二十万建造临时办公大楼。……嗣后为求紧缩起见，决定抛弃宾馆计划，并将办公大楼酌量扩展，以其一小部分作迎宾之用，以合乎实用不求华丽为主要目的。故初拟图样不能适用。……

民国二十一年（1932）12 月出版的《建筑月刊》上刊载了一则建筑界要闻《首都外交部办公处新屋开工》（图 14）：

"外交部于南京狮子桥建筑办公处新屋，计划已久。今始实现。由赵深陈植建筑师设计，江裕记……营造厂承造，克日

即将开工建筑。……”

“因经费紧缩，此方案未能实现。”[14]

“1932 年，以‘赵深建筑师事务所’名义提出的南京外交部大楼方案，因经济、实用加民族形式的特点，击败‘基泰工程司’较早设计的中国宫殿式大屋顶方案。”[15]

1931 年夏，长江洪水成灾，同年“九一八事变”，东北沦陷，次年“一·二八”淞沪战役爆发。国民政府各项工程只好暂时停滞，直到 1932 年 8 月，外交部工程才被重新提上日程。而此时政府财政紧张，外交事务骤增，出于实际考虑，政府不得不将外交部宾馆方案转为办公方案。由于“基泰”1921年就已开业并硕果丰富，而“华盖”1930 年才刚刚创办，因此政府本欲继续聘用“基泰”将宾馆方案改为办公处用途，而后“基泰”因设计费问题与政府产生经济纠纷而退出[16]，“华盖”自然顺势承担起了外交部办公处大楼及官舍的全部设计工作，并将之前的方案进行简化和改动，以适应当时政府的经费限制和新的政治功能需求。

3. “华盖”的最终方案

民国二十二年（1933）1月1日的《申报》（建筑专刊）上刊载了《南京外交部新屋概况》一文（图 15）：

华盖建筑事务所设计

造价综计六十万元

首都一九三三年度之大建筑计划。将由外交部新屋开其端。其建筑工作兹已定今日开始动工，预计年终以前，当可乐观建成。……故当一九三一年上半年度建筑师赵深君，即承命设计该部办公处及宾馆之联合大厦。惟既计划就绪。并经同意后，终因费用过于浩繁，只得暂缓进行。旋于同年下半年度，决定先兴建办公处新屋。……及至一九三二年八月，赵建筑师复承部命，从新设计。除通常办公室外，新屋须包括宽敞宏伟之宴会大厅，以及案卷室、藏书室等。……外交部新屋当为官式建筑之最新式者，既具有中国建筑之特长，且特切于实用，并确能适应现代功能之需要。新屋对于一切浮饰赘凡是以减损其庄严者，悉弃而不用。其地位坐落正对鼓楼，自任何方面视之，没有是以碍及视线者。故尤觉其轩敞雄伟，卓绝华伦。新屋概系绝对避火之铜骨水泥建筑，外墙疏以空心砖。板壁与地板均

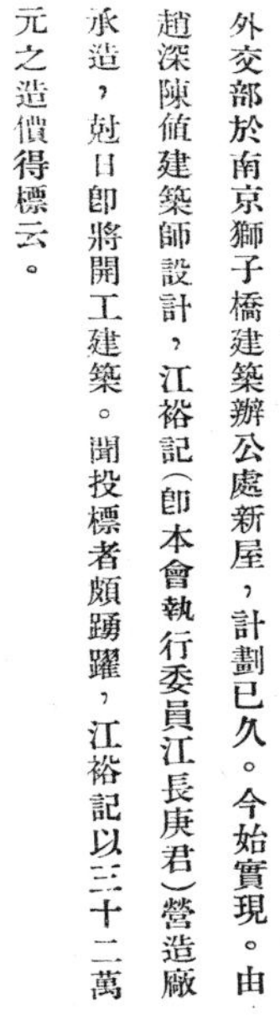
首都外交部辦公處新屋開工

外交部於南京獅子橋建築辦公處新屋，計劃已久。今始實現。由趙深陳植建築師設計，江裕記（即本會執行委員江長庚君）營造廠承造，尅日即將開工建築。聞投標者頗踴躍，江裕記以三十二萬元之造價得標云。

图 14 《首都外交部办公处新屋开工》
图片来源：《建筑月刊》，民国二十一年（1932）第 2 号第 1 卷

南京外交部新屋概況

图 15 《南京外交部新屋概况》
图片来源：《申报》，民国二十二年（1933）1月1日

14 南京工学院建筑研究所 . 杨廷宝建筑设计作品集 [M]. 北京：中国建筑工业出版社，1983：63.

15 方拥 . 建筑师童寯 [J]. 华中建筑，1987（2）.

16 李海清 . 历史的误会：南京原外交部办公处建筑设计引发的思考 [M]// 中国建筑史论文集（第 14 辑）. 北京：清华大学出版社，2001：193.

为同种材料。故大小各室其隔音浪能充全隔绝。外部饰以苏州金山石及泰山面砖，并缀以琉璃瓦，极其壮观。层高凡四层，电梯间之四周用天然大理石砌成。一切修饰，弥见精致富丽。各办公室，分设恰当，便于办公上呼应利便。部长室及接待室之附厅，分外美丽。其他则简而庄严。光线暨空气均极充足。……全部造价，共计六十万元云。

可见，除了官方通过媒体说辞将背后的纠纷掩盖以外，当时政府对于外交部办公大楼的重新设计提出了以下几点要求：

此建筑需兼具办公和迎宾空间，其中办公为主，并辅以贮藏功能；

此建筑在功能上需采用现代主义建筑设计方法，并在形式上辅以中国传统特征，尽量削减装饰，以实现经济、实用、美观；

建筑朝向需正对鼓楼，以实现良好的视觉效果；

此建筑需通过现代建筑技术手段解决防火、隔音、采光、通风等问题；

建筑中现代设备，如电梯间、盥洗室需俱全；

建筑材料使用需实现统一、庄严的效果；

建筑各层流线需恰当、明确；

建筑经费限制在六十万国币之内。

民国二十二年（1933）7 月出版的《中国建筑》第 1 卷第 1 期登载了《外交大楼》（图 16）一文：

外交大楼为赵深建筑师设计，全部用钢筋混凝土建造，共计四层。该大楼预计于年终前落成，为首都之最合现代化建筑物之一；将吾国固有之建筑美术发挥无遗，且能使其切于实际，而于时代性所需各点，无不处处具备，毫无各种不必需要之文饰等，致逊该大楼特具之简洁庄严。

该大楼面对鼓楼，故于观瞻上二楼对峙，更形雄伟；且四围旧屋，一俟新建筑告竣后，概将拆除，故于任何方位瞻视，巍然矗立，诚为伟观，亦可见设计者于外部美观上各点，无不处处注意之一斑也。

面部概为苏州花岗石及面砖，镶以瓷砖檐板；全部采用避火设计，外墙，隔墙及地板皆用空心砖，故于优声问题，概已美满解决。一、二、三，三层作为办公室、会客室及会议室等，四层存贮档案；各室无不空气充足，光线舒适，且位置适宜，分配有序，允非易事也。

《中国建筑》作为当时最具权威性的建筑领域的专业期刊，给予了外交部大楼设计很高的评价——“首都之最合现代化建筑

外交大樓　　　　趙深建築師設計

外交大樓

外交大樓爲趙深建築師設計，全部用鋼筋混凝土建造，共計四層。該大樓預計於年終前落成，爲首都之最合現代化建築物之一；將吾國固有之建築美術發揮無遺，且能使其切於實際，而於時代性所需各點，無不處處具備，毫無各種不必需要之文飾等，致遂該大樓特具之簡潔莊嚴。

該大樓面對鼓樓，故於觀瞻上二樓對峙，更形雄偉；且四圍舊屋，一俟新建築告竣後，概將拆除，故於任何方位瞻視，巍然矗立，誠爲偉觀，亦可見設計者於外部美觀上各點，無不處處注意之一斑也。

面部概用蘇州花崗石及面磚，鑲以磁磚簷板；全部採用避火設計，外牆，隔壁及地板皆用空心磚，故於隔聲問題，概已美滿解決。一，二，三，三層作爲辦公室，會客室及會議室等，四層存貯檔案；各室無不空氣充足，光線舒適，且位置適宜，分配有序，允非易事也。

图 16　《外交大楼》

图片来源：《中国建筑》，1933 年第 1 卷第 1 期

南京外交部大廈落成

阿海

南京鼓樓附近，新外交部大廈，已於最近期內落成工竣，建費共用去三十四萬國幣，外表及全部主幹築物，均採西方式樣，至於內部一切，純用北平故宮典型，集中西建築精華，融成一爐，其結構之佳妙，儀表之堂皇，自不待言，從此鐵道部，不能專美於前矣。

大廈之設計，係取「飛機式」題材，良以局外人驟視之，頗似飛機或蜻蜓，前部主要築物兩旁，均有翼翅相連繫，奇峰突出，洵屬別緻，後部殿以四層高樓，有如蜻蜓之尾巴，無怪使見者歎爲觀止。

踏進大廈南方正門，四層高樓內部飾以仿故宮式之粉刷及裝潢，隨現眼前。最底層(甲)爲總務司各科辦事室駐在地，舉凡電報，人事，文書，會計，記錄等雜務，均集中此層辦公；(乙)二樓有部長次長接待室，會議室，秘書室，參事室，部長及次長之辦公廳，廳由四室組成：㈠私人辦公室，㈡秘書室，㈢私人會客室，㈣盥洗室；(丙)三層樓包括歐美司，國際司，亞洲司辦公廳，其中以國際司，因分五科，故占屋較多，餘者因分三科，故較少；(丁)四樓，爲情報司，條約委員會，案卷處所占。

由大廈北部大門入內，則景氣與前迴異，於築物之後部，有廣大停車場，此地殊無工作人員忙碌情況，及辦公室可見，走向外部大廈後面，有一傳達室，及數電話間，順一鋪有北平地氈之扶梯，可直達豪華顯煥之跳舞廳，及莊嚴靜肅之會客廳，此項築物，完全在辦公室幹部之外，純屬備作部長招待高貴顯爵，皇家貴客，外交界權威人物之用，凡外交上宴會，跳舞，招待，均於此廳舉行，廳內飾有北平掛氈，燈籠，地氈，四壁懸有孫總理林主席蔣委員長汪行政院長(代理外長)之玉照。

此項築物之南對方，有外部圖書館一座，預備儲藏收集關於外交及國際方面之書籍雜誌等，以便參考借鏡，此外更將闢一園苑，於主要辦公幹部室之前，既壯觀瞻，復便停留車輛，室內一切裝飾品傢俱，莫不採用一律棕色，襯以外表棕色磚瓦砌成，非常醒心悅目，富有美術觀點，富麗堂皇，華美高貴，從此國府將興築之各部院辦公地點式樣，當以此爲嚆矢，至於大廈基石，乃前外長羅文幹氏於去年六月一日所奠定云。

图 17　《南京外交部大厦落成》

图片来源：《申报（建筑专刊）》，民国二十三年（1934）年 6 月 19 日

物之一”。文中对于1月刊载在《申报》上官方提出的要求给予了一对应的回答。可见，“华盖”的设计完美地契合了国民政府当时的需求。

该年6月1日，外交部设计完成，破土动工。

民国二十三年（1934）6月19日的《申报》（建筑专刊）上刊载了《南京外交部大厦落成》一文（图17）：

南京鼓楼附近，新外交部大厦，已于最近期内落成工竣，建费共用去三十四万国币，外表及全部主干建筑物，均采西方式样，至于内部一切，统用北平故宫典型，集中西建筑精华，融成一炉，……大厦之设计，系取“飞机式”题材，……踏进大厦南方正门，四层高楼内部饰以仿故宫式之粉刷及装置，随现眼前：

最底层（甲）为总理务司各科办事室驻在地，举凡电报、人事、文书、会计、记录等杂务，均集中此层办公；

（乙）二楼有部长次长接待室，会议室，秘书室，参事室，部长及次长办公厅，应由四室组成：一、私人办公室，二、秘书室，三、私人会客室，四、盥洗室；

（丙）三层楼包括欧美司、国际司、亚洲司办公厅，其中以国际司，因分五科，故占屋较多，余者因分三科，故较少；

（丁）四楼，为情报司，条约委员会，案卷处所占。

由大厦北部大门入内，则景气与前迥异，于筑物之后部，有广大停车场，此地毫无工作人员忙碌情况，及办公室可见，走向外部大厦后面，有一传达室，及数电话间，顺一铺有北平地毯之扶梯，可直达豪华显焕之跳舞厅，及庄严静肃之会客厅。此项筑物，完全在办公室干部之外，纯属备作部长招待高宾显爵、皇家贵客、外交界权威人物之用。凡外交上宴会、跳舞、招待，均于此厅举行，厅内饰有北平挂灯、灯笼、地毯，四壁悬有孙总理、林主席、蒋委员长、汪行政院长（代理外长）之玉照。

此项筑物之南对方，有外部图书馆一座，预备储藏收集关于外交及国际方面之书籍杂志等，以便参考借阅。此外更将辟一园苑，于主要办公干部室之前，既壮观瞻，又便停留车辆，室内一切装饰品家具，莫不采用一律棕色，亲以外表棕色砖瓦砌成，非常醒心悦目，富有美术观点，富丽堂皇，华美高贵，从此国府将兴筑之各部院办公地点式样，当以此为嚆矢，……

民国二十四年（1935）8月出版的《中国建筑》第3卷第3期刊载了《首都国民政府外交部办公大楼暨官舍》一文（图13）：

……第二次设计对方向又详加研究，因中山路偏南北向，若新屋正面朝西，冬夏两季均不相宜。始决定大楼正面朝鼓楼，在基地之中部辟大圆路，东西辟两门，使往来车马可以东西贯通。

房屋计划大致以南部大门为办公之用，北部大门为迎宾之用，办公部分有地屋一层，为储藏之用。第一层为总务司。第二层为部次长室合议参事秘书各厅。三层南部为欧美国际两司，北部为亚洲司。四层北部为情报司，南部为档案条约委员会等室。

部长官舍适在办公大楼之南，内设大厅餐厅书房，二层设房间四五间，为部长官邸或招待外宾均可合用。外交部全部工程之建筑费用略如下：

……办公大楼 395 938.92 元……路工、门房、仆役室、汽车间、车棚、花房、围墙等附属工程 81 073.53 元……官舍 43 776.42 元……总计：520 788.87 元。

由媒体资料可见，落成后的外交部大楼，无论从结构还是外部形式上看，均符合西方现代建筑特点，内部装修则秉承中国固有风格。平面呈“飞机型”，较为别致，也合于前办公、后迎宾的功能空间需求。大楼分两个主入口，南部用于办公，北部用于迎宾。高四层兼具地下一层，每层功能排布合理。大楼与周围环境结合良好，停车、景观、流线等考虑全面。防火、隔音、采光、通风问题安排解决。整体风格庄重宏伟。作为 1933 年首都大建筑计划之开端，被誉为日后政要建筑设计的典范之作。费用总计约 52 万，在预算经费之内。

图 18 南京原外交部大楼落成时照片（摄于 1935 年）
图片来源：《中国建筑》，1935 年第 3 卷第 3 期

虽然当时的媒体，介于官方颜面之故，基本未提及“基泰”曾参与外交部大楼方案设计的事实，但从图纸资料来看，“华盖”

后来在很大程度上继承了“基泰”的方案（并未有定论，笔者根据现有资料所作的揣测）。而作为“基泰”图房负责人的杨廷宝，从业以来一直坚持采用中西合璧的设计方式。而作为“华盖”图房负责人的童寯则一向对盲目追求大屋顶的传统形式持鄙夷之态，认为“将瓦顶安在一座根据现代功能布置平面的房屋头上，就犯了一个时代性的错误”[17]。因此“华盖”后来所承接的项目基本上都是西方现代建筑简洁的体块形式。最终竣工的外交部大楼（图18）虽然在童寯的主导下是立面三段式的简洁体量，但碍于当时官方政策需求，外墙面还是贴上了很多中式元素的装饰，而这让童寯心中很不满意[18]。“基泰”与“华盖”在设计风格上的迥异，也体现出了杨廷宝和童寯在设计思想上的差异。杨老的工作室中遗留了两份外交部大楼的方案图纸（现存于东南大学档案馆），可以通过对这两套方案的比较和演化来讨论杨老当时设计的心路历程。而通过对比两家设计单位的最终方案，也可以看出民国时期杨廷宝和童寯在设计理论上的不同见解以及官方政策和经济因素对于当时建筑设计领域的影响程度（图19）。

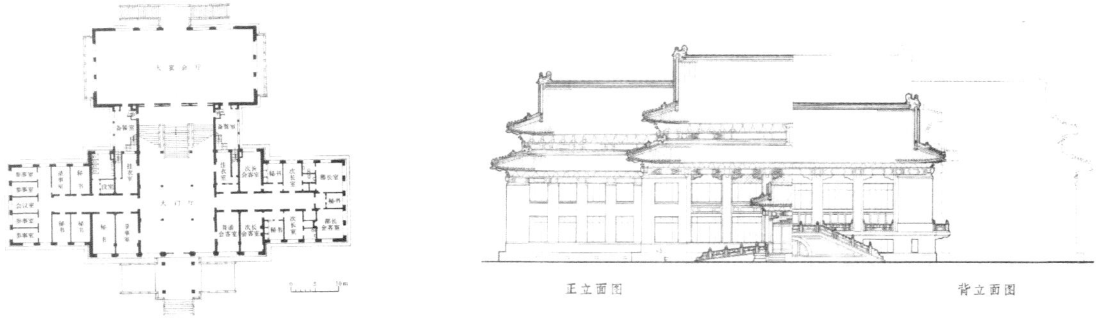

基泰工程司方案一层平面及前后立面

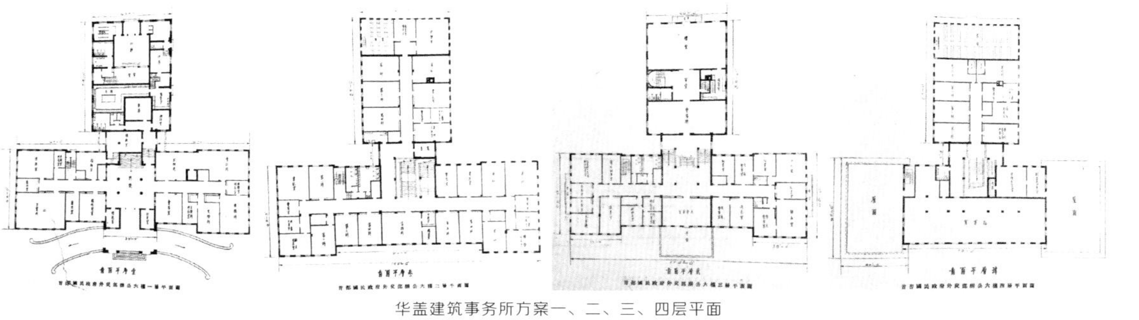

华盖建筑事务所方案一、二、三、四层平面

图 19 基泰工程司方案一层平面及前后立面 & 华盖建筑事务所方案一、二、三、四层平面

图片来源：（上）南京工学院建筑研究所编 . 杨廷宝建筑设计作品集 [M]. 北京：中国建筑工业出版社，1983：64，66；（下）《中国建筑》，1935 年第 3 卷第 3 期

17 摘自：方拥 . 建筑师童寯 [J]. 华中建筑，1987（2）.

18 参见：刘致平 . 纪念朱启钤、梁思成、刘敦桢三位先师 [J]. 华中建筑，1992，10（1）：1-3.

三、结语

时至20世纪初期，在整个旧中国半封建半殖民地的社会大背景下，外族入侵所导致的“狭隘民族主义情绪”并没能引起建筑界“根本的改变”[19]。直至20年代末30年代初，国民政府的政策鼓励、中国建筑师的民族使命感，以及民众对于建筑物人文归属感的追求和自身中式审美旨趣的偏好，逐渐拉开了探索中国传统形式与现代建筑功能结合的新民族主义建筑的帷幕。近代中国建筑界的文化推动力从被动适应式逐渐走向主动引领式，这其中包括了个人志趣及社会志趣。在一批批中国建筑师和结构工程师的实践过程中，关于民族性与现代性融合的探索达到了高潮。

中山陵设计上的成功正是这场建筑实践浪潮中的启明星。与其说中山陵的设计中融合了中国传统形式和西方现代结构，不如说吕彦直以早期现代主义建筑的设计思维，根据需求重新组合了中西方古典主义建筑的元素，从这种融会贯通中发展出了中国传统建筑“纪念性”的新形式，为20世纪20年代中国建筑的发展提供了一条新的思路。

南京原外交部办公大楼及官舍方案的设计虽只实现了华盖建筑事务所的方案，但从“基泰”和“华盖”方案的比较分析中也可以看出，20世纪30年代的中国建筑界已经开始意识到之前那种不充分的民族主义风格中，中式要素与现代建筑内容之间的矛盾，好比混合在一起的油水，始终混沌相隔。正如童寯所言：“中国是一个贫弱的国家，其公共建筑，在不铺张粉饰的原则下，只要经济耐久，合理适用，则其贡献，已较任何富含国粹的雕刻装潢更有意义。”[20]而“华盖”最终的外交部方案正是对于“民族性”和“现代性”结合方式的全新探索和勇敢尝试。近代中国建筑业的发展就在这条相互平衡、相互渗透、相互融合的道路上不断地向前迈进。这种真正意义上的中西合璧设计手法在近代中国的历史上写下了浓墨重彩的一笔。

中国近代建筑师探索的道路是崎岖的，他们忍受着不同程度上的压抑。无论是从社会大背景来看，还是具体到每一次建筑界的思潮，官方政策因素和经济因素的影响无疑是巨大的。建筑师个人意志的张扬正如滔天巨浪中的一叶扁舟，沉浮不定。民族性的探索，现代性的追求，正是当时中国近代社会、政治、历史、经济条件所共同决定的方向。我们不能妄自菲薄这段历史对于当

19　摘自：赵国文. 中国近代建筑史论[J]. 建筑师，1987（28）：72-86.
20　摘自：方拥. 建筑师童寯[J]. 华中建筑，1987（2）.

今中国建筑发展所作出的贡献，同时也不能不认清楚这段历史所遗留下来的局限。

参考文献：

[1] 赖德霖．近代哲匠录[M]．北京：中国水利水电出版社，2006.

[2] 刘先觉，张复和，村松伸，等．中国近代建筑总览·南京篇[M]．北京：中国建筑工业出版社，1992.

[3] 卢海鸣，杨新华．南京民国建筑[M]．南京：南京大学出版社，2001.

[4] 赖德霖．中国近代建筑史研究[M]．北京：清华大学出版社，2007.

[5] 赵辰，伍江．中国近代建筑学术思想研究[M]．北京：中国建筑工业出版社，2003.

[6] 建筑文化考察组．中山纪念建筑[M]．天津：天津大学出版社，2009.

[7] 南京工学院建筑研究所．杨廷宝建筑设计作品集[M]．北京：中国建筑工业出版社，1983.

[8] 朱振通．关于"基泰"南京外交宾馆方案初始图的探究[J]．华中建筑，2005, 23(5)：166-170.

[9] 刘致平．纪念朱启钤、梁思成、刘敦桢三位先师：有感于中国传统建筑文化之发掘、深入研究，继承、发扬和不断创新[J]．华中建筑，1992,10(1)：1-3.

[10] 方拥．建筑师童寯[J]．华中建筑，1987(2).

[11] 张复合.20世纪初在京活动的外国建筑师及其作品[C]//中国建筑史论文集（第12辑）．北京：清华大学出版社，2000.

[12] 侯幼彬．文化碰撞与"中西建筑交融"[J]．华中建筑，1988(3)：6-9.

[13] 周琦，庄凯强，季秋．中国近代建筑师和建筑思想研究刍议[J]．建筑师，2008(4)：102-107.

[14] 赖德霖．从宏观的叙述到个案的追问：近15年中国近代建筑史研究评述[J]．建筑学报，2002(6)：59-61.

[15] 李海清．历史的误会：南京原外交部办公处建筑设计引发的思考[C]//中国建筑史论文集（第14辑）．北京：清华大学出版社，2001.

[16] 刘源．试析近代建筑杂志的历史功能[J]．南方建筑，2012(2)：37-43.

[17] 杨秉德．关于中国近代建筑史时期民族形式建筑探索历程的整体研究[J]．新建筑，2005(1)：48-51.

[18] 蒋雅君．现代性与中国建筑文艺复兴：以南京中山陵为例[C]//全球视野下的中国建筑遗产：第四届中国建筑史学国际研讨会论文集（《营造》第四辑）．上海：同济大学，2007：118-138.

[19] 路中康．民国时期建筑师群体研究[D]．武汉：华中师范大学，2009.

[20] 赵国文．中国近代建筑史论[J]．建筑师，1987（28）：72-86.

近代南京中山大道的意义

陈薇

如果我们将南京定位在地图上，就会发现上面有两条线意味深长。

一条是秦淮河，另一条是中山大道。秦淮自古多情水，浆声花影，灯红酒绿。这条城南的繁华水道，在古代和城北的玄武湖之间，形成自六朝至元代南京城的血脉。而明代开国皇帝朱元璋建立的南京宫殿主轴线，则依龙脉钟山自北而南直抵城南秦淮水。这两条南与秦淮水相汇的南北主线及它们延伸而繁衍的地方，演绎出多少如李后主“一江春水向东流”、孔尚任《桃花扇》、曹雪芹《红楼梦》一般的历史故事。而中山大道则应孙中山“奉安大典”而生，起点是城西江边，终点是城东钟山，构成近代乃至现代南京的骨骼。有人说它是上海的南京路、北京的长安街，但不同的是，它并非人潮如流、车水马龙的驰道，而是悬铃如盖、浓荫蔽日的绿色长廊（图1）。

图 1　绿色的中山大道

图片来源：邢定康，龚威健．中国南京[M]．北京：中国旅游出版社，1995：118.

一、由西而东，串起金陵帝王气

南京是十朝古都，不过正式称为“南京”，是明朝时候的事情。南京在历史上，有金陵、秣陵、建业、建康、江宁、集庆等名称。金陵是南京最早的名字，春秋末，卧薪尝胆的越王勾践灭吴，将曾经属于吴国的南京划为越国属地，60 年后楚又灭越，给南京起名叫金陵。秦始皇统一中国，金陵被改名为秣陵县。直到公元 229 年，孙权在秣陵建业称帝，后来人称的金陵帝王气才从此真正开始在南京升起。

但为什么人们喜好说金陵王气或帝王气呢？《金陵图经》上说：“昔楚威王见此有王气，埋金以镇之，故曰金陵。”又传说秦始皇南巡时，忧心忡忡的事就是南京的王气，因此开秦淮河以泄。气是乘风则散、界水则止的。但就如同气、水同源一样，南京还有更大的水作为天然屏障以生王气，这就是长江。

孙权称帝前，于建安十六年（211）即移治秣陵的次年，在金陵邑基础上修著名的石头城，就建在江边、现在南京的西侧。“石头巉岩如虎踞，凌波欲过沧江去。”[1] 石头城倚山为城，以江为池，

1 ［唐］李白《金陵歌送别范宣》：
石头巉岩如虎踞，凌波欲过沧江去。钟山龙盘走势来，秀色横分历阳树。
四十馀帝三百秋，功名事迹随东流。白马小儿谁家子，泰清之岁来关囚。
金陵昔时何壮哉，席卷英豪天下来。冠盖散为烟雾尽，金舆玉座成寒灰。
扣剑悲吟空咄嗟，梁陈白骨乱如麻。天子龙沉景阳井，谁歌玉树后庭花。
此地伤心不能道，目下离离长春草。送尔长江万里心，他年来访南山老。

控江临淮，形势险要。东吴的水军很厉害，后来赤壁之战大败曹操，靠的就是水军，石头城还是当年的水军基地。

六朝都城选址东移，位于覆舟山、鸡笼山之南，“东环平冈以为安，西城石头以为重，后带玄武以为险，前拥秦淮以为阻”[2]。出城正南门，有一条长 5 里的御道直达秦淮河边。六朝建康在现在南京的中心，富庶繁华，金粉奢侈，最终把个金陵王气消解得如烟似水。隋朝大军席卷南京时，南京已不堪一击，但隋文帝仍怕金陵王气兴风作浪，下令把宫殿和城邑统统毁掉，改作耕地。唐宋元南京兴盛不再，只有连绵的怀古之情。中间有个南唐，改金陵府为江宁府，建都城和宫城，相对六朝位置南移、都城范围扩大，但王气不足，到中主李璟时，国力已弱，后主则成亡国之君，“做个词人真绝代，可怜薄命作君王”。

直到明初，金陵王气才再度提升。朱明皇朝的建立，使南京第一次成为拥有全国版图的大一统封建帝国的都城，但宫城选址煞费苦心。最终由刘基卜地，建于钟山西趾之阳，坐北向南，填湖造宫，也再次使南京中心东移（图 2）。也许是宫城位置过偏，明洪武十五年（1382），在不规则的南京几何中心稍偏西北处建了鼓楼（又叫钟鼓楼），为明时京城报时之所。它后来成为中山大道最重要的转折处。

中山大道的修建，是 500 余年以后的事情。其间，南京又曾作为太平天国首都天京、中华民国国都南京府。1912 年元旦，风尘仆仆由海外归来的孙中山，从上海到达南京，担任中国第一个比较完备的资产阶级政权南京临时政府的总统，施政民主主义，但同年 4 月便被迫让位。孙先生敬仰明太祖，誓言推翻清朝政府，1912 年 3 月 10 日，他与其同僚在钟山打猎，提出“百年之后，愿向国民乞此一抔土以安躯壳”。13 年后，孙中山在北京弥留之际，犹拳拳以归葬钟山为嘱。以后 4 年，建墓时间甚长，修路则很快。1929 年 6 月 1 日，将孙中山灵梓从北京迎回南京，经过的大道乃中山大道。从南京西北角的江边码头开始，一道大斜线修到鼓楼曰中山北路，南折至新街口曰中山路，再东抵中山门曰中山东路，最后经陵园大道直抵钟山中山陵（图 3）。后来以鼓楼为中心向南、向北延伸，还形成了近代南京的子午线。

令人难以相信的是，由西向东、穿越南京城的 12 千米长的中山大道，建设仅用了 9 个月的时间，但在很大程度上为成就一个新南京奠定了重要的基础。比照此条道路和明代南京道路结构及 1894 年张之洞修建马路的关系，就会发现，中山大道是有基础

2 [明]陈沂．金陵古今图考 影印版[M]．南京：南京出版社，2017．

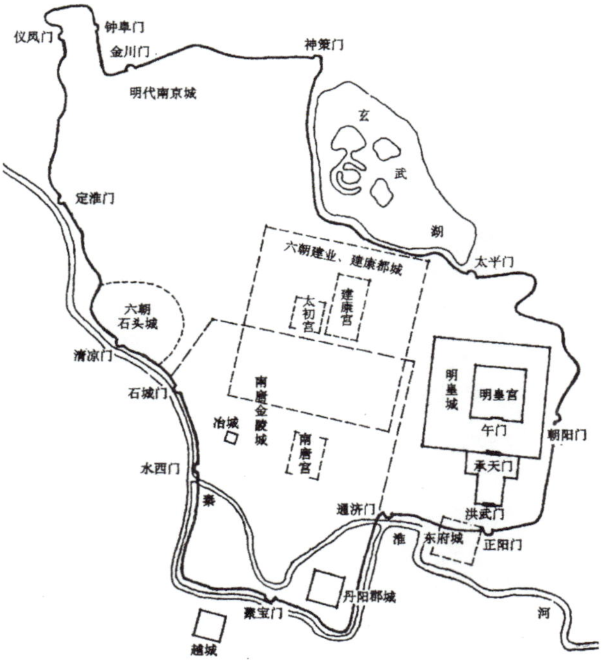

图 2　古代南京都城关系图

图片来源：潘谷西．中国古代建筑史 · 第 4 卷：元明建筑 [M]. 北京：中国建筑工业出版社，2001：103.

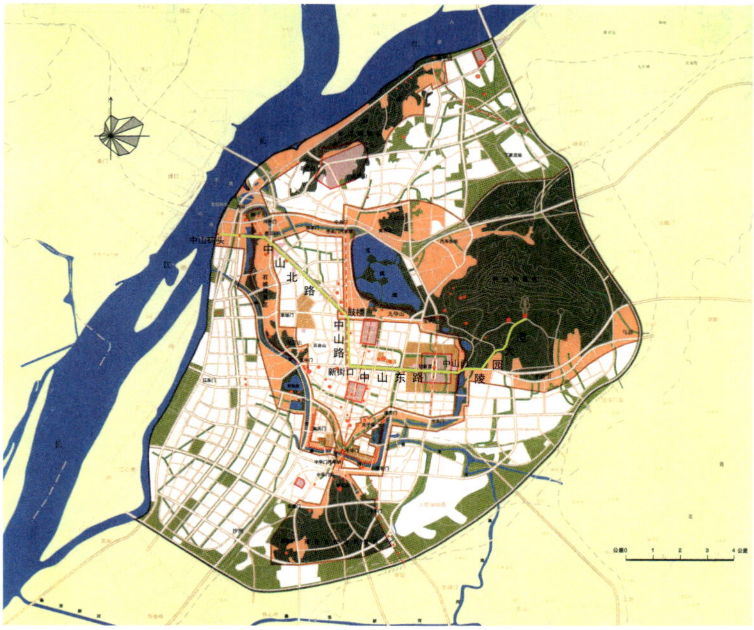

图 3　中山大道与南京各主要轴线关系图（图中偏东的南北轴线为明代宫殿主轴线，城中一条轴线为六朝至元代的城市轴线，自鼓楼向南、北延伸的轴线系近代形成的子午线）

图片来源：据南京市规划局《南京市城市总体规划》图 19 改绘

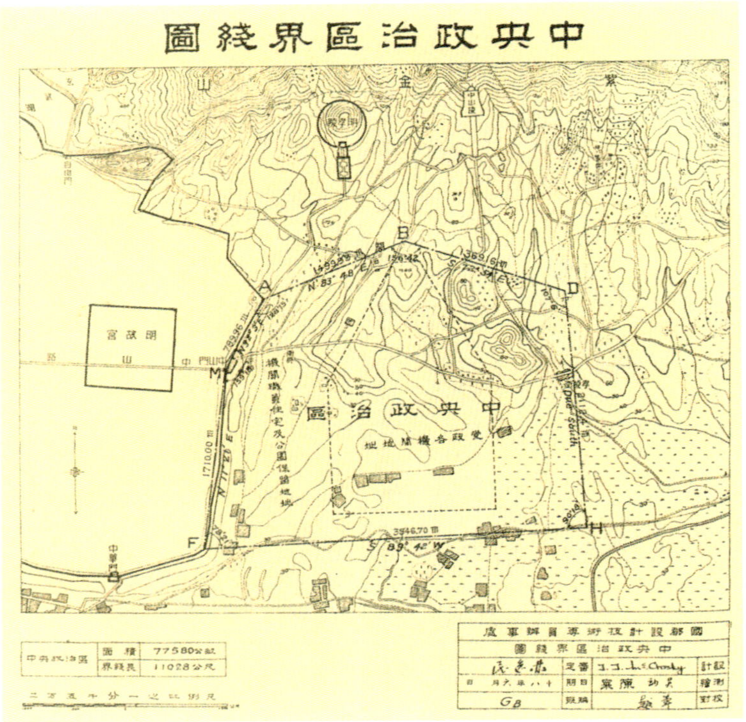

图 4 《首都计划》中的中央政治区位置

图片来源：[民国] 国都设计技术专员办事处．首都计划 [Z]，1929：12.

的，9 个月能完成，应该是拓宽、整治、加建之共同所为。同时，1928 至 1929 年制定的《首都计划》中，中央政治区在钟山南麓、以明孝陵和中山陵之间的小红山为最高点和中心点进行设置，南京再次欲向东发展，以继续孙中山之“帝”气（图 4）。当时，国民党又得天下，无疑“奉安大典”是一契机。后来，虽然由于蒋介石和孙科政治芥蒂之故和政治局势变化，《首都计划》只有部分实现，但中山大道的开辟不仅带动了城北和城西的发展，而且将金陵的帝王气进行了一次串联。它真正的意义在于，南京古代历史上在不同时期发展而成的中心区，因为中山大道，进行了新的整合，从而带动了近代及以后现代南京的全面和相对平衡的发展。

二、从容建设，近代建筑堂堂正正

就像许多城市有“上只角”和“下只角”的区分一样，南京有城北和城南在人们心目中定位的不同。但应该说这个界线，在真正南京人的意识里，并无绝对的高下优劣之分。城南因为积淀深厚，故有老城南的说法，悠久的外秦淮河依傍城墙南门中华门（明代曰聚宝门），门内秦淮河东有夫子庙、瞻园，西有愚园，聚宝门外历史上有奇观大报恩寺、塔等等。而城北，由于近代的城市发展，特别是中山大道开辟后建造了许多重要建筑，一直是政府机构、大专院校的主要所在地，也就更多了些官气和文气；城北人耳濡目染，进进出出的是大院，自然也就有份优越感。

说起来，南京的近代建筑确实有骄人的成就，而且《首都计划》中得以实现的较大工程主要是沿中山大道的。如中山北路上有国民政府最高法院、铁道部、交通部、外交部、粮食部、海军总司令部；中山路上有司法部、中国国货银行；中山东路上有中央医院、财政部、中央博物院、国民党中央党史史料陈列馆、国民党监察委员会等等。实际上，蒋介石于1929年用“陆海空军总司令部用笺”手谕将中央政治区位于钟山南麓的规划改在了中山门内明故宫一带（图5）。这样一来，中山大道成了名副其实的南京大型近代建筑的展示场所。

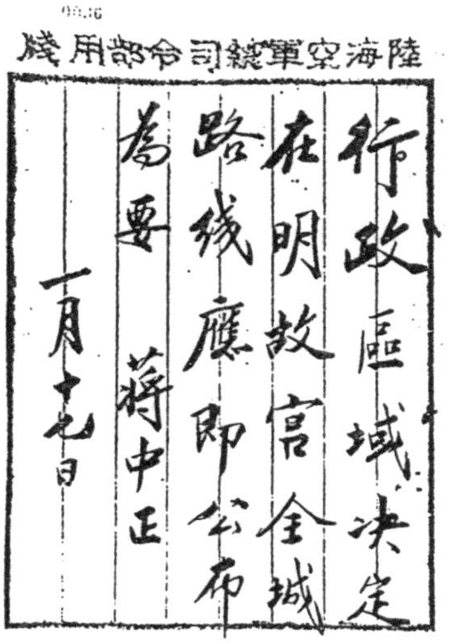

陸海空軍總司令部用箋

行政區域決定在明故宮全城路線應即公布為要

蔣中正

一月十七日

图5　蒋介石手稿原文
图片来源：《中央政治区域及划定路线》，台湾地区所藏档案，档号0511.20/5050-01，第17页

图6　中山大道上的近代建筑（上：铁道部办公楼；下：交通部办公楼）
图片来源：南京市文物局杨新华等提供

如果要概括南京近代建筑整体风貌的话，也许用从从容容、堂堂正正来形容最为合适（图6）。

首先，它是有规划的。1927年国民政府定都南京后，于1928年1月便专门成立了“首都建设委员会”，由其下属“国都设计技术专员办事处”负责制定《首都计划》，1929年便公布和实施。这是我国较早的一次系统城市规划，内容涉及人口预测、功能分区、交通计划、市政工程、城市管理等。有了这个规划，南京的道路在当时是中国最先进的，而且超前。由于修路，国民党政府部门也纷纷抢占中山大道一线地皮，导致沿线大型建筑的分布，并形成代表国都特色的堂堂堂正正的建筑风貌的基调。

其次，当时国都的大型建筑建设非草草急就而成，有不少是通过竞标又经过精心设计和施工建成的。这种从容，就确立了南京不少近代建筑能够流芳后世的地位。最著名的是中山陵，虽说修筑时南京是北洋军阀的天下，进展缓慢，但后来国民政府定都南京后，为中山陵的顺利完工提供了许多方便，加之设计者呕心沥血地投入，甚至献出生命，终使它成为中国建筑史上的精品之作。再比如南京原国民政府外交部办公处工程，是经过“基泰”与“华盖”两家设计机构竞争后选出的方案，“华盖”胜出后，建筑师还承担监工的角色，其详细与周密使工程在监督下圆满完成，外交部大楼也从此成为近代“中国建筑艺术复兴”的建筑代表作之一。

再次，南京近代建筑是建造在一个有底气和兼容的城市土壤上的。南京从来就是交织而纷呈的水晶球，比如说，在地理区位上，它介于南北之间；在文化品位上，既是自然的又是人文的；在历史遗存上，六朝金粉和明朝霸气难分伯仲……这样的一个城市，在长河中流淌，就有了平和的、从容的、不紧不慢的节奏，这种历史的状态，也孕育了南京近代建筑的多元、厚实和灵性。

多少年来，不止一个人，包括我自己，总是对南京的王气有所怀疑。晚唐诗人杜牧在著名的《赤壁》中曰“东风不与周郎便，铜雀春深锁二乔”，便强调东吴王朝的保住，哪是钟山有龙盘，是远离南京的及时东风呀。南京还是盛产“后主”的历史城市，而且作为都城均好景不长。可不是，近代国都这一回，规划得轰轰烈烈，建设得有条不紊，装点得堂堂正正，但10年之后日本军兵临城下，蒋介石匆匆离开南京，随后是骇人听闻的南京大屠杀。就像成也萧何、败也萧何一样，生在南京的我，渐渐体会到“山水”是南京在历史上有金陵王气或亡国之音的渊薮。山水之好，便有坚守之固和生活之需，但也就出了艳绝风尘和供消磨的宫娥，李后主被掳后，感叹“四十年来家国，三千里地山河”，仍不忘“垂泪对宫娥”的情景。对于一个从容建设的都城来说，10年实在太短，但在规划中和建设中所带有的一种对理想主义的追求和关于自然的浪漫，仍是南京独特的情味。

三、栽树植木，“建设艺术化之新南京”

再说当年中山大道修建的同时，便从上海法租界购买数千株悬铃木（俗称法国梧桐）来抢种，1929年孙中山移灵之际，中山大道沿途已隔距满植。当时的中山大道比号称世界第一长街的纽约第五大街还长，加上这统一的树苗，是颇为壮观的。前人栽树，后人乘凉。几十年后，这些树苗在南京水土的滋润下，已成华盖之木，加上南京园工精心的修剪，树木伸展而成绿廊。炎夏酷暑，它却遮天蔽日，南京人最喜欢在这长廊里优哉游哉地骑车。绿色的南京，在新中国成立后一度是南京人最大的骄傲，这不得不归功于近代建设中山大道时的浪漫畅想以及对南京风土的深刻理解。

左思在《吴都赋》中对建业城的御道有这样一段描写：“朱阙双立，驰道如砥，树以青槐，亘以绿水。玄荫眈眈，清流亹亹。列寺七里，侠栋阳路。屯营栉比，解署棋布。”明代南京则是巧用地形的典范，不但宫城依山就势，而且城郭西北“据山带江”、东南“阻山控野”，完全呈自然形态。可以想见，近代在做《首都计划》时，对南京的山川形势和固有特点是有一定认识的。值得一提的是，规划中专门有“林荫大道系统图”，除城市干线沿途植树以形成绿色通道外，还规划秦淮河沿岸为“林荫道”、古城墙为“风景路”。虽然后两者没有实现，但对于规划中所致力于的“建设艺术化之新南京”，无论在当时，还是在今天，我们都可以从中体味到对自然与艺术、自然与人工、自然与人文关系的一种追求。

在南京近代建筑的实践中，结合自然、因地制宜、巧于因借的佳例是中山大道东端的中山陵和音乐台。

中山陵选址于钟山第二峰小茅山南麓，冈峦前列，屏障后峙，左邻孝陵，右毗灵谷，气象雄伟。首奖方案是才华横溢后来却英年早逝的吕彦直先生设计的。他根据地形，将类似钟一样的“铎”形总平面依山就势放置。“铎”是中国古代宣布政教法令用的器物，能发出响亮的声音，他以此图案示“使天下皆达道”之义。整个建筑融合中国民族传统形式，兼具西方之台地设计要义，辅以雪松列植，庄严肃穆，大气壮观（图7）。位于建筑群端点的祭堂和墓室，简洁朴素，但此处无声胜有声，多少年来无数仁人将士在此拜谒，而迈步经过台阶之时，仿佛整个山麓都回荡着人们对孙中山先生澎湃的崇敬。

图 7 鸟瞰中山陵
图片来源：邢定康，龚威健．中国南京 [M]. 北京：中国旅游出版社，1995：56.

图 8 音乐台
图片来源：陈薇 拍摄

在中山陵前偏东南，是 1932 年至 1933 年建造的音乐台，由杨廷宝先生设计。有意思的是，同样建于山地，这里却将主体音乐台放在小山谷的最低端，沿天然坡地铺植草坪，观众可席地而坐，山地高处建半圆形紫藤廊架。音乐台前凿半圆形睡莲池，台后有弧形回音壁，每当音乐奏起，水和壁便产生回响，在山谷内清澈地荡漾，袅袅不绝于耳。艺术化的南京由此也可见一斑（图 8）。

中山大道上的建筑，丰富如中国近代建筑的缩影。

中山大道，将南京城市历史中自然与人工融为一体的特色发挥得淋漓尽致。

中山大道，是今天南京的黄金脉络，也是一条历史的走廊。

解读它，我们理解历史是开创，是延续，是交错。还有，从三国时的“宁饮建业水，不食武昌鱼”，到盛唐李白的“三山半落青天外，二水中分白鹭洲”；从晚唐韦庄的“无情最是台城柳，依旧烟笼十里堤”，到南宋文天祥的“山河风景元无异，城郭人民半已非”；从孙中山的“革命尚未成功，同志仍须努力”，到毛泽东的“钟山风雨起苍黄，百万雄师过大江”：诗文中的情怀和场景、事件和人物，有了中山大道，我们就通晓和明白了许多。

“围”与“穿”
—— 南京明城墙保护与相关城市交通发展的探讨

陈薇　杨俊

南京明城墙是 1988 年 1 月由国务院公布的第三批全国重点文物保护单位，属于古建筑及历史纪念建筑物，包括城墙和外郭（郭墙）。城墙总长 35.267 千米，目前保存较完好的有 25.091 千米，遗迹（地面有 5 米以下高度）、遗址（地面无城墙）共 10.176 千米。外郭总长 60 千米，目前走势尚存有 43 千米。明代南京城墙围合范围乃南京老城，或称主城，外郭涵括范围则基本和现南京城区相吻合，这在全国历史文化名城中尤其在历史古都中实属难得。它一方面说明南京明城墙有着保护的良好前提和平台，另一方面又蕴含着保护的复杂性。因为南京既是历史古都，又是江苏省会，现代生活的内容和速度必然带来城内交通与城外交通的关联，因此南京明城墙的“围”与交通的“穿”所构成的矛盾，就成为影响城墙历史信息完整性传承和真实性表达的突出问题。而历史上关于“穿”与“围”所遗留的问题，及由于观念认识的差异和缺憾带来的目前保护问题的纠结，则更加难解。其突出的问题就是为“穿”而在“围”的城墙上进行“门”（门洞、门道、通道）的设立。本文希冀以南京城墙与交通发展的历史演变为背景、以当今问题为研究对象、以与此相关的保护宪章为切入点进行探讨，旨在促进以南京为代表的古代城墙保护与城市交通的协调发展。

一、新中国成立前南京城墙的“围”与“穿”（图 1）

1. 明初蜿蜒城墙上开拓十三门，为呼应交通

明初朱元璋在南京定都后，经过一段发展后诏谕国策：“生齿日繁，守备日固，田野日辟，商贾日通。”[1] 即既要加强防守，又要广通贸易。因此，一方面在城墙建设上，于历代基础上增建、加高原有城墙，并新建城墙，形成不规则的蜿蜒城墙；另一方面，配合都城建设，辟建 48 条街道，改建城门以及增设瓮城共计 13 处。建成了以南京为中心对外辐射的全国驿道网，纵横条陈、坦平宽阔，开辟了新的历史篇章 [2]。通过城门，市内大街也与向外辐射的主要大道相连。由于南京明代城门选址讲究，于通达难守处则设坚固的瓮城多重，如聚宝门和通济门 1[3]，从而较好地实现了坚固城防与便利交通并举的策略。

1 “聚宝门，建有内瓮城三座，设有瓮洞（今人称藏兵洞）二十七个，门垣共四道。”通济门“建有内瓮城三座，内设瓮洞若干，门垣共四道”。

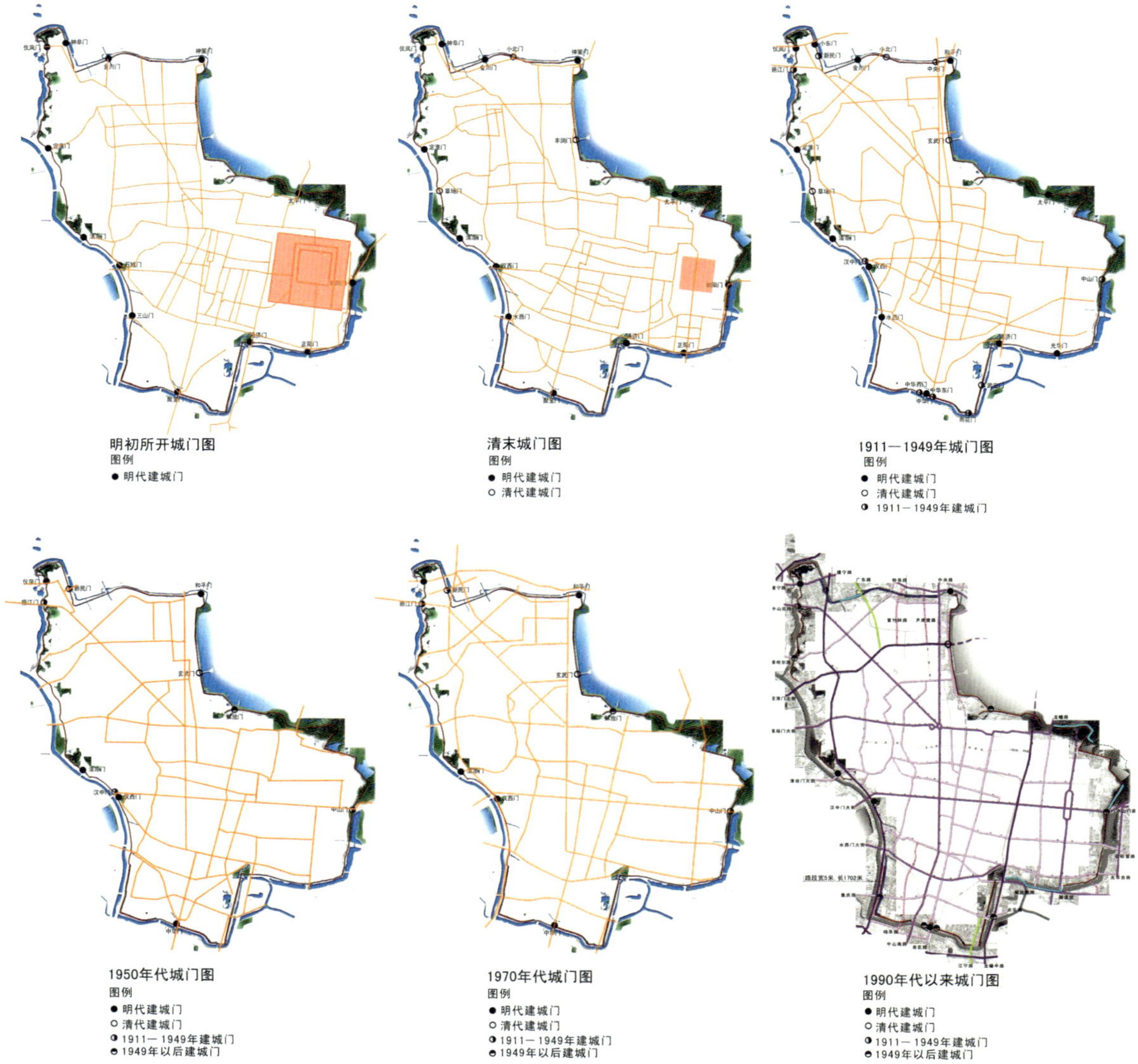

图 1　各时期南京城墙城门增减与道路关系示意图

2. 明末清初闭门封路仅存八门，是权宜之计

明代的十三门到清代有一定的变化，除了明末先后封闭的仪凤、钟阜和金川三座城门外，清初神策门、清凉门亦闭，为八门。顺治十六年（1659）复开仪凤、神策两门，但由于正阳与朝阳两座城门为清代驻城通道，一般百姓不得出入，故实为八门供居民进出。这种封闭了大致由西而北的城门的考虑，一方面由于明成祖迁都北京后南京对外城市交通需求减少，尤其北边地极僻静、

人迹罕至 2 [3-4]；另一方面则完全出于防御的需要，西侧临江，北边荒凉，难以把守。

3. 清末至民国初城门增至十二，欲引路入城

1895 年，两江总督张之洞开筑贯通南京城区南北的主干道“江宁马路”。1909 年，开通贯穿全城的“宁省铁路”，复开金川门，引铁路入城，这标志着南京近代交通的开始 [3]，也开创了明以来南京城墙与城市交通的新节点。此时城墙上先后开筑的草场门、海陵门、丰润门等也都与城防无关，主要满足城市交通发展的需求。尽管在 20 世纪的抗日战争和解放战争中，城墙重新肩负起保城卫国的功能，但是，总体来说，新中国成立前南京城墙防御功能正在逐步退化，“围”与“穿”的矛盾开始。

二、新中国成立后南京城墙的“围”与“穿”

1.1950 年代中期对南京城墙有计划拆除

1949 年在战火下幸存的南京城墙已破败不堪，1950 年代中期进行有计划拆除。一是 1954 年，受到当时经济条件等方面的限制，在城墙年久失修、多处地段出现坍塌险情，同时基建急需用砖的情况下，南京市政府开始有计划地拆除城墙；二是 1958 年，全国“大跃进”掀起“拆城大潮”，南京多处城门被拆除。这样南京城墙的围合界面多处被打破，“穿”的问题解决，但城墙保护岌岌可危。

2.1960—1970 年代对南京城墙行掏墙防空

20 世纪 60—70 年代中期，南京城墙多处因防空需要被掏作防空洞，如现中山门以北地段等仍存在防空洞及高处城墙上开设的透气风口。防空洞由于建造时也采用了现代建筑结构加固，目前没有发现因防空洞带来城墙坍塌问题，但客观上由于防空洞的建造，改变了城墙原有的结构方式，特别是包山墙段的城墙下部山体的构造方式改变了，形成隐患。而且当时为了方便行走，也在城墙上开了一些小门进行穿越。

3. 改革开放后破墙开路发展，成增长趋势

虽然 20 世纪 70 年代末南京城墙已注重考古发掘和保护，

2　“鸡鸣寺之阴，近台城一带，有胥家大塘，蓄水冬夏不涸，环塘有田近百亩……地极僻静，人迹罕至。”
“查神策门口，大路仅宽三尺有奇，街之西即系低洼处。由神策门而西为钟阜、金川诸门，久经闭塞，城外沿城一带都是荒地……”

1982 年 7 月 5 日经南京市人大常委会第十次会议审议通过，同年 7 月 29 日南京市人民政府公布施行《南京市文物古迹保护管理办法》，其中“第十三条”为南京明城墙制定；1982 年 7 月 16 日公布施行《南京市人民政府关于保护城墙的通告》；1982 年 8 月 2 日公布施行《南京市人民政府关于保护城墙的通知》。但由于城市快速发展，破墙开洞已成增长趋势（图 2）。这其中，有 1990 年新开的集庆通道，由东南大学潘谷西教授谨慎设计，坚持后开的通道不叫门，形式上也明确区分古今的差异，确保了城市交通与城墙保护的协调；也有 21 世纪以来诸如察哈尔路西延、紫竹林路、芦席营路、鸣羊街实施或计划开墙破洞，结果于 2007 年因遭质疑而停工“深思”的实例。但总体来说，南京破墙开洞是慎重的，一些行而又止的“彷徨”，实质体现出历史城市在保护和发展中的困惑。

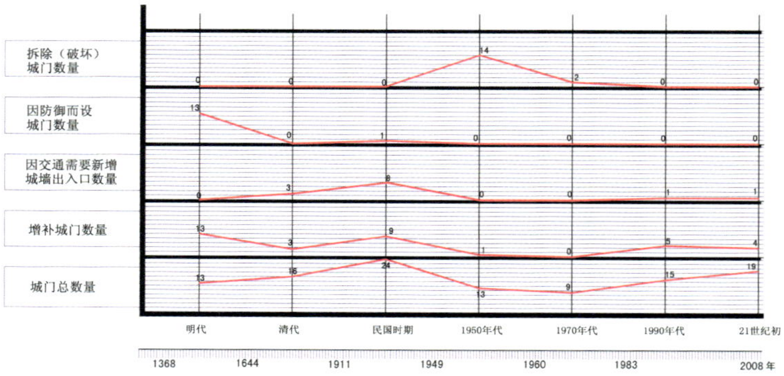

图 2　南京明城墙各时期城门（洞）变化分析

三、关于南京城墙“围”与“穿”的反思

区分南京城墙“围”与“穿”在新中国成立前后的两个大段，原因有二：

其一，两大时段的发展特征和动因存有差异，即自明代南京城墙形成基本格局后，在新中国成立前的漫长发展阶段，主要以“围”为主的城墙，是作为防御的一种主动态势存在的，“穿”为被动式；而新中国成立后则以突破式的思路为主，“穿”为进行时，“围”是被动和静态的。这既反映出历史城市在不同社会制度下发生的根本变化，也反映出城墙在新中国成立后演变为文物或遗产的特质。

其二，两大时段理解城墙的性质、态度、做法不一样。我国关于文物保护的意识和相应保护手段开始较晚，1961 年才有文物保护管理相关规定出台。新中国成立前，保护的意识更是淡薄，

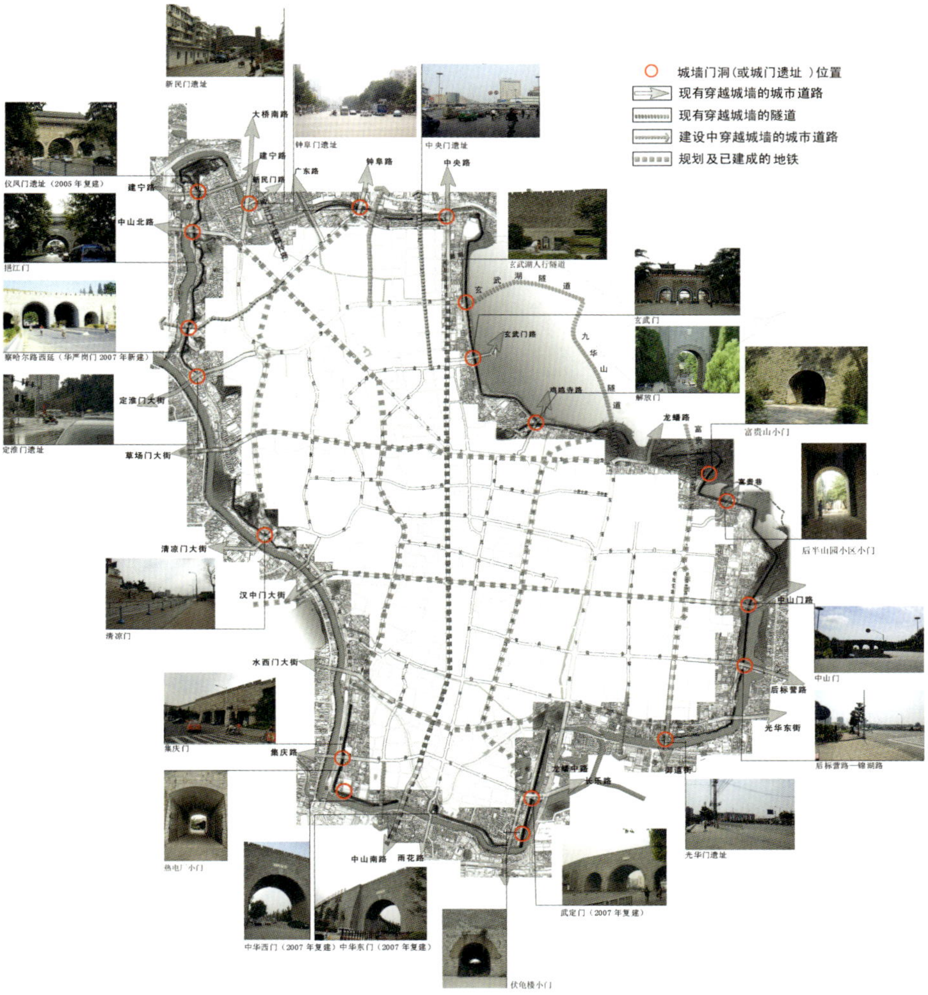

图 3　南京诸城门和道路关系一览（图中照片摄于 2017 年）

南京城墙在民国时的改变，基本上没有将它作为文物进行思考。新中国成立后，虽然受政治、经济等的影响，南京城墙保护并不力，但将它作为文物的意识已逐渐形成。特别是改革开放后，已有了相应的保护法律法规。

但是总体来说，体现在城墙上“围”与“穿”的矛盾，特别是从近 20 到 30 年城市高度发展以来形成的情形来看，还是不同领域沟通认识不同造成的，也是保护与发展在特定时期产生矛盾的必然反映。

同时，随着遗产保护意识的逐渐加强，关于和城墙相关的历史信息的完整性传承和真实性表达也日益成为保护的重点，包括

图 4　南京城门和道路作为遗产的网络等级分析图

近代的遗存、历史上穿城形成的门洞、环境等（图 3）。这些复杂性都使得我们必须将南京城墙放在城市及其发展的平台上进行探讨（表 1），同时必须将其遗产保护的属性放在首位。

四. 解决南京城墙“围”与“穿”矛盾的探讨

“2005 年的 12 月，国务院下发了《关于加强文化遗产保护的通知》，在这个通知里第一次在红头文件的题目上用了‘文化遗产’，取代了我国使用了几十年的‘文物’这个词，这个转换是具有深刻意义的。”[5] 国家文物局局长单霁翔在 2007 年 3 月 21 日的报告《文化遗产是资本而不是包袱》一文中提道，“文化遗产取代文物意味着保护范围在扩大”，进一步表明文化遗产在中国目前的重要意义和操作层面的意义。另外，围绕文化遗产，特别是近年对世界文化遗产的相关宪章和标准的理解加深，也使得在历史城市层面如何保护好遗产有了方向性的导引。结合南京城墙的“围”与“穿”的问题，我们的规划、见解及建议如下：

第一，从整体的观念入手，认识南京诸城门和相关道路的关系和价值。首先，是对南京城门和通道进行价值评估，同时由于南京明城墙 2006 年已被国家文物局评审纳入世界遗产候选名单，所以要参照世界遗产的真实性、完整性和延续性的要求开展，从而依此将城门（通道）在价值上分出等级。其次，对南京和诸城门（通道）联系的道路进行价值评估，尤其重点考察南京在都城建设时期形成的重要的、对南京格局有重要影响的道路，如中华路、御道街、中山大道（中山北路、中山路、中山东路、陵园路）等。在此基础上，形成最具重要价值的城门（包括遗址）和重要道路的相关联系。依此类推，可以得到城门和道路作为遗产的一张网络等级图（图 4），在“围”和“穿”的节点上，形成解决问题的判断基础。

第二，在这个判断基础的平台上，为解决由于城市不断发展带来的交通与城墙的“围”与“穿”的矛盾，我们基本建立这样的原则：对于重要历史道路和保护较好的城门节点形成的道路网，建议严格保护，基本不作为城市交通发展的线路——虽然其中有些道路在历史上是宽阔的主要道路；反之，今天或将来可以拓展或延伸的道路，从历史上不重要的、价值等级最低的开始选择。这种成逆反的关系也可以依此类推，即遗产价值比较低的道路以及在相应城墙节点上已不存遗迹的路线，可以作为道路发展的参考。

第三，在具体做法上，解决南京城墙和道路“围”与“穿”的关系，有几种方式值得借鉴：

1）“富贵山”平交隧道模式：富贵山是南京紫金山的龙头，也是自然山体比较靠近历史城市的部分，在明代，富贵山是明宫殿轴线出城北延的终点，形成背倚之势，也成为后来明清北京宫殿背靠镇山的形制先河，因此对富贵山的山峰和轮廓线的保护非常重要。而南京历史城市和北部区域的联系又十分必要，因此富贵山隧道形成道路和富贵山脚的平交通道模式（图 5）。由于富贵山有足够的高度，所以这种模式既解决了交通，同时不破坏原来城墙遗址的构造，也没有影响山体及轮廓线。而南京城墙的一大特点就是因地制宜而形成许多段骑山、架山的筑城方式，如果在“穿”的选择上，选择在骑山和架山的一些地段，在有足够的山体高度保证下，采用“富贵山”通道模式，便能在保护城墙——

表 1　民国以来新开道路（铁路）穿越城墙处现状评估

分类	道路		相关城门或城门遗址	评估
道路直接通过城门	城市主干道	中山北路	挹江门	城墙的历史保护与城市交通发展得到良好的结合
		中山东路 — 中山门大街	中山门	
		集庆路 — “集庆门”大街	“集庆门”（通道）	
	城市支路	玄武门路	玄武门	景观和抵达性较好，道路尺度与城门尺度相宜，一定程度上保留了城门的历史信息，同时也为城市景观增添了层次
		鸡鸣寺路	解放门	
道路跨越城墙，城门闲置一侧	清凉门大街 — 清凉门桥 — 广州路		清凉门	为历史城墙保护与城市交通协调发展提供了新方法，门成为路侧景观
道路位于城门城墙遗址之上	明代遗址	建宁路	仪凤门和钟阜门遗址	遗址的覆盖、历史信息的流失、历史可读性的断裂，都是这些道路在修建过程中带来的问题
		定淮门大街 — 模范西路	定淮门遗址	
		水西门大街 — 升州路	三山门遗址	
		龙蟠中路	通济门遗址	
		御道街	正阳门遗址	
		龙蟠路	太平门遗址	
		金川门外铁路北街	金川门遗址	
	清代遗址	草场门大街 — 北京西路	草场门遗址	城墙历史信息有一定保留，但真实性受到损害
		钟阜路	小北门遗址	
	民国以后	汉中门大街 — 汉中路	汉中门遗址	
		江宁路 — 晨光路	雨花门遗址	
		中华路 — 雨花路	中华东、西门	
		新民路	新民门遗址	
		长乐路	武定门	
		中央北路 — 中央路	中央门遗址	
道路通过缺口穿越城墙	城市主干道	后标营路 — 锦湖路 光华东街 — 紫金路 察哈尔路西延	–	城墙真实性、完整性、延续性都受到破坏
	城市支路	广东路 富贵巷	–	城墙真实性、完整性、延续性都受到破坏

不破坏基础、不涉及墙体的结构和外观——的情形下，有效解决道路的发展问题。

图 5　富贵山和今富贵山通道（摄于 2009 年）

2）隧道下穿模式：在解决穿越城墙问题时，这是一种常见的思路和模式。问题有两方面，一是要充分保证城墙基础不受影响，二是“入地”和“出地”要有足够的坡道长度，所以在选择路线时要精心、慎重，同时施工方案要充分论证，以保证城墙安全不受到影响。南京的“通济门”隧道应该属于这种类型（图 6）。只是通济门比较特殊，隧道入口选择也应更加考究。通济门在古代为交通要道，《南京都察院志》称其为“冲要”。通济门还是南京当时最大的内瓮城，为交通要道，可惜 20 世纪 50 年代被拆除，地面无存。2002 年，随着建设需求，被动考古进行过遗址勘探，发现有 1 ~ 5 层条石不等的城墙西垣基础，残长 25.8 米，以及城墙的土芯、包砖等。这些历史真实信息在后来进行通济门下穿隧道建设时，没有保留和标识出来，以至于现在世人无从知晓，甚为遗憾。但下穿式隧道对于南京历史文化名城的城墙保护十分必要，在解决“围”与“穿”的关系时，是我们编制《全国重点文物保护单位南京明城墙保护规划》时倡导的一种方式。

3）局部环路模式：南京城墙比较特殊，因地制宜建设，从而形成平面和高度上的不规则形态。比较突出表现在：自西而北依山而建，筑墙有包山墙、架山墙、骑山墙及于平地高耸的城墙结合的多种形式；而自东而南由于地势平缓又水系充沛，所以顺势而建，且多用石砌。这样的情形不同于平原城市的城墙相对独立的状态，南京城墙与地形和地势有着密不可分的关系，这也增加了在道路组织中的难度。尤其在内侧，形成环路几乎没有必要，也不可行。目前上述两种方式比较适用于城北，而于城南比较适宜形成局部内环路或内外平行路以成局部外环路，以便进行引导

图 6　历史上的通济门和今通济门隧道（上：通济门，摄于 1929 年，引自《南京建置志》；下：通济门隧道，摄于 2009 年）

和疏解，在有效利用历史形成的门和通道的同时，在不另行增加门道的情形下，解决“围”与“穿”的问题。同时，在城墙边开辟道路，并与绿化隔离带结合，有利于维护城墙的环境和本体保护。在这次保护规划中，我们还对环路车行道路等级规定为不得高于支路，对通行的车辆进行控制（以小车为主），以减少由于振动给城墙带来的隐患，现在部分实行地段效果较好（图 7）。

此外，南京外郭城墙长期以来在俗称“土城头”的土墙体上作为交通道路使用，客观上虽然留下了墙体的走势，但距离将其作为遗产保护的目标还有相当的距离，同时，随着南京地铁的发展，更大范围的“围”与“穿”的问题将凸显出来。本论文围绕南京城墙的探讨还仅是一个方面，在投石问路的同时，期望更严格地在法律层面对此进行相关规定。南京正在实践着。

图 7 台城段内环道路及其环境（摄于 2008 年）

参考文献：

[1] 张廷玉，等 . 明史 [M]. 清乾隆四年（1739）武英殿原刊本影印 . 北京：中华书局 .1974.

[2] 江苏省南京市公路管理处史志编审委员会 . 南京古代道路史 [M]. 南京：江苏科学技术出版社，1989.

[3] 杨新华 . 南京明城墙 [M]. 南京：南京大学出版社，2006.

[4] 甘熙 . 白下琐言 [M]. 南京：南京出版社，2007.

[5] 单霁翔 . 从“功能城市”走向“文化城市”[M]. 天津：天津大学出版社，2007.

说明：

1. 全书图版除文中说明外，均源自各文作者绘制或拍摄。
2. 全书文稿和原稿关系如下：

[1] 朱光亚《南京建筑文化源流简析》，原文刊载于《东南文化》1990 年第 4 期。录入本书，陈薇补充图片。

[2] 陈薇《生活在六朝山水间》，原文刊载于《建筑师》2017 年第 6 期（总第 190 期），录入本书图版有调整。

[3] 陈薇《开门见山——金陵四十景》，原文刊载于《建筑师》2018 第 4 期（总第 194 期），录入本书图版有调整。

[4] 陈薇《这墙和那墙 这城和那城——南京城墙和罗马城墙比较》，原文刊载于《建筑师》2017 年第 4 期（总第 188 期），录入本书图版有调整。

[5] 诸葛净《城中之城——清江宁府城中的满洲驻防》，原文发表于 2000 年深圳第一届东亚建筑文化国际研讨会。

[6] 沈旸《五方辐辏：南京的会馆与南京城》，原文《明清南京的会馆与南京城》刊载于《建筑师》2007 年第 8 期（总第 128 期），录入本书有增删。

[7] 陈薇《城市“历史 · 记忆 · 生活”的多元性和复杂性及求解》，原文刊载于《世界建筑》2014 年第 12 期（总第 294 期），录入本书图版为新增。

[8] 潘谷西、陈薇《明代南京宫殿与北京宫殿之形制关系》，原文刊载于中国紫禁城学会《中国紫禁城学会论文集（第一辑）》，1996 年版，录入本书图版有调整。

[9] 诸葛净《明洪武时期南京宫殿之礼仪角度的解读》，原文刊载于《建筑史》2009 年第 2 期，录入本书图版有调整。

[10] 沈旸《帝都的教化象征——历代都城孔庙之演变》，原文《帝都的教化象征：历代都城孔庙之演变》刊载于《建筑学报》2016 年第 1 期（总第 568 期），录入本书有增删。

[11] 沈旸、宝璐《明代庙学建制的“变”与“不变”及国家权威的呈现》，原文《明代庙学建制的“变”与“不变”：兼及国家权威的呈现方式》刊载于《建筑学报》2018 年第 5 期（总第 596 期），录入本书有增删。

[12] 白颖《“二重城”的再现与明太祖的制度建构——明初亲王宫殿与地方城市》，原文刊载于《建筑学报》2018 年第 5 期（总第 596 期）。

[13] 孙晓倩、陈薇《明代早期跨区域建筑的匠作传承——以瞿昙寺与南北两京建筑石作为例》，原文刊载于《建筑学报》2018 年第 2 期（总第 593 期）。

[14] 陈薇、孙晓倩《南京阳山碑材巨型尺度的历史研究》，原文刊载于《时代建筑》2015 年第 6 期（总第 146 期）。

[15] 诸葛净《时空中的缝隙——明代城市中“公共”空间的涵义及其时间性》，原文刊载于《建筑师》2016 年第 6 期（总第 184 期），录入本书图版有调整。

[16] 汪晓茜、王海雨《民国“黄金十年”间的南京建筑法规研究》，原文刊载于《中国近代建筑研究与保护（八）》，清华大学出版社，2012 年版，第 643-647 页。

[17] 汪晓茜《首善之区——近代南京的城市化与现代化（1927—1937）》，原文刊载于《中国近代建筑史（第三卷）》，中国建筑工业出版社，2016 年版，第 237-254 页。

[18] 黄越、汪晓茜、诸葛净《民国时期媒体视野中民族建筑的现代性》，原文刊载于《中国近代建筑研究与保护（九）》，清华大学出版社，2014 年版，第 734-747 页。

[19] 陈薇《近代南京中山大道的意义》，原文刊载于《文物天地》2002 年第 9 期（总第 135 期）。

[20] 陈薇、杨俊《“围”与“穿”——南京明城墙保护与相关城市交通发展的探讨》，原文刊载于《建筑学报》2009 年第 9 期（总第 493 期）。

内容简介

《遇见南京》是东南大学建筑学院“东南学派”丛书之“亦史亦论亦东南”系列的第一本，是以东南大学建筑历史与理论研究所成员为主完成的学术成果合集。该书从“时空”“回响”“意识”三个方面剖析南京城市、建筑、景观文化与历史发展的宏观架构，南京建筑在历史上因传承和创新产生的重要价值和影响，以及南京在历史建筑保护和现代建设中具有的超前性等。《遇见南京》实际上是遇见一种格局，遇见一种高度，遇见一种清醒，甚至遇见一种激情。该书将不仅对建筑学、城乡规划学、风景园林学、建筑历史与理论、遗产保护等相关专业人员有所借鉴和启发，也将对城市管理者、文化爱好者、历史研究者以及一般读者群具有值得寻味的参考和社会价值。

图书在版编目（CIP）数据

遇见南京 / 陈薇主编. — 南京：东南大学出版社，2022.8

（东南学派・亦史亦论亦东南丛书 / 陈薇主编）

ISBN 978-7-5766-0009-4

I.①遇… Ⅱ. ①陈… Ⅲ. ①建筑-文化遗产-研究-南京 Ⅳ. ①TU-092.953.1

中国版本图书馆CIP数据核字（2021）第277918号

遇见南京

Yujian Nanjing

主　编　陈　薇

责任编辑　戴　丽

责任校对　张万莹

装帧设计　王少陵

责任印制　周荣虎

出版发行　东南大学出版社

社　址　南京市四牌楼 2 号（邮编：210096）

网　址　http://www.seupress.com

电子邮箱　press@seupress.com

经　销　全国各地新华书店

印　刷　上海雅昌艺术印刷有限公司

开　本　889 mm×1194 mm　1/20

印　张　18.625

字　数　460千字

版　次　2022年8月第 1 版

印　次　2022年8月第 1 次印刷

书　号　ISBN 978-7-5766-0009-4

定　价　198.00元